LOS OTROS VUELOS A LA LUNA

Diseño de cubierta: Planeta Arte y Diseño
Fotografías de la NASA excepto: pág. 11: Shutterstock; pág. 48: NASA / Westinghouse; pág. 65: © Playboy Enterprises; pág. 151: © NASM - Smithsonian Institution.

Primera edición: abril de 2021

Av. Diagonal, 662-664, 08034 Barcelona (España)
Libros Cúpula es marca registrada por Editorial Planeta, S. A.
Este libro se comercializa bajo el sello Libros Cúpula
www.planetadelibros.com

ISBN: 978-84-480-2831-2
Depósito legal: B. 22.025-2020

Impresor: Liberdúplex
Impreso en España - Printed in Spain

El papel utilizado para la impresión de este libro está calificado como papel ecológico y procede de bosques gestionados de manera sostenible.

RAFAEL CLEMENTE

LOS OTROS VUELOS A LA LUNA

LA HISTORIA Y LOS SECRETOS DE LAS EXPLORACIONES LUNARES DESPUÉS DEL APOLLO 11

LIBROS CÚPULA

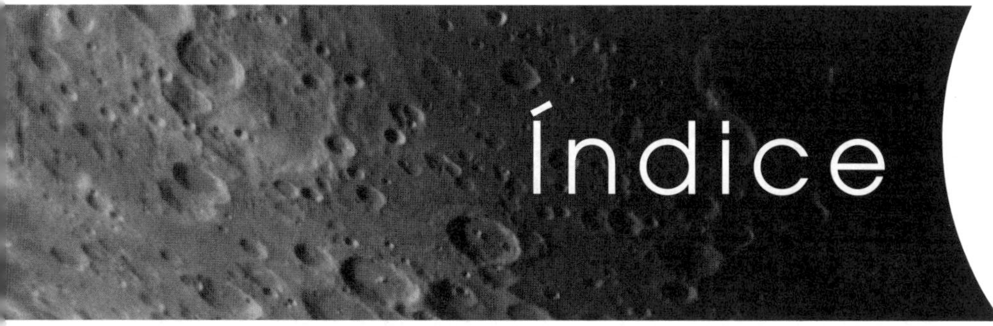

Índice

Introducción

Este volumen relata la historia de las expediciones lunares que siguieron al Apollo 11. Continúa así la línea iniciada en un libro anterior, *Un pequeño paso para [un] hombre*, que explicaba el funcionamiento general de esas naves.

Ahora el énfasis se desplaza a las características específicas de cada vuelo. No hubo dos iguales. Ni se trató de misiones rutinarias, aunque la aparente facilidad con que se desarrollaron pudiera sugerir lo contrario. Solo una —la número 13— acaparó en su día los titulares de prensa ante el riesgo muy real de la pérdida de su tripulación.

Mientras que el resto han quedado oscurecidas por el paso del tiempo, la odisea del Apollo 13 permanece presente en la cultura popular. Incluso para aquellos que por razón de edad no fueron testigos de ella. «Houston, tenemos un problema» sigue siendo una frase familiar medio siglo después de pronunciada.

Entre 1969 y 1972 doce hombres pisaron la Luna. Solo unos pocos sobreviven ahora, y todos conservan frescos sus recuerdos de la aventura. Escucharles representa aún hoy un fantástico ejercicio de historia oral.

Estamos a las puertas de un regreso a la Luna. Tras varios intentos que no fructificaron, la NASA recibió el encargo de gestionar el retorno a nuestro satélite a mediados de este decenio. Al menos tres consorcios privados trabajan en ello. Nuevos cohetes, nuevos vehículos y nuevas técnicas deberán hacerlo posible en un plazo breve.

Si el programa Artemis, sucesor del Apollo, alcanza su objetivo, las generaciones jóvenes podrán vivir pronto una experiencia memorable. De nuevo, un hombre (y, con toda seguridad, también una mujer) dejarán sus huellas en el regolito lunar. Estarán allí más tiempo, utilizarán equipos más modernos y capaces e investigarán la existencia de otros recursos como los eventuales depósitos de hielo en el polo austral. Quizás empiecen a instalar infraestructuras semipermanentes. La exploración de nuestro satélite entrará así en otra fase, sin duda más efectiva y hasta rentable, pero carente del aura casi romántica que impregnó aquellos primeros vuelos.

Para quienes la vivimos entonces, la aventura del Apollo será sencillamente irrepetible.

Antes del Apollo

La carrera hacia la Luna terminó el 20 de julio de 1969. Había sido una fiera competición entre las dos grandes superpotencias, una faceta más de los años de Guerra Fría. La Unión Soviética acumulaba una cierta ventaja, fruto, en parte, de la mayor potencia de sus cohetes: primer satélite artificial (Sputnik 1, 1957), primer ser vivo en órbita (la perra Laika, 1957), primer planeta artificial, primer impacto en la Luna y primeras fotografías de la cara oculta (Luna 1, 2, 3, 1959), primer hombre en el espacio (Gagarin, 1961) y muchos otros hitos.

En mayo de 1961, John Fitzgerald Kennedy anunció su intención de poner un hombre en la Luna dentro del decenio. Marcó un límite en el tiempo pero no habló de conseguirlo antes que la Unión Soviética. Aunque, tras su histórico discurso en la Universidad Rice de Houston pocas semanas después, estaba claro que la prioridad era adelantarse a sus competidores.

Fijar la Luna como objetivo tenía una cualidad añadida. Aunque por entonces la URSS llevaba una clara ventaja en tecnología espacial, la dificultad de la empresa era tal que igualaba a los dos contendientes. Ambos tendrían que desarrollar técnicas, lanzadores y estrategias nuevas. Poco o nada de la experiencia anterior serviría para llegar a nuestro satélite. Y el plazo marcado por Kennedy —apenas nueve años— era, ciertamente, muy corto.

La formidable maquinaria industrial estadounidense se puso en movimiento de inmediato. Durante los años que siguieron, la NASA dispuso de un ingente presupuesto, casi equivalente al que habría supuesto una economía de

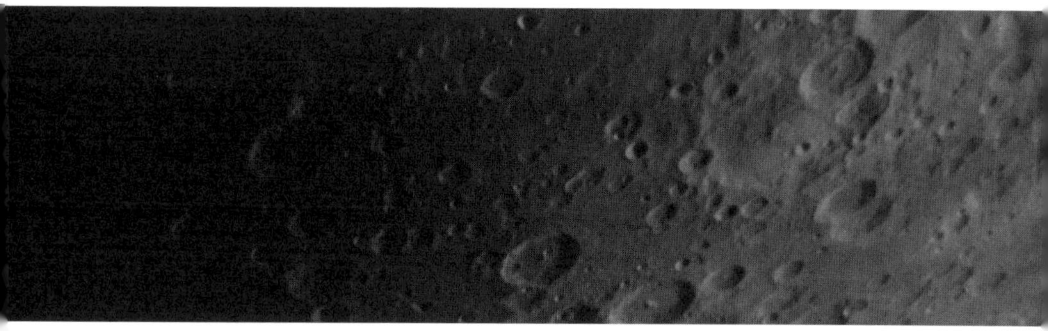

guerra. No se escatimaron esfuerzos para cumplir lo que se había convertido en un compromiso nacional.

En el otro hemisferio, la URSS tardó mucho más en reaccionar. El Politburó no aprobó planes para una expedición a la Luna hasta agosto de 1964, con casi tres años de retraso con respecto a la NASA. Sus objetivos eran conseguir un vuelo tripulado alrededor del satélite en 1967 (coincidiendo con el 50.º aniversario de la Revolución de Octubre) y un desembarco al año siguiente.

Dos meses después de anunciado ese plan, Nikita Jrushchov fue destituido. Desde 1957, cuando descubrió el impacto publicitario de los primeros lanzamientos, había sido un decidido defensor del programa espacial. Sus sucesores no mostrarían el mismo entusiasmo.

El proyecto lunar ruso nunca gozó de financiación adecuada. Eso obligó a adoptar soluciones tecnológicas muy arriesgadas que al final lo harían descarrilar. Además, ya no era solo el grupo de Sergei Korolev el encargado de llevarlo a cabo. Al menos otros tres gabinetes de diseño propusieron planes alternativos utilizando diferentes modelos de cohete, y los escasos recursos disponibles se diluyeron entre ellos.

En enero de 1966, falleció Sergei Korolev. Su sucesor, Valery Mishin, aunque excelente ingeniero, carecía de su liderazgo y habilidades políticas. El cohete N-1, equivalente al Saturn V estadounidense, iba acumulando retrasos y no volaría por primera vez hasta febrero de 1969. Este lanzamiento, así como otros tres que le seguirían, acabó en fracaso.

A mediados de los años sesenta, la NASA había recuperado la iniciativa en cuanto a vuelos tripulados. En gran parte gracias a la decisión de poner en marcha el programa Gemini. En solo un año y medio se había conseguido dominar tres aspectos fundamentales para intentar la aventura lunar: la técnica del encuentro en órbita, las salidas al exterior de la nave y la realización de misiones de larga duración.

En las Navidades de 1968, el Apollo 8 llevó a sus tres tripulantes a orbitar la Luna. La NASA se adelantaba así a las intenciones de la URSS. Los retrasos del programa soviético hacían casi imposible un alunizaje dentro de los plazos deseados. Pero, por lo menos, el equipo de Mishin había mantenido la esperanza de ser los primeros en realizar un vuelo circunlunar utilizando sus cápsulas Soyuz. No fue así. Salvo catástrofe, el resultado de la carrera ya estaba decidido.

El equivalente ruso al Programa Apollo se mantendría activo durante unos meses. Su vehículo lunar había completado cuatro vuelos de prueba. En enero de 1969, un par de cápsulas Soyuz realizaron un atraque en órbita e intercambio de tripulación, dos maniobras esenciales en su proyecto. Pero ya era tarde. A primeros de julio fracasaba el segundo disparo del cohete N-1, esta vez con la destrucción total de una de las dos rampas de lanzamiento.

Por parte soviética todavía habría una última y desesperada tentativa. El 13 de julio de 1969 despegó una sonda robótica, el Luna 15, con la intención de recoger una pequeña muestra (unos 100 gramos) del regolito que cubre nuestro satélite. Las leyes de la mecánica celeste implicaban que, de tener éxito, hubiera podido llegar a la Tierra unas pocas horas antes que los astronautas del Apollo 11. A todos los efectos la carrera podía culminar en un empate técnico. Pero el Luna 15 acabó estrellándose contra la ladera de una montaña en Mare Crisium.

El 20 de ese mismo mes de julio Neil Armstrong dejaba su huella en Mare Tranquillitatis mientras pronunciaba su frase en referencia a aquel «pequeño paso para un hombre». Él y sus dos compañeros de expedición, Edwin Aldrin y Michael Collins, regresaron a la Tierra cuatro días más tarde. Trajeron consigo 21 kilogramos de muestras y la satisfacción de haber cumplido el compromiso de Kennedy (aunque este no pudo contemplar el éxito de su país, ya que fue asesinado seis años antes en la ciudad de Dallas).

Les seguirían seis expediciones más a la Luna. Esta es su extraordinaria historia.

Apollo 12. Regreso a la Luna

Lluvia

14 de noviembre de 1969. El día había amanecido gris y las condiciones empeoraban hora a hora. Un frente frío avanzaba desde el noroeste, trayendo lluvia y actividad eléctrica. Una espesa capa de nubes cubría ya la costa occidental de Florida, y las instalaciones del Centro Kennedy, por lo general resplandecientes bajo el Sol, mostraban un tono sombrío. Solo los 110 metros de altura del cohete se recortaban contra el horizonte. El Saturn V llevaba el número de serie SA-507 rotulado en las aletas de la primera etapa. Erguido sobre su plataforma de lanzamiento, era la estructura más alta que podía verse a lo largo de muchos kilómetros del litoral.

Hacía cuatro meses del «pequeño paso» de Neil Armstrong en la llanura de Mare Tranquillitatis. Si no hubiese tenido éxito su misión la NASA todavía disponía de otros dos intentos, quizás en septiembre y noviembre, pero el compromiso de Kennedy ya se había satisfecho. Y ahora, la agencia quería demostrar que no fue un mero golpe de suerte. El segundo vuelo a la Luna también iba a tener lugar dentro del término fijado: «Antes de que termine el decenio».

Pese a los malos pronósticos meteorológicos, miles de automóviles se acumulaban a lo largo de los arcenes en la A1A, la autovía que corre de oeste a este, cruzando los dos ríos que separan Cabo Cañaveral del continente. Sin duda, el mejor lugar donde dejar el coche o plantar la tienda y disfrutar del espectáculo. Aunque la rampa de lanzamiento estuviera a más de 20 km hacia el norte.

Mejor emplazamiento tenían unos cuantos millares de invitados de lujo, entre ellos, el propio presidente Nixon. Había seguido el despegue del Apollo 11 por televisión desde la Casa Blanca; esta vez no quería perderse el espectáculo en directo.

La tribuna de invitados estaba —está aún— junto al centro de control de lanzamiento, casi a la sombra del VAB, el inmenso edificio de ensamblaje de los cohetes. Las plataformas quedan a 5 km, una distancia considerada segura: es el máximo alcance al que se calculaba podría llegar un fragmento de 50 kg despedido por una eventual explosión del Saturn V.

Esos 5 km harían que el encendido de los motores pareciera transcurrir en absoluto silencio, ya que su rugido tardaría más de 15 segundos en llegar a los espectadores. Pese a estar construida sobre sólidos pilotes de acero hincados en el suelo, toda la tribuna se estremecía a medida que el cohete iba ganando altura.

Amigos

Cuando Nixon llegó al centro de control faltaba menos de una hora para el lanzamiento. Lloviznaba. Los astronautas llevaban desde mucho antes encerrados en su nave. Charles *Pete* Conrad, Richard Gordon y Alan Bean. Tres nombres que difícilmente quedarían en el imaginario colectivo. Si uno de los vuelos anteriores hubiese fallado su objetivo ellos habrían podido ser los primeros en llegar a la Luna. Pero el compromiso había recaído sobre Armstrong y Aldrin. Esa página de los libros de historia ya estaba escrita.

El equipo del Apollo 12 era muy distinto de su antecesor. La relación entre Armstrong, Aldrin y Collins se mantuvo siempre dentro del plano estrictamente profesional. Nunca establecieron una verdadera camaradería. Eran compañeros y se profesaban un mutuo respeto, pero no podía decirse que compartiesen un mayor vínculo afectivo.

Por el contrario, los tripulantes asignados al Apollo 12 se conocían desde mucho antes de incorporarse a la NASA. Todos eran aviadores navales, reciclados en pilotos de pruebas. Conrad había sido compañero de vuelo de Gordon e instructor de Bean. Él fue el primero en ser aceptado en el programa de entrenamiento de futuros astronautas y convenció a sus dos colegas para presentar sus candidaturas en la siguiente convocatoria. Ambos fueron admitidos. Años después Conrad compartiría con Gordon tres días en órbita a bordo del Gemini 11. Y cuando llegó el momento reclamó a los dos como acompañantes en el viaje a la Luna.

Donald *Deke* Slayton, el director de la Oficina de Astronautas y responsable de asignar las tripulaciones, solo aceptó a Gordon. Como tercer tripulante escogió a Clifton Williams, un aviador del cuerpo de Marines. Por desgracia, Williams falleció en 1967 al estrellarse el caza que pilotaba, por lo que Alan Bean lo remplazaría. Así, ahora eran ante todo un grupo de amigos que, liberados de la responsabilidad histórica que había recaído sobre Armstrong y Aldrin, iban a disfrutar del viaje de sus vidas.

Preparativos

Ahora, la cuenta atrás entraba en su fase final. A bordo de la cápsula, los tres astronautas estaban sujetos a sus asientos con los cinturones de seguridad. Como siempre, Günter les había dado el último tirón que comprobaba su enganche antes de cerrar la portezuela.

Günter Wend era toda una personalidad en el Centro Kennedy. Nacido en Berlín, había emigrado a Estados Unidos al poco de terminar la Segunda Guerra Mundial. A finales de los años 50, bajo contrato con la compañía McDonnell, fue una de las primeras personas que se trasladó a Cabo Cañaveral para organizar la infraestructura del programa Mercury. En enero de 1961 él fue el encargado de supervisar el cierre de la cápsula que transportaba a Ham, el chimpancé. Desde entonces, en todos los vuelos tripulados esa operación había sido responsabilidad suya. Su cara era la última que los astronautas verían antes del despegue. Muchos lo consideraban un augurio de buena suerte.

Los sistemas de guiado y control ya estaban verificados. En especial, que los pistones hidráulicos que ajustaban la orientación del motor del módulo de servicio, 3 metros por debajo, respondían bien a las órdenes emitidas por el ordenador. Si todos los componentes de a bordo eran importantes, ese motor era crítico: frenaría la nave para forzar la entrada en órbita lunar y, más tarde, la aceleraría rumbo a casa.

Gordon, en el asiento del centro, se encargaba de comprobar los dieciséis motores de orientación, repartidos en cuatro grupos alrededor del módulo de servicio. Con ellos podrían orientar su nave en cualquier dirección o introducir pequeñas correcciones de trayectoria. Ahora, los depósitos que los alimentaban ya estaban bajo presión.

Alan Bean, que ocupaba el asiento de la derecha, era el novato del grupo. Sus dos compañeros ya habían volado antes por el espacio: Conrad, dos veces, y Gordon, una. Para él, esta sería una experiencia nueva. ¡Y qué experiencia! En su calidad de piloto del módulo lunar (LM) él acompañaría al comandante en el descenso a la Luna.

Bean tenía asignadas muchas otras tareas. Entre ellas, vigilar los conmutadores e indicadores que reflejaban el estado del sistema de producción de energía eléctrica. Lo componían tres pilas de combustible, unos recipientes cilíndricos coronados por un amasijo de conductos, válvulas y tuberías, ocultos en las entrañas del módulo de servicio. En ellos se inyectaba hidrógeno y oxígeno a presión que, al combinarse, generaban electricidad. Y, además, agua potable como subproducto. La que los astronautas beberían durante el viaje.

A medida que progresaba la cuenta atrás, muchos otros sistemas cobraban vida. Los motores de la torre de salvamento ya estaban armados, por ejemplo. En caso de producirse algún desastre durante el despegue serían los encargados de arrancar cápsula y tripulantes del resto del vehículo y llevarlos a una distancia segura. Las válvulas de purga de las tres etapas del cohete estaban cerradas para permitir que los tanques adquiriesen la presión de trabajo. Alrededor de los pisos altos del Saturn V ya no se veían las características nubes blancas de los gases que escapaban al exterior.

En la tercera etapa se estaba inyectando helio en el depósito de hidrógeno líquido y en la cámara de combustión del motor. Había que reducir su temperatura de forma que no fuera tan brusco el contraste al recibir la primera oleada de propergol a menos de 250 ºC bajo cero. El manejo de grandes volúmenes de fluidos criogénicos había sido uno de los más complicados problemas en su desarrollo.

El mecanismo de voladura también se había activado. Una serie de cargas explosivas a lo largo del Saturn V que lo abrirían en canal si se desviaba de su trayectoria para impedir su caída en áreas habitadas. Detonarlas o no era decisión del oficial de seguridad, el mismo que acababa de instalar el encriptador del sistema. La señal de radio que provocaría la desintegración del cohete iba cifrada con una clave distinta en cada vuelo. Y es que ante la inminencia de un lanzamiento, en la costa frente a Cabo Cañaveral solía aparecer algún arrastrero soviético. Pese a presentarse como simples barcos de pesca, iban erizados de antenas, lo que delataba cierto interés en las transmisiones originadas en la zona. Nadie creía que fuesen a interferir con los dispositivos de guía o destrucción; pero la prudencia aconsejaba adoptar ciertas precauciones.

El tiempo no mostraba indicios de mejorar. Las reglas de seguridad prohibían lanzar en medio de una tormenta (aunque no se hubiera detectado actividad eléctrica) o cuando los vientos en altura fuesen excesivos. Quizás la presencia de Nixon en el Centro Kennedy movió a los directores de vuelo a no aplazar el despegue. Cierto que lloviznaba y que el nivel de nubes estaba muy bajo, pero un cohete como el Saturn V debía superar sin dificultad esos inconvenientes.

Los astronautas del Apollo 12 en el simulador del módulo de mando. De izquierda a derecha, Alan Bean, Richard Gordon y Charles *Pete* Conrad.

El resto del conteo siguió sin incidencias. Tres minutos antes del despegue empezaba la secuencia automática, en la que los ordenadores se hacían cargo de todo el proceso. Los centenares de técnicos reunidos en la sala de control de lanzamiento tenían poco que hacer, salvo monitorizar las operaciones que iban encadenándose unas con otras.

Sesenta segundos: en la cápsula, Bean activa las baterías de reentrada, las que, en caso de un fallo catastrófico, desplegarán los paracaídas y otros sistemas de recuperación. Tienen poca capacidad; por eso se ha esperado hasta el último minuto antes de ponerlas en línea. Luego, sube el volumen de su micro y auriculares. Es probable que el estruendo de los motores le dificulte oír y ser oído.

Treinta segundos: Conrad pulsa el botón que desconecta la referencia externa de la unidad inercial. Se trata de un haz de láser que llega desde un proyector a cientos de metros de distancia de la rampa de lanzamiento. Es parte del calibrador del sistema de orientación.

La dificultad estriba en el movimiento de la Tierra. En la latitud del Centro Kennedy, su rotación arrastra plataforma y cohete a más de 1.000 km por hora hacia el este. Y al mismo tiempo varia su orientación con respecto a las estrellas, las que definen el marco de referencia absoluto. Hay que compensarlo para mantener la unidad inercial fija en el espacio. Ese rayo de luz invisible es lo que proporcionaba a los giróscopos información actualizada sobre la posición absoluta del vehículo independientemente del desplazamiento del planeta. Ahora el enlace se ha interrumpido y el sistema de navegación del Apollo 12 ya es autónomo. Su única referencia es la bóveda celeste.

Lanzamiento

El proceso de ignición arranca cuando faltan solo 9 segundos para el «cero». Los generadores de gases, uno en cada uno de los cinco motores, se ponen en marcha. Consumen lo mismo que los impulsores principales: queroseno y oxígeno líquido. Pero su llama, aunque enorme, no se ve: está confinada en una envoltura metálica donde los productos de la combustión adquieren una presión elevadísima antes de ser dirigidos hacia las turbobombas.

Bajo su impulso, las bombas empiezan a girar. Son una de las maravillas de la ingeniería del Saturn V. Una inyecta el queroseno y otra el oxígeno hacia la cámara de combustión de su motor; 3 toneladas por segundo y 55.000 caballos de potencia en cada una. Los gases que las han accionado se descargan al exterior y forman una primera nube de humo oscuro que envuelve la base del cohete.

No resulta fácil encender cinco colosales motores cada uno de los cuales desarrolla más de 700 toneladas de empuje. Es un *ballet* coreografiado hasta sus más mínimos detalles que culmina cuando una ducha de combustible y oxidante entra en la cámara de ignición. Lo hace a través de 3.000 orificios practicados en su parte superior. Al mismo tiempo, se inyecta en ella medio litro de un cóctel de productos químicos (trietilborano y trieltilaluminio) que arde al mero contacto con el oxígeno. Eso provoca la inflamación de la nube de propergol.

Los cinco motores se encienden con unas centésimas de segundo de intervalo entre sí. El objeto es reducir el impacto sobre la estructura del cohete. Por debajo de la plataforma, un deflector gigante desvía los chorros de fuego a través de dos trincheras abiertas, una hacia el norte y otra hacia el sur.

El deflector, con el aspecto de una cuña vertical de más de 300 toneladas, y 13 metros de altura por 15 de anchura no es una pieza fácil de distinguir. Pero su forma y tamaño condicionaron el diseño final del polígono de lanzamiento. Solo podía instalarse a nivel del suelo, ya que al cavar tan cerca de la playa se topaba enseguida con la capa de agua. La base donde se apoyaría el cohete debía, pues, encontrarse elevada al menos 13 metros. Y el canal de evacuación de las llamas, quince de anchura. El canal, a su vez, dictó las dimensiones generales de la plataforma y del transportador oruga que debía poderse aparcar a horcajadas sobre la zanja. Y, de rebote, el tamaño del transportador determinó la amplitud del camino por que el circularía: el sendero de grava, (tan ancho como a una autopista de seis carriles) que lleva hasta el edificio de montaje.

La succión que generan los motores por efecto Venturi absorbe la humareda que rodea al cohete y su base se hace visible de nuevo durante un instante. Un diluvio de agua inunda la plataforma para protegerla de los escapes y amortiguar el estruendo. El impacto sónico comprime los millones y millones de burbujas del líquido disipando parte de su energía en forma de calor. De no adoptar esta precaución, las ondas de presión al rebotar contra el suelo de hormigón podrían destruir los motores. Con más de 190 decibelios, el ruido de un Saturn V es próximo al máximo que puede soportar la atmósfera.

EL LÍMITE DEL RUIDO

Hay un límite físico para el ruido. Como es sabido, el sonido es el resultado de ondas de presión transversales en el aire: primero el aire se comprime formando un área de alta presión que se expande un momento después, con la consiguiente descompresión.

Cuando la fase de presión es tan intensa que la descompresión produce un vacío, se ha alcanzado el límite: no es posible reducir más la presión. Pueden darse intensidades aún más altas (la explosión del volcán Krakatoa en Indonesia generó unos 300 decibelios), pero eso ya no es un sonido sino una brutal onda de choque: el aire ya no solo vibra sino que se traslada como un huracán. Y puede ser igualmente destructivo.

La vibración hace desprender grandes trozos de hielo. Es humedad del aire condensada en los flancos del cohete por efecto de las bajas temperaturas del combustible. En particular, los depósitos de hidrógeno líquido están aislados por una capa de poliuretano depositado en su interior, pero los de oxígeno, no. La propia escarcha que se forma sobre ellos les sirve de aislante. Y ahora esas toneladas de hielo caen derritiéndose en las llamaradas de los escapes.

Al «cero» los motores alcanzan su empuje nominal, y se liberan los cuatro ganchos de retención que sujetan el Saturn V a la base. Los brazos de la torre de servicio se retiran y los conductos umbilicales que le abastecían de consumibles y electricidad se desconectan. El combustible gastado en estos segundos ha aligerado al vehículo en varias docenas de toneladas. El impulso de los cinco F-1 supera a su peso y empieza a elevarse. Muy poco a poco al principio, pero ganando velocidad a cada instante. La humareda envuelve toda el área de lanzamiento. En ella se mezclan los gases de la combustión del queroseno con nubes blancas de vapor de agua del sistema de refrigeración que protege la plataforma.

El momento en que el cohete supera la altura de la torre de lanzamiento marca un punto de inflexión: Kennedy deja de controlar el vuelo y la responsabilidad pasa al centro de Houston. A los 36 segundos está ya a más de 1 km sobre el suelo, casi a la velocidad del sonido. Los espectadores lo han perdido de vista entre las espesas nubes. Pese al mal tiempo, todo parece ir desarrollándose a la perfección.

Crisis

Pero no es así. Por su ventanilla, Conrad ve un fogonazo cegador. Y el panel de mandos se ilumina con un enjambre de luces de alarma. Las esferas del horizonte artificial se vuelven locas. Acaban de perder el alineamiento de la unidad inercial, el corazón del sistema de navegación. Los indicadores de voltaje marcan muy por debajo de su nivel normal. Se encienden los pilotos de mal funcionamiento de las pilas de combustible. No uno ni dos: los tres. Sigue habiendo corriente porque las baterías han entrado en acción de modo automático, aunque no pueden atender a la demanda de todos los equipos. De ahí las caídas de tensión. «¿Qué está pasando aquí?», se pregunta Gordon.

Conrad lo intuye: un rayo. Una descarga eléctrica les ha alcanzado. Sobre su cola de llamas, que deja tras sí un canal de aire ionizado y, por tanto, muy conductor, el cohete es un pararrayos gigante. La tensión acumulada entre nubes y tierra —decenas de miles de voltios— encuentra un camino perfecto por donde escapar: la afilada punta del vehículo, el fuselaje, los gases de escape, la torre metálica... El resultado es un destello de cincuenta mil, quizá

Ante un fondo de amenazadoras nubes de tormenta, el Apollo 12 emprende el vuelo.

cien mil amperios, que salta desde lo alto hasta el suelo húmedo. Ante la sobrecarga, las tres células de combustible que alimentan los equipos de a bordo, y todo el sistema eléctrico de la cápsula, se viene abajo.

Las dificultades no han terminado. Veinte segundos después de la primera descarga se produce otra, más intensa aún. Los astronautas están acelerando hacia lo alto dentro de una cápsula cuyos sistemas se han desbaratado.

Por fortuna, la avería no ha afectado al ordenador que dirige el vuelo del Saturn V. Este es un equipo autónomo, situado en la sección donde la tercera etapa se une a la cápsula. Los cinco motores funcionan con normalidad. Justo cuando se acercan al momento más crítico del ascenso, la zona de máxima presión aerodinámica. Ahí se combinan la velocidad —cada vez mayor— con la resistencia del aire, que, aunque disminuye, todavía es considerable. El resultado de ambos factores es que la estructura del cohete está sujeta a los máximos esfuerzos.

Un análisis posterior explicará que los motores no se hayan visto afectados. Los F-1 son auténticas bestias mecánicas, los más potentes que nunca se han construido: bombas, válvulas, turbinas, tuberías que conducen toneladas de propergol por segundo, pero poca electrónica. Aunque las descargas han descompuesto a los sensibles

El Saturn V en vuelo en el momento de ser alcanzado por un rayo.

equipos de la cápsula, el músculo del vehículo ni se ha enterado.

Para facilitar la tarea a sus compañeros, cada vez que prende una luz de alerta en el panel de mandos, Conrad tiene el hábito de anunciarlo en voz alta: «Tal o cual luz encendida». Ahora, incrédulo ante lo que ve, murmura «Todas encendidas». Luego apaga la alarma general que resuena en sus auriculares e informa de la incidencia al centro de control. Jerry Carr, el astronauta encargado de las comunicaciones, solo acierta a confirmar que lo ha escuchado: «Roger»[1]. Entendido. Y sigue un largo minuto de silencio. Algunos monitores de televisión que reflejan el estado de la nave muestran un batiburrillo de símbolos

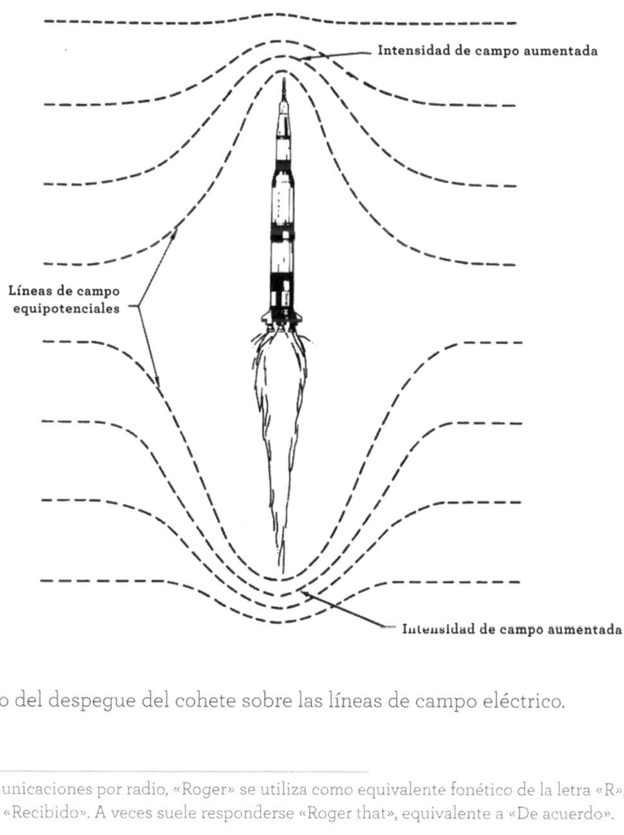

El efecto del despegue del cohete sobre las líneas de campo eléctrico.

1. En comunicaciones por radio, «Roger» se utiliza como equivalente fonético de la letra «R», inicial de «Recibido». A veces suele responderse «Roger that», equivalente a «De acuerdo».

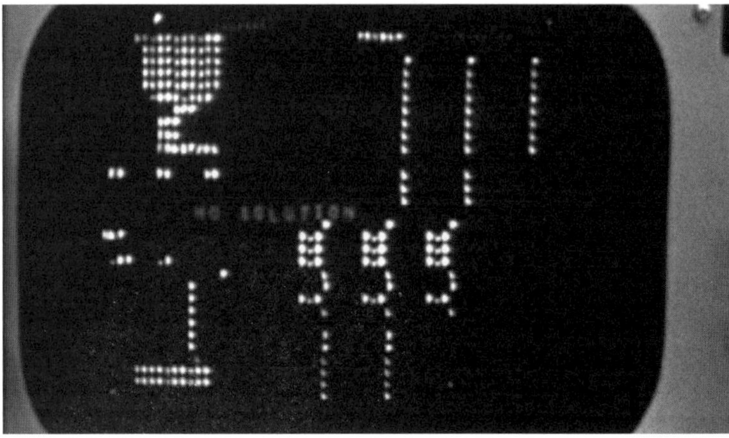

La imagen que mostraba el monitor de John Aaron inmediatamente después de que un rayo alcanzase al Apollo 12.

extraños e incoherentes. De momento, nadie entiende qué está ocurriendo.

El primero en reaccionar es John Aaron, un ingeniero de veinticuatro años que ocupa la consola EECOM (acrónimo de *Electrical, Environmental and Consumables Manager*). Es el encargado de vigilar —entre otras cosas— el estado del sistema eléctrico de a bordo. Tiene el recuerdo confuso de que hace un año, durante una simulación, su pantalla mostró un caos semejante y cómo lo encaró entonces.

—Prueba SCE a Auxiliar.

Es un conmutador de función muy oscura. Casi nadie, ni el director de Vuelo, recuerda para qué sirve.

—¿Que apaguemos el SCE?

SCE (*Signal Conditioning Equipment*) es la electrónica que prepara las señales de los diferentes equipos en un formato adecuado para mostrarlas tanto en el panel de mandos de la nave como en Houston. No se trata de desconectarla sino de pasarla a un circuito de alimentación auxiliar. Quizás este «apaga y enciende» restaure el sistema. Carr tampoco sabe muy bien de qué están hablando pero le transmite la sugerencia a Conrad.

—¿FCE (sic) a Auxiliar? ¿Qué demonios es eso?

—No, FCE no. SCE.

Las siglas SCE ni siquiera les suenan; y mucho menos recuerdan dónde se encuentra el dichoso conmutador. Bean lo localiza, por fin, casi en el borde inferior de su zona del panel de mandos. Y lo cambia de posición. De «Main» a «Aux».

La receta funciona. Como por milagro, las luces de alarma se apagan. En la pantalla de la consola de Aaron desaparecen los signos extraños y vuelven los parámetros de vuelo. Son normales, salvo por las tres pilas de combustible, desactivadas. Pero ponerlas de nuevo en línea es una operación rápida, mil veces ensayada. Ahora, lo laborioso será volver a alinear la unidad inercial, el único elemento de a bordo que sabe dónde se encuentra el «arriba» y el «abajo» en el espacio.

Todo ha sucedido en menos de 30 segundos. Entretanto, el Saturn V sigue ganando altura y velocidad, camino del espacio. No ha sufrido ningún percance, ni en la planta de propulsión ni en su sistema de guía. Un minuto más y se separará la primera etapa, ya agotada. Luego, la adrenalina acumulada se disipa en un estallido de risas y comentarios. En una frase, Conrad ironiza sobre el efecto de los dos rayos:

—Creo que en el futuro tendremos que comprobar un poco más las previsiones del tiempo...

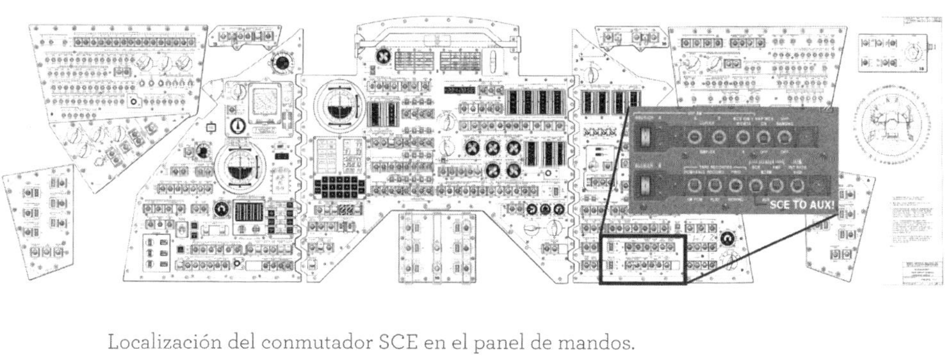

Localización del conmutador SCE en el panel de mandos.

En órbita

Pese al incidente, todas las etapas del cohete responden y el Apollo 12 entra en órbita alrededor de la Tierra. Dará una vuelta y media más antes de encender otra vez el motor de la tercera fase (a la que continúa unida la cápsula) y emprender vuelo hacia la Luna.

Tanto astronautas como el centro de control se enfrentan a un período de intensa actividad. Hay que comprobar todos los equipos de a bordo y asegurarse de que no han sufrido daños. En particular, recalibrar desde cero la referencia inercial que ha perdido la alineación al interrumpirse el suministro eléctrico. El sistema de orientación auxiliar, cuyos giróscopos reciben alimentación de las baterías, sigue activo; al menos, la REFSMMAT (un conjunto de cifras en la memoria del ordenador que sirven de referencia para interpretar la posición de la plataforma en cada momento) se conserva. Aunque tampoco importa mucho, Houston enviará una más actualizada mientras la cápsula pasa al alcance de la estación de Maspalomas, en la isla de Gran Canaria.

Cuatro minutos es lo que tarda el ordenador en absorber los datos que le llegan desde tierra. La próxima comunicación será con la Estación de Seguimiento de Carnarvon, en Australia, dentro de media hora.

Ahora la nave ha entrado en la zona de sombra. Gordon, en su calidad de piloto del módulo de mando, se dedica a restaurar la plataforma inercial. Ha de hacerlo aprovechando los datos que Houston acaba de actualizar.

El reajuste de la plataforma aprovecha que dos brillantes referencias, Sirio y Canopus son visibles. El ordenador contiene en su memoria las coordenadas de tres docenas de estrellas, las más fáciles de identificar. Aparte de su abreviatura formal (una letra griega seguida de la constelación a que pertenecen), todas tienen designación propia: Aldebarán, Polaris, Antares... Aunque hay tres que no resultarán familiares a ningún astrónomo: «Navi» (oficialmente, Gamma de Casiopea), «Dnoces» (Iota en la Osa Mayor) y «Regor» (Sigma en la constelación austral de Vela). Son los nombres de los astronautas del Apollo 1 escritos al revés. Una broma inventada por el comandante de aquella misión, Virgil «Ivan» («Navi») Grissom; en el caso de Edward White II (second), «Dnoces» se refiere al «Second» tras su apellido; y «Regor» por Roger Chaffee. Los tres fallecieron en el incendio de su cápsula, el 27 de enero de 1967, pero los apelativos que asignaron a las estrellas perviven como homenaje póstumo.

El sextante del módulo de mando estaba instalado en el lateral de la cabina, asomado al exterior a través de una pequeña ventanilla practicada en el escudo térmico. Su grupo óptico admitía giro alrededor de dos ejes: uno para el movimiento propio de su equivalente marino (arriba y abajo) y otro en horizontal que permitiera localizar una u otra estrella en su campo visual. Este era muy limitado: menos de dos grados (igual a cuatro diámetros de la luna llena). Con una visión tan restringida los astronautas podían tener dificultades en encontrar una estrella determinada; por eso, junto al sextante disponían de un telescopio de campo más amplio. En muchos casos les facilitaba distinguir la constelación completa.

En lenguaje coloquial, calibrar la plataforma inercial equivalía a responder a la pregunta clásica en todo vuelo espacial: «¿Dónde es "arriba"?».

En el proceso se utilizaban dos estrellas conocidas; una, para establecer una primera orientación: la línea que la unía con la nave. Podemos imaginarlo como si fuera un hilo invisible del que colgase la cápsula.

Pero eso no garantizaba su estabilización en todos los ejes. La cápsula Apollo aún podía girar alrededor de ese hilo orientándose en cualquier dirección. Para estabilizarla hacía falta una referencia más, un segundo hilo, a ser posible tensado más o menos perpendicular al primero. Era la línea de visión hacia la segunda estrella. Establecidas ambas, la nave quedaba fijada en una orientación absoluta con respecto a la bóveda celeste. O lo que es lo mismo, ya se podía definir —siquiera fuera de forma arbitraria— dónde correspondían el «arriba» y el «abajo». La bola giratoria del horizonte artificial refleja en todo momento esa disposición.

El ordenador ofrecía dos programas que permitían calibrar la plataforma inercial: el P51 para un ajuste burdo y

Una ventanilla del Yankee Clipper muestra todavía las trazas dejadas por la lluvia que acompañó al lanzamiento. Y también contaminantes expulsados por el motor de la torre de escape al desprenderse.

el P52, para alineamiento fino. En este caso, «fino» significaba conseguir una exactitud de una milésima de grado.

Una vez activado el P51 hacía girar la nave hasta encuadrar la primera estrella en el visor del equipo óptico. Por lo general, la puntería era muy buena, con errores de tan solo algunos segundos de arco. Accionando los mandos del sextante se arrastraba su imagen al centro del retículo, y se pulsaba un botón para memorizar en el ordenador aquella pequeña corrección.

Luego se apuntaba el sextante a la segunda estrella. Todos los pilotos conocían bien las constelaciones y no era fácil que confundiesen una por otra, pero nunca sobraba una comprobación más. Tras esa nueva medición, la pantalla numérica del computador presentaba la distancia angular calculada entre ambas. Por supuesto, la separación entre cada par de estrellas del catálogo era un dato conocido de antemano; si coincidía (dentro de unas tolerancias muy estrictas) los ángulos se daban por buenos. A partir de ahí, el ordenador enviaba a la unidad inercial las órdenes para rectificar su orientación. Como con el tiempo los giróscopos sufrían pequeñas desviaciones, era necesario repetir el ajuste de tanto en tanto. Pura rutina.

VARIANTE MODERNA DE UN INSTRUMENTO DEL SIGLO XVIII

Un sextante es un instrumento que mide ángulos. En el caso de la nave Apollo, entre una estrella y una referencia fija o bien entre dos estrellas.

La operación más corriente, utilizada durante las fases de vuelo hacia y desde la Luna, era la medición de altura sobre una referencia. Según el momento esa referencia podía ser el horizonte (o borde) de la Tierra o de la Luna o algún accidente geográfico fácil de localizar (los Grandes Lagos o algún cráter conspicuo).

Una vez localizada la estrella, accionando el sistema óptico se llevaba su imagen a coincidir con la referencia, de manera idéntica a cómo se hace en náutica. Al pulsar un botón el ordenador leía la orientación de los dos ejes de visión (el fijo encarado hacia la referencia y el móvil, hacia la estrella). Eso le permitía determinar la distancia angular entre ambos, dato básico para los cálculos que permitirían establecer la posición de la nave.

Hacia la Luna

Tras completar casi dos vueltas a la Tierra, el Apollo 12 parecía en buenas condiciones. Tanto el sistema de navegación primario como el de reserva, calibrados y en marcha. Las comunicaciones eran normales. Las tres pilas

De camino hacia la Luna, uno de los paneles desprendidos que protegían el LM, flota silueteado contra la Tierra.

de combustible volvían a estar en línea. Los motores de maniobra respondían bien. Y el mecanismo de estabilización del Saturn V, encargado de mantenerlo en una orientación paralela al suelo, también funcionaba. De hecho, los dos rayos no habían afectado en absoluto al ordenador de guiado, situado en lo alto del cohete, en un anillo justo por debajo del adaptador que protegía al módulo lunar. Gracias a eso la trayectoria no se había visto alterada, aunque en la cabina de la tripulación se hubiese desatado cierto desbarajuste.

Los rayos solo habían afectado a algunos sistemas secundarios: unos sensores de temperatura del exterior del módulo de servicio (en una órbita baja el rozamiento de las mínimas trazas de aire aún podía provocar cierto recalentamiento) y unos medidores auxiliares de la cantidad de combustible.

Algunos técnicos dudaban sobre la integridad del sistema pirotécnico encargado del despliegue de los paracaídas. ¿Habría sufrido por efecto de los rayos? Imposible verificarlo, y aun en el peor de los casos nada se podía hacer. Si fallaba la apertura, la tripulación no tenía salvación. Pero ahora estaban empezando viaje, no terminándolo. Aunque alguien hubiese descubierto daños irreparables en ellos no justificaba negar a los tres hombres su ilusión de llegar a la Luna. Y nadie dijo una palabra.

El resto de problemas detectados no resultaba crítico; así, cuando se llevaban menos de tres horas de vuelo, el único motor de la tercera etapa del cohete se puso en marcha por última vez. El encendido duraría unos seis minutos. Era el empujón final que enviaría al Apollo 12 hacia la Luna.

Ya en camino, la primera tarea a realizar era lo que el vocabulario de la NASA denomina «Transposición y amarre»: la nave principal (CSM: *Command and Service Modules*) se separaba del conjunto del cohete al tiempo que los cuatro paneles del carenado que protegían al módulo lunar salían despedidos al espacio. La escotilla del techo quedaba expuesta. El CSM se alejaba unos metros, daba una voltereta de 180 grados y volvía para unirse al LM (*Lunar Module*).

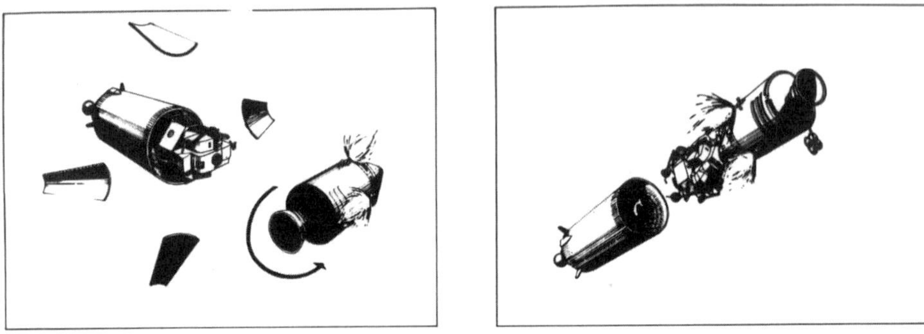

Maniobra de transposición y extracción del módulo lunar.

Una vez comprobado que la unión entre ambos vehículos era firme, Gordon activó unos pocos impulsos de los motores de orientación para forzar un retroceso y extraer el módulo lunar de su alojamiento. Luego el Apollo 12 ejecutaría una maniobra evasiva que eliminase toda posibilidad de colisión con la etapa agotada.

El increíble periplo del S-IVB

A partir de ese momento el cohete ya no era más que chatarra abandonada. Consumiría sus últimos restos de combustible en dirigirse hacia una trayectoria de escape alrededor del Sol donde debería quedar girando para siempre.

Pero las cosas irían de otra manera. Un error de trayectoria le impediría alcanzar la velocidad necesaria. El S-IVB quedó atrapado en órbita alrededor de la Tierra, con un apogeo mucho más allá que la propia Luna. En esas condiciones, la atracción de ambos cuerpos acabaría por provocar impredecibles alteraciones en su curso. Las balizas, agotadas sus baterías, ya no permitirían un seguimiento preciso.

Todo el mundo olvidó el destino que esperaba al cohete abandonado. Treinta y dos años más tarde el asunto se reactivaría de forma insólita. En septiembre de 2002, Bill Yeung, un astrónomo aficionado especialista en el seguimiento de asteroides, descubrió un diminuto punto brillante. Podía haberse tratado de una roca capturada por la

Una tercera etapa SIV-B, agotada. Los astronautas del Apollo 12 no fotografiaron la suya; en este caso, la imagen muestra la que impulsó al Apollo 17.

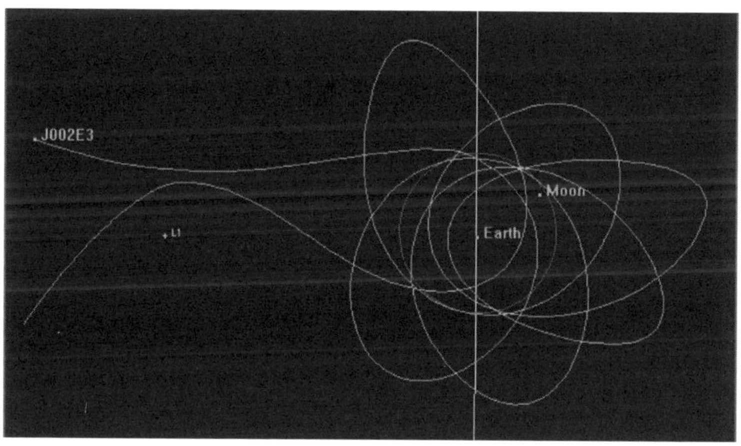

La retorcida trayectoria del S-IVB (rebautizado «J002E3») desde su captura al pasar por el punto de Lagrange L-1 (abril 2002, trayectoria inferior) hasta su escape a órbita solar (junio 2003).

gravedad terrestre, pero su trayectoria, caótica, apuntaba a algo menos convencional.

Además, el asteroide estaba pintado.

El análisis espectral identificó aluminio en su composición y mostraba la inconfundible firma del óxido de titanio, la pintura blanca utilizada en el Saturn V. Parecía, pues, una etapa de cohete agotada, no un objeto natural.

Las primeras sospechas señalaron a la última fase del Saturn V que impulsó el Apollo 14. Pero algo no cuadraba: la NASA lo había dirigido contra la Luna y tenía los registros sísmicos del impacto. Alguien recordó entonces el caso del perdido S-IVB del Apollo 12. Trabajando marcha atrás en el tiempo, los especialistas en cálculo de trayectoria pudieron rehacer su fantástico periplo.

Había dado vueltas alrededor de la Tierra durante seis meses en una órbita inestable, alterada cada vez que pasaba cerca de la Luna. En determinado momento llegó a las proximidades del punto de Lagrange L-1. Allí, a un millón y medio de kilómetros de nuestro planeta en dirección al Sol, es donde se equilibran las atracciones de ambos. Los objetos que orbitan a menos altura vienen influenciados por la gravedad terrestre; los que lo hacen por encima, por la del Sol. De alguna manera, L-1 es algo así como una puerta de acceso al Sistema Solar.

Al superar el L-1, la carcasa del cohete alcanzó la velocidad de escape y fue a parar a una órbita heliocéntrica. Giró alrededor del Sol durante algo más de treinta años hasta que, por pura casualidad, volvió a caer bajo la influencia de la Tierra. Es en ese momento cuando Bill Yeung lo descubrió.

El «objeto J002E3», como se le bautizó ahora, quedó atrapado en otra órbita inestable, sujeta a la acción de Tierra y Luna. Completó media docena de revoluciones más y en junio de 2003 escapó de nuevo al pasar cerca de L-1. Según las perturbaciones que sufra a causa del viento solar, podría regresar a mediados del decenio de 2030.

Procellarum

Ante la tripulación del Apollo 12 se abría ahora un viaje de tres días hasta alcanzar su objetivo. No quedaba mucho por hacer salvo las tareas rutinarias de mantenimiento: cambiar los filtros de aire, expulsar al espacio el agua sobrante del funcionamiento de las pilas de combustible, reajustar de tanto en tanto la plataforma inercial y atender a los deseos del departamento de Relaciones Públicas de la NASA, que tenía programado un par de retransmisiones de televisión en directo.

Una de ellas mostró a los astronautas entrando en el *Intrepid*, su módulo lunar. El de mando sería *Yankee Clipper*, referencia a un modelo de velero mercante muy rápido en uso durante el siglo XIX. El mismo que aparece en el emblema de la misión. Tanto un nombre como otro se habían decidido por votación entre los técnicos de Grumman y North American, sus constructores.

Durante todo el viaje, las comprobaciones de rumbo fueron constantes. Se trataba de conseguir una trayectoria lo más ajustada posible al plan de vuelo. Y es que esta vez no bastaba con aterrizar; había que hacerlo en un punto exacto con un mínimo margen de error.

La zona de destino era una llanura conocida como Océano de las Tormentas (del latín «Oceanus Procellarum»), una enorme planicie en el hemisferio occidental de la Luna, pocos grados al sur del ecuador.

El *Intrepid* aterrizaría durante el amanecer. Al encontrarse situado muy hacia el oeste, vista desde la Tierra la Luna presentaría fase «gibosa», con tres cuartas partes de su disco iluminadas. En contraste, cuando Apollo 11 se posó en Tranquillitatis todavía faltaba una semana para llegar al cuarto creciente.

Al igual que todos los Apollo, este entraría en órbita pasando frente al limbo occidental de la Luna. Su atracción gravitatoria curvaría su trayectoria sobre el lado oculto donde ejecutaría la maniobra de frenado. Era como cruzar la vía ante una locomotora en marcha y luego, de un salto, subir al estribo del último vagón.

Con todo el hemisferio oriental iluminado, la mayor parte del retrofrenado que les colocaría en órbita se haría sobre la zona de noche. Los astronautas no disfrutarían del paisaje hasta poco antes de reaparecer por el otro lado a la vista de la Tierra.

El objetivo concreto del Apollo 12 era un cráter sin nombre en cuyo interior se había posado, más de dos años

EL MAPA DE GRIMALDI / RICCIOLI

Océano de las Tormentas, del latín, «Oceanus Procellarum»: es una inmensa llanura basáltica en la que, por supuesto, nunca ha existido agua. Fue Galileo quien, al ver las llanuras que tachonan la cara de nuestro satélite, supuso que se trataban de mares. Sin embargo, él no les asignó nombres; estos (Procellarum, Tranquillitatis, Serenitatis...) aparecieron por primera vez en un mapa lunar datado en 1651, obra de un jesuita llamado Francesco Maria Grimaldi (1613-1663). Otro compañero de su orden, Giovanni Battista Riccioli (1598-1671) lo incluyó en un monumental tratado de Astronomía, el *Almagestum Novum,* que pronto se convirtió en una obra de referencia.

El mismo Riccioli asignó también nombres a las zonas montañosas de su mapa (Terra Sanitatis, Terra Caloris...) pero, al revés de lo que ocurrió con los mares, estos no cuajaron. También inauguró la tradición de bautizar algunos cráteres prominentes con nombres de famosos astrónomos (Copérnico, Kepler, Tycho Brahe...). Y no olvidó incluirse en la lista a Grimaldi y a él mismo. La mayoría de esos nombres siguen utilizándose hoy en día.

antes, la sonda automática Surveyor 3. Era el segundo de la serie que lo conseguía (un fallo de estabilización había estrellado al Surveyor 2). El plan consistía en que los as-

El mapa de Grimaldi / Riccioli.

tronautas la inspeccionasen y recogiesen alguna de sus piezas, pero solo podrían hacerlo si aterrizaban a menos de 500 metros. Caminar más con las limitadas reservas que ofrecían las escafandras lunares representaba un riesgo inasumible. La única solución pasaba por guiar el *Intrepid* justo hasta allí. De ahí que la misión se considerase un aterrizaje de precisión.

Alcanzarlo con tanta exactitud resultaría difícil. Slayton, jefe de la oficina de astronautas, había recomendado no referirse mucho a esa parte del viaje en las ruedas de prensa previas al lanzamiento. Una simple precaución para evitar que la misión fuese tildada de fracaso si no conseguían llegar hasta el Surveyor, aunque hubiesen cumplido el resto de sus objetivos.

Aterrizaje

Durante su decimotercera órbita al satélite Conrad y Bean entraron en el módulo lunar, cerrando tras de sí el acceso al de mando. Una vez más revisaron el estado de todos los sistemas y la estanqueidad de la nave. Satisfechos, comunicaron a su compañero que podía desconectar. Con un «clang», los doce pestillos situados alrededor de la escotilla se abrieron y un breve impulso de sus motores de maniobra separó al *Intrepid* del *Yankee Clipper*.

La maniobra de descenso siempre se iniciaba sobre la cara oculta, casi en las antípodas de la zona de destino. Un breve disparo del propulsor del LM provocaba que la órbita circular de espera, a unos confortables 100 kilómetros de altura, se convirtiese en una elipse. Su punto más bajo, a solo 15.000 metros. Eso ocurriría 400 kilómetros antes de alcanzar la vertical del objetivo. Aproximadamente al llegar a ese nivel se encendía de nuevo el motor y empezaba el frenado previo al aterrizaje en sí.

En el caso del Apollo 12 se siguió el plan de vuelo a rajatabla, casi segundo a segundo. Conrad utilizaría una estrategia distinta a la de Armstrong. El Apollo 11 había volado durante los primeros minutos de frenado con las ventanillas orientadas hacia abajo. Eso daba a los astronautas un medio adicional para comprobar si estaban en curso: cronometrar el paso de algunos cráteres familiares, y comparar el tiempo con la estimación teórica. El Apollo 12 ejecutó toda la maniobra con la vista dirigida al negro espacio: en esa orientación el radar altimétrico podía «ver» el suelo e ir calculando la distancia que lo separaba de él mientras el de navegación hacía lo mismo con respecto al *Yankee Clipper*.

El módulo lunar *Intrepid* se separa del módulo de mando para empezar el descenso.

Entretanto, las estaciones de seguimiento determinaban continuamente la velocidad del *Intrepid* utilizando radar y técnicas Doppler. Todos esos datos confluían en los ordenadores, tanto de Houston como de la propia nave, para componer una predicción del punto de aterrizaje.

El resultado era muy bueno, pero no lo suficiente. Si no se corregía el rumbo iban a quedar cortos por casi un kilómetro y medio.

Conrad podría haber esperado hasta el último momento para compensar esa diferencia, pero los especialistas en dinámica de vuelo diseñaron una solución más sencilla. Todavía a más de 13 kilómetros de altura, bastaba con engañar al ordenador informándole de que el punto de aterrizaje se había movido 1.300 metros más allá. También existía una cierta desviación lateral, aunque eso ya se corregiría a medida que progresase el descenso.

Bajo los pies de los astronautas el motor seguía engullendo combustible. Su empuje era ajustable entre un máximo de 4 toneladas y media y solo la décima parte, pero en la práctica el frenado se haría como mucho al 60 por ciento. Por encima de ese límite el escape erosionaría la tobera más de lo prudente. En todo caso, si hacía falta más potencia, se reservaría para cuando el comandante asumiese el mando manual.

De esta manera el *Intrepid* fue reduciendo altura hasta el nivel de los 2.000 metros. Mientras Bean atendía a las cifras que aparecían en las pantallas numéricas del ordenador y las repetía en voz alta, Conrad se esforzaba por descubrir la zona donde debía posarse. El Sol, muy bajo sobre el horizonte, proyectaba largas sombras. El fondo de la mayor parte de cráteres aún estaba sumido en la más absoluta oscuridad.

Como ayuda mnemotécnica, Conrad buscaba un grupo de cráteres cuya distribución recordaba a un muñeco de nieve: tronco, cabeza y dos piernas. El Surveyor 3 esperaba justo en lo que figuraba como su «barriga».

No era fácil localizarlo. Solo se disponía de cuatro o cinco fotografías detalladas de la zona, obtenidas años atrás por las sondas Lunar Orbiter: una llanura plana en apariencia aunque tachonada por miles de cráteres media-

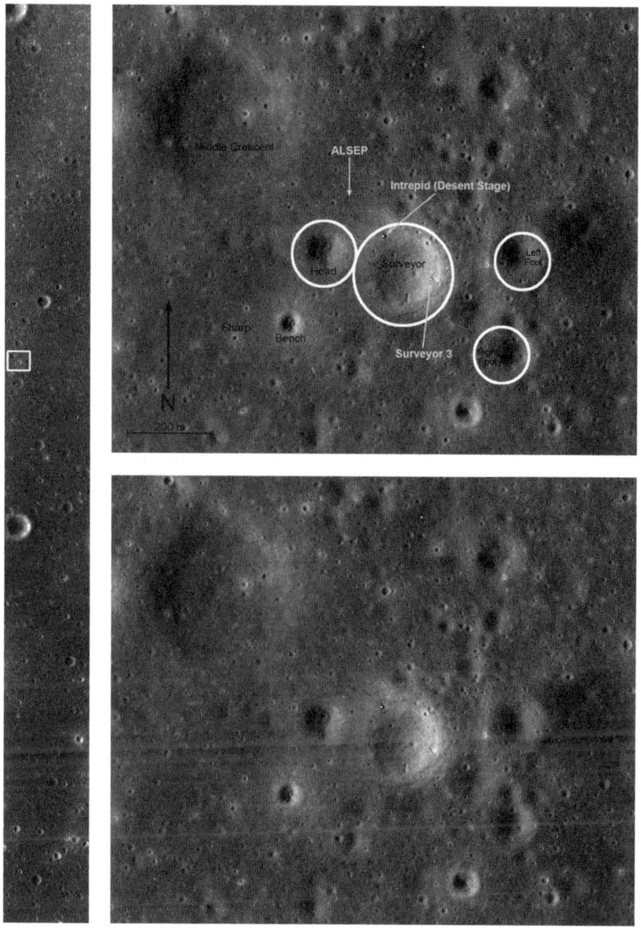

La zona de aterrizaje del Intrepid, fotografiada por la sonda automática LRO. Arriba, los cráteres que formaban el «muñeco de nieve» y las posiciones de la etapa de descenso del LM y el Surveyor 3. A la izquierda, una imagen general de la zona que ilustra la dificultad de identificar este grupo de cráteres.

nos y pequeños. El «muñeco de nieve» era un grupo poco destacado. Característico, sí, pero perdido entre todos los que desfilaban con rapidez bajo el módulo lunar. Según el ordenador, la trayectoria de descenso parecía que iba a sobrevolarlo justo por el centro.

Entonces Conrad lo vio: exactamente el esquema de cráteres que durante los meses de entrenamiento llegase a convertirse en una imagen obsesiva. El *Intrepid* iba directo hacia él, casi como si fuese la cubierta del portaaviones en el que tantas veces aterrizase años atrás, y no pudo contener su entusiasmo:

—¡Hey! ¡Ahí está!, ¡ahí está! ¡Hijo de...! —Conrad era famoso por su lenguaje colorista y sin filtro, aunque el micro estuviese abierto—. ¡Justo en medio del camino!

Bean tampoco pudo reprimirse:

—¡Fantástico!... 42 grados, Pete.

Van a posarse en el punto del terreno que se ve tras la marca de 42 grados en la escala grabada en la ventanilla izquierda. Justo el borde sur del cuerpo del muñeco de nieve. Conrad reajusta el punto de aterrizaje. El *Intrepid* se desvía hacia el interior del cráter. Nuevo ajuste y se mueve hacia la «cabeza». Otro más y otro. Así, hasta seis veces antes de entrar en el programa de descenso semiautomático. Ahora el computador controla la velocidad vertical mientras el comandante busca un sitio adecuado. Pese al bamboleo del combustible en los depósitos, el medidor de nivel indica por encima del 10 por ciento. Más tranquilizador que cuando aterrizaron Armstrong y Aldrin. Y Bean lo confirma:

—Combustible de sobras, Pete.

A 50 metros sobre el terreno el escape levanta una oleada de polvo. Más espesa que en el Apollo 11, es imposible ver nada. Señal de bajo nivel de combustible. Según eso, quedan 30 segundos de vuelo. Pero es probable que sea una falsa alarma. Luego se verá que el margen es casi cuatro veces superior. Conrad está pilotando a ciegas. Se enciende una luz de color azul en el panel de mandos. Una de las tres sondas que cuelgan de las patas ha tocado tierra. Acciona el conmutador que apaga el motor. En la baja gravedad lunar el *Intrepid* cae los dos últimos metros y golpea el suelo con tanta suavidad que apenas comprime los amortiguadores del tren de aterrizaje.

Sin aire que lo mantenga en suspensión, el polvo del exterior sedimenta tan rápido como se ha levantado. La vista se aclara y los astronautas del segundo viaje a la Luna pueden ver ante ellos la desértica llanura del Océano de las Tormentas.

Primera salida

Una vez asegurados los sistemas de a bordo por si era necesario un despegue de emergencia, Conrad y Bean empezaron a preparar la salida. En este viaje se harían dos. La primera, centrada en instalar un conjunto de equipos científicos; la segunda la dedicarían a recoger muestras por los alrededores y, por supuesto, visitar el Surveyor 3.

Este segundo viaje carecía de las connotaciones históricas que rodearon al primero, pero siempre existía la curiosidad sobre cuáles serían las primeras palabras de

Conrad empieza a descender hacia la superficie lunar. La varilla que sobresale de un bolsillo en su pierna izquierda es el mango del recolector de muestras.

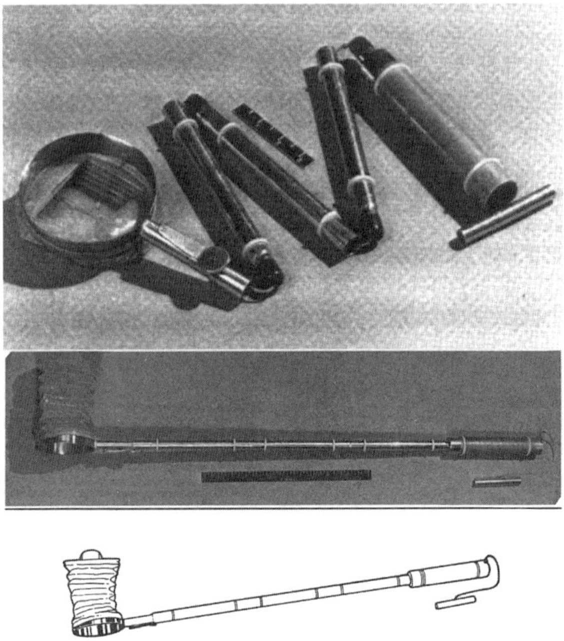

La bolsa con la que Conrad debía recoger la primera muestra e introducirla en un bolsillo de su escafandra, por si era preciso un regreso precipitado a Tierra. El mango, dividido en segmentos para facilitar su transporte, adquiría rigidez tirando de la empuñadura.

Conrad al pisar la Luna. Palabras que debían ser de su propia cosecha; el departamento de Relaciones Públicas de la NASA solo le recomendó contención en el uso de determinadas expresiones que las emisoras de televisión comerciales solían disimular con un pitido.

Sobre este asunto Conrad había cruzado una apuesta con la periodista italiana Oriana Fallaci, convencida de que esas primeras frases respondían a un guion escrito de antemano: 500 dólares a que llegado el momento le demostraría que era muy libre de decir lo que le viniera en gana.

Armstrong era alto, algo más de 1'80; Conrad, el más bajito de los astronautas, 1'68. Muy en su papel, la primera frase al pisar la Luna fue un puro chiste: «Whooopie! Este pudo haber sido un pequeño paso para Neil, pero es uno bien largo para mí». Oriana Fallaci nunca pagó la apuesta.

Tras ejecutar las primeras operaciones rutinarias (si es que se podía hablar de rutinas en un viaje a la Luna), Conrad se acercó a la popa del *Intrepid* y dirigió su mirada hacia el cráter que acababan de sobrevolar. En el talud opuesto, a 100 metros escasos e iluminado por los rayos del Sol naciente, el Surveyor 3. El Centro de Control de Houston estalló en aplausos.

La insignia de astronauta de la NASA.

A los pocos minutos Bean bajó la escalerilla. Nada más poner pie en el suelo echó la mano a un bolsillo de su escafandra y extrajo su insignia de astronauta en entrenamiento: una estrella de plata que arrastraba unos haces de luz a los que rodea un pequeño óvalo. Con todas sus fuerzas la arrojó por encima de su cabeza hacia el cráter donde esperaba el Surveyor 3. La vio destellar mientras describía una parábola perfecta, «la única estrella que pude distinguir desde la Luna», diría más tarde. Ahora que ya había volado por el espacio, a la vuelta tendría derecho al mismo emblema, pero en oro.

Una cámara instalada en un lateral del módulo lunar había retransmitido el descenso de ambos. Esta vez era un modelo nuevo, en color, que ofrecería más definición que la que utilizaron Armstrong y Aldrin. Además, a fin de garantizar una imagen óptima, los astronautas desplegarían una antena parabólica de 3 metros de diámetro. El Apollo 11 llevaba una similar, pero entonces la premura de tiempo aconsejó no abrirla. Tratándose de la primera vez, la calidad de la señal se juzgó aceptable sin necesidad de emplearla.

Bean retiró la cámara de su alojamiento y se la llevó unos metros más allá, donde la instalaría en un trípode. Sea porque no estaba advertido, porque lo olvidó o por falta de práctica (los entrenamientos se hacían con un modelo de madera, no con la real) el caso es que durante el camino la apuntó un ins-

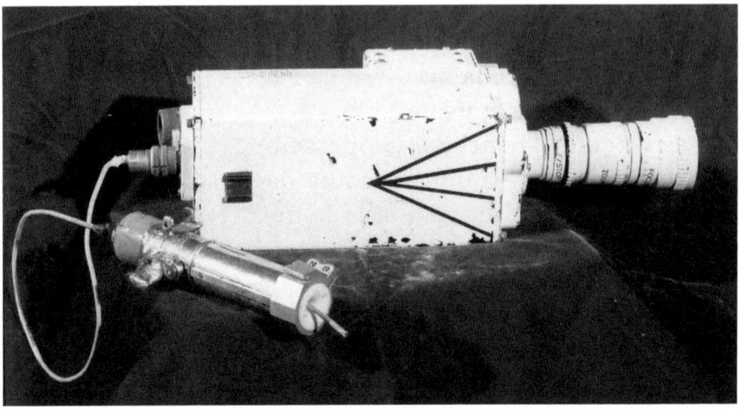

La cámara de televisión original del Apollo 12. Al no disponer de visor para encuadrar la imagen, las líneas negras pintadas en su cubierta indicaban el campo de visión para dos objetivos de distinta focal.

tante hacia el Sol. O hacia un reflejo del plástico metalizado que recubría la nave. Casi toda la superficie sensible del tubo de imagen se quemó como papel de fumar. Lo único que reflejaron los monitores en Houston fue una borrosa mancha de luz y oscuridad.

Desplegaron la antena pero el resultado se mantuvo igual. Siguiendo instrucciones, Bean cambió la apertura del diafragma, movió el cable de conexión, y apuntó la cámara hacia otro lado... Al final, en un último y desesperado intento, le dio unos golpecitos con el martillo. Nada. A partir de ese momento, los paseos del Apollo 12 no se verían por televisión.

Ni siquiera se vería el despliegue de la bandera. Quizá fuera mejor así. El asta llevaba una varilla horizontal que la mantendría desplegada, pero el trinquete falló y no hubo forma de enclavarla en su posición. Las barras y estrellas quedaron colgando fláccidas, como si no soplase la más mínima brisa... Justo lo que sucede en la Luna. En este caso, uno de los argumentos favoritos de algunas teorías conspiratorias (el «ondear» de la tela ante un inexistente viento) no tendría razón de ser.

Conrad intenta desplegar la bandera. Finalmente quedó así, por un fallo en el mecanismo de enclavamiento.

El apretado programa de esta primera salida no permitía entretenerse más con la cámara ni intentar enderezar la bandera, y Bean pasó a su siguiente tarea: extraer el conjunto de instrumentos que quedarían en la Luna y llevarlos a su punto de instalación.

ALSEP

El ALSEP (*Apollo Lunar Surface Experiments Package*) sería la primera estación científica permanente en la Luna. Los astronautas del Apollo 11 habían instalado tan solo un par de sencillos instrumentos, uno de los cuales —un

Panorama de la zona de aterrizaje. Bean está trabajando en el compartimento MESA. En primer término, la antena parabólica desplegada.

sismómetro— funcionó un mes escaso. Ahora, el conjunto incluía cinco experimentos conectados a un núcleo central que recogería los datos de todos ellos y los enviaría a la Tierra por lo menos durante un año.

Entre todos consumirían alrededor de 70 vatios —como una bombilla—, pero por baja que fuera esa cifra exigía una fuente de alimentación fiable y capaz de operar durante largo tiempo. Las simples células fotoeléctricas no servían: hubiesen requerido unos paneles de tamaño prohibitivo. Y su utilidad estaba limitada a los períodos de día. La decisión fue utilizar un pequeño generador isotópico, un dispositivo que produce electricidad a partir del calor emitido por unas tabletas de óxido de plutonio. Sería la primera vez que en la Luna se utilizase material nuclear a cierta escala (el sismómetro del Apollo 11 incluía unas diminutas cápsulas radiactivas solo a efectos de mantenerlo a temperatura aceptable).

Los cinco instrumentos del ALSEP iban plegados y empaquetados en dos bloques compactos, dentro de un compartimento de carga en un lateral del módulo de mando. Sus puertas, recubiertas del omnipresente aislante de color dorado, se abrían como las de un armario. En su interior, unos aparejos metálicos y una serie de cintas y poleas permitirían bajar los dos paquetes y depositarlos en el suelo. El astronauta no tenía que hacer mucha fuerza ni adoptar posturas incómodas. Escafandra y mochila limitaban bastante su capacidad de movimiento.

La mayoría de instrumentos iban pintados de un blanco impoluto. Se habían ensamblado en habitaciones ultra limpias y nadie debía acercarse a ellos sin vestir bata, gorro y mascarilla, pero la zona de aterrizaje había resultado una llanura polvorienta, bastante más que Tranquillitatis.

En cuanto Bean depositó en el suelo el primer paquete se dio cuenta de que ahora todas aquellas precauciones parecían inútiles. Sus botas, perneras y brazos de la escafandra, el aparejo de cintas de descarga del ALSEP... el polvo se adhería a todo. Y también, claro, a los instrumentos que iba a instalar.

Plutonio

Su primera preocupación era cargar el combustible en el generador termoeléctrico. Este era un cilindro gris con aletas de refrigeración que disipasen el calor sobrante. Solo por radiación, claro. En la Luna, carente de aire, no existe convección. El óxido de plutonio iba protegido dentro de una cápsula en el exterior del módulo de descenso. Lo habían instalado allí poco antes del despegue unos especialistas de la Comisión de Energía Atómica, el mismo organismo que autorizaba a la NASA el uso de material fisible; aunque en su forma oxidada, no en la concentración militar de máxima pureza. Aun así el plutonio resultaba un producto de uso muy restringido cuyo manejo exigía extraordinarias precauciones.

Una de ellas era la propia cápsula. Podía resistir impactos y hasta el intenso calor de una reentrada en la atmósfera. Si el lanzamiento fallaba se trataba de garantizar que, por lo menos, el plutonio no se dispersaría. La probabilidad era ínfima, pero no nula. Tan solo unos meses más tarde, en el vuelo del siguiente Apollo 13, se vería lo acertado de esa precaución.

Alan Bean descarga el núcleo radiactivo para insertarlo en el reactor SANP-27.

El núcleo de plutonio estaba muy caliente. Cualquier contacto con la escafandra podría abrir un agujero en ella y comprometer su estanqueidad. Bean debía utilizar una herramienta de mango largo con la que asirlo y sacarlo de su alojamiento. No resultó fácil: quizá por la dilatación, el cilindro se atascó, negándose a salir pese a los reiterados intentos.

Frustrado, Bean pido ayuda a Conrad. Entre los dos pelearon un rato con la recalcitrante pieza hasta que alguien sugirió emplear el mismo método que habían aplicado en su intento de reparar la cámara de televisión: unos cuantos golpes con el martillo. Y funcionó. La cápsula de combustible se liberó (y quizá también se resquebrajó un poco) e inmediatamente fue introducida en el generador

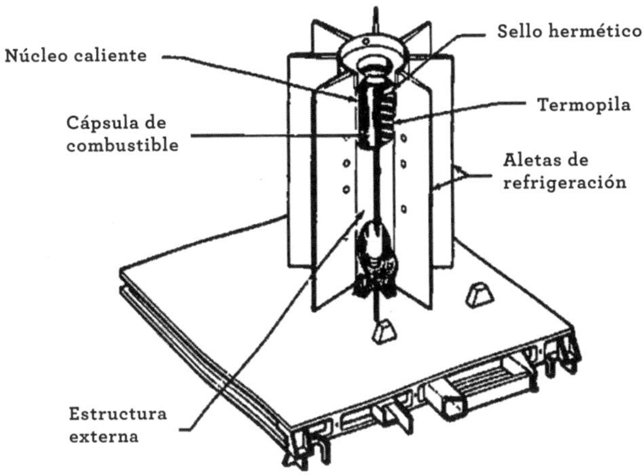

Esquema del generador termoeléctrico. Todos los Apollo salvo el 11 llevarían a la Luna uno similar.

cuyos termopares empezaron a producir corriente casi de inmediato. Antes de cerrar la tapa, el astronauta pudo sentir a través de sus guantes el calor que transmitía el mango de la herramienta extractora.

Los dos paquetes del ALSEP se llevaban hasta su emplazamiento unidos con una barra transversal, como unas pesas de gimnasia. Ninguna pieza era superflua. Incluso esa barra de sujeción se aprovecharía luego convirtiéndola en el asta de la antena de la estación central de recogida de datos.

En la Tierra, el conjunto pesaba más de 120 kilogramos; en la Luna solo 20 kg. Escafandra y mochila añadían otros 14 kg (ochenta y pico en la Tierra), con lo que el astronauta tenía que soportar una carga considerable. Y llevarla hasta unos 100 metros de distancia, fuera de la trayectoria que seguiría el *Intrepid* al despegar para que su escape no afectase a los instrumentos.

Allí, los dos astronautas empezaron a instalar el conjunto de equipos. Primero, el generador isotópico que alimentaría a la estación central. Esto era lo más urgente. La corriente que ya estaba produciendo necesitaba alguna carga donde disiparse en forma de calor (una simple re-

Alan Bean se prepara para transportar los componentes del ALSEP hasta su emplazamiento final.

sistencia eléctrica que luego, cuando se conectasen todos los instrumentos, se eliminaría).

Conrad y Bean no solo debían depositar los equipos en un lugar apropiado sino también orientarlos y nivelarlos. Quizás el más delicado era el sismómetro, destinado a detectar levísimos temblores del suelo, tanto en sentido vertical como horizontal.

Al contrario que la Tierra, la Luna apenas sufre sacudidas, salvo las debidas a ocasionales impactos de meteoritos. El equipo instalado esta vez junto con los que vendrían en futuras misiones permitirían triangular el punto exacto de caída. Además, el análisis de los tiempos de recorrido de las ondas

El sismómetro, protegido por una manta térmica que reducía las pequeñas vibraciones debidas a la contracción y dilatación del terreno sobre el que se asentaba.

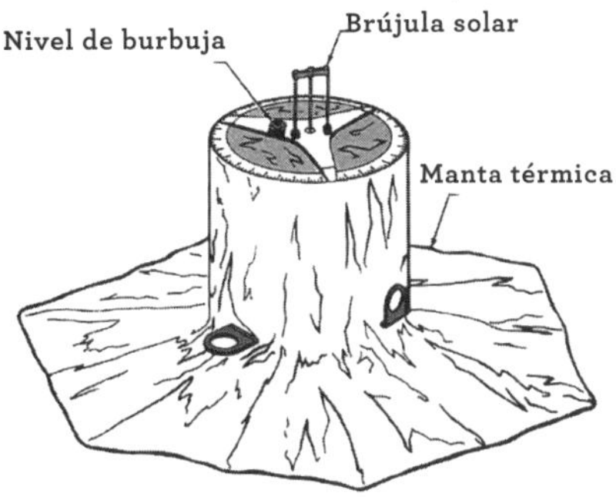

Componentes externos del sismómetro.

sísmicas sería una excelente herramienta para estudiar la composición interna de nuestro satélite.

El sismómetro era muy sensible. Detectaba sin dificultades las pisadas de los astronautas o las vibraciones de cualquier equipo al caer al suelo. Era un cilindro hermético de medio metro de altura, muy parecido al que dejaron Armstrong y Aldrin en Tranquillity Base, salvo que aquel se alimentaba con dos paneles de células solares. Iba recubierto de una manta de plástico aluminizado a fin de aislarlo en lo posible del calor del Sol. Esta protección se extendía a su alrededor. Se trataba de resguardar el terreno circundante y reducir sus pequeños crujidos y dilataciones a medida que progresaba el día y las temperaturas se hacían más extremas.

Calibrar un sismómetro en la Tierra es una operación delicada; en la Luna, mucho más. Conscientes de ello, sus diseñadores habían reducido al mínimo las tareas que debían ejecutar los astronautas. Para nivelarlo de forma aproximada bastaba con fijarse en una sencilla cazoleta semiesférica con escalas graduadas, en cuyo interior rodaba una bolita metálica. Si esta se detenía centrada en las marcas, la instalación era correcta.

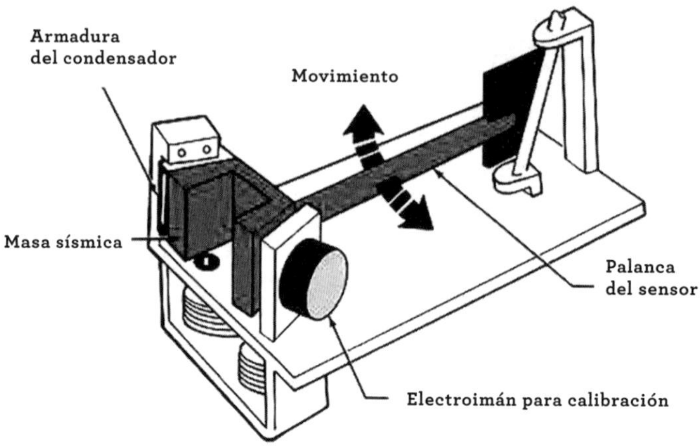

Uno de los sensores del sismómetro, destinado a detectar movimientos horizontales del terreno.

Meses atrás, Aldrin utilizó un dispositivo idéntico, pero poco satisfactorio: en la baja gravedad lunar, la bolita giraba y giraba sin acabar de detenerse. Bean disfrutó de una segunda ayuda mucho más práctica: un mero nivel de burbuja sujeto a la carcasa del sismómetro. Conseguido el primer ajuste, más tarde unos motores eléctricos, controlados desde la Tierra, terminarían de equilibrarlo.

El siguiente equipo era un magnetómetro triaxial destinado a medir el casi inexistente campo magnético lunar en sus componentes ortogonales. Su silueta resultaba inconfundible: una caja en el suelo de la cual sobresalían tres brazos cuyos extremos sostenían un sensor cada uno.

Este instrumento serviría no solo para medir el campo propio lunar sino también su interacción con el del Sol, mucho más intenso. Con la cara oculta iluminada, el campo magnético solar llegaría al magnetómetro tras atravesar toda la masa de la Luna; sufriendo —o no— alteraciones según el tipo de mineral que encontrase en el camino. Eso podía dar una pista más sobre la naturaleza interna de nuestro satélite.

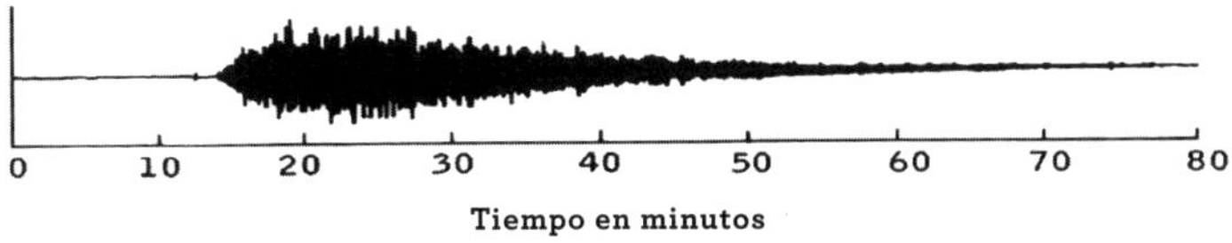

El sismómetro registró el impacto de la cabina del *Intrepid* al ser enviada a estrellarse contra la Luna. La reverberación, como un gong, se prolongó durante casi una hora.

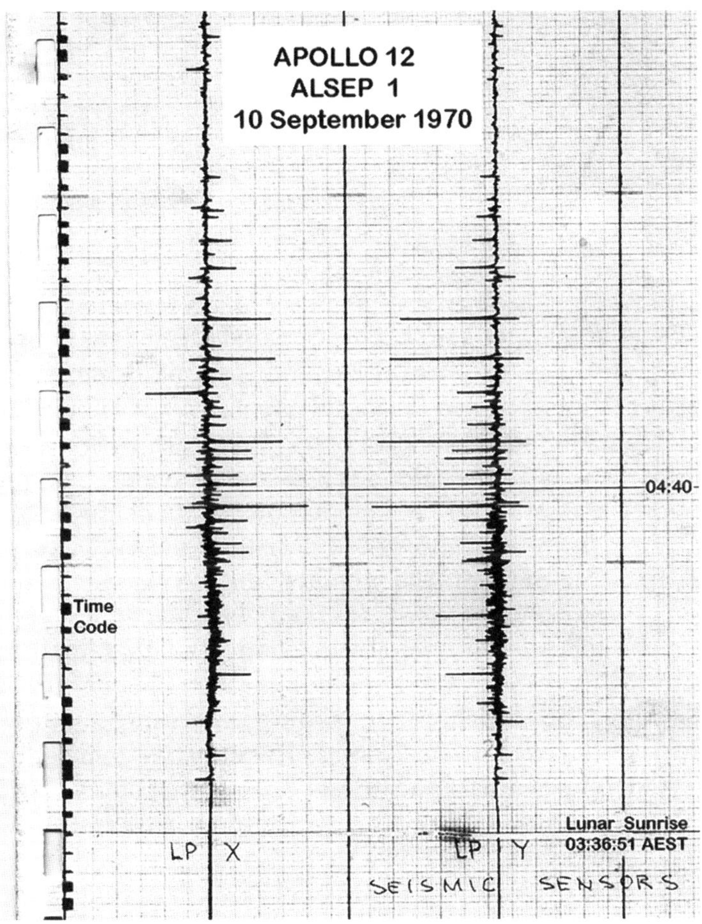

Amanecer en la Luna visto por el sismómetro del Apollo 12: los picos de la gráfica a partir de las 03:36:51 corresponden a los crujidos de las rocas al dilatarse por el efecto del calor del Sol.

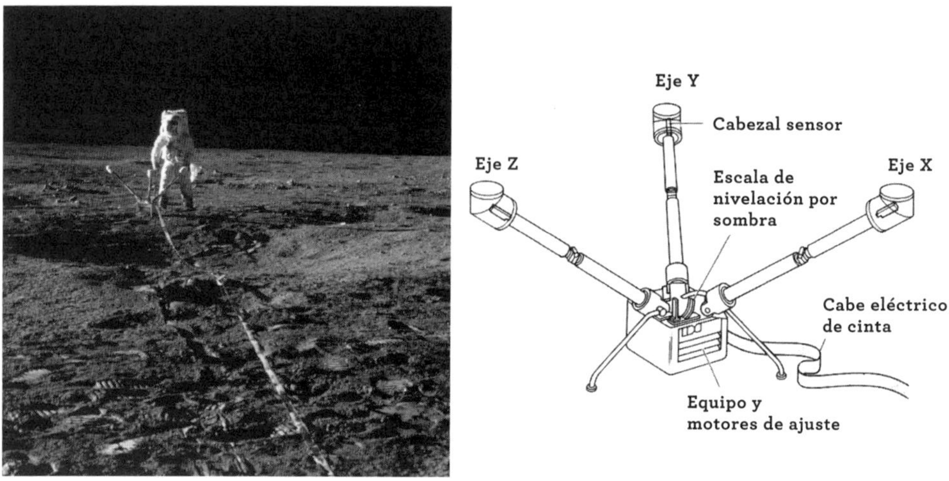

El magnetómetro triaxial instalado en la Luna.

Interpretar esas medidas requería una referencia: el valor real del magnetismo solar por sí solo. Ese dato lo proporcionaría otro satélite, el Explorer 35, que llevaba más de dos años anclado en órbita selenocéntrica, y —una complicación adicional— durante unos pocos días cada mes la Luna atraviesa la magnetosfera, la «cola» magnética que la Tierra arrastra sobre el lado nocturno. Su efecto desvía las partículas que emite el Sol y distorsiona las lecturas de campo magnético. Únicamente un medidor instalado *in situ* permitiría obtener mediciones fiables.

Otro equipo era un espectrómetro destinado a analizar energía y dirección del viento solar: electrones, protones y algún núcleo de helio. Al igual que con el campo magnético, el objetivo también era estudiar su variación, según la fase: en luna nueva, cuando el Sol ilumina solo la cara oculta, el propio satélite haría de escudo y las lecturas del detector deberían caer hasta casi cero.

Los dos últimos instrumentos del ALSEP también estudiarían iones y plasmas. Uno de ellos, en particular, podría considerarse un medidor de la atmósfera lunar. Esta es casi inexistente; aunque no del todo. La forman escasísimos núcleos atómicos, retenidos por la débil grave-

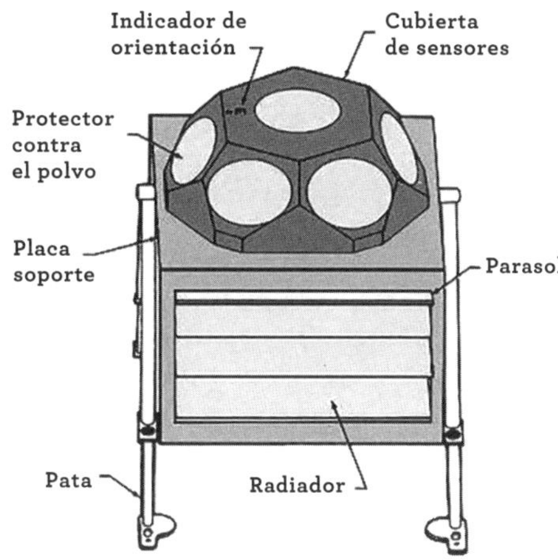

El espectrómetro de viento solar instalado en la Luna. Se aprecia claramente la caperuza con cinco de sus siete sensores orientados en direcciones que permiten cubrir toda la bóveda celeste.

dad, pero cuyo destino es escapar al espacio. Solo para ser remplazados por otros, de origen solar o emitidos desde el subsuelo a través de fisuras.

La presión atmosférica en la Luna es del orden de una billonésima que en la Tierra. Su composición incluye iones de gases nobles, hidrógeno y trazas de metano, amonio, CO_2 y otros elementos. Cada centímetro cúbico próximo al suelo contiene unas doscientas mil de esas partículas. Parece mucho pero, en realidad, es casi un vacío.

Se calcula que la masa de toda la atmósfera lunar es de unas 25 toneladas. El LM pesaba alrededor de quince. Dos tercios, combustible que se consumía por completo en el aterrizaje y posterior despegue. Un único alunizaje suponía descargar en la Luna más de 10.000 kg de gases, ¡un 40 por ciento de su atmósfera natural!, que, por supuesto, se perdería en el espacio durante los días siguientes.

El sensor instalado por Conrad y Bean era tan sensible que detectó la exhalación de oxígeno producida al abrir la portezuela del *Intrepid* y la emisión de vapor de agua de los refrigeradores de las mochilas cada vez que un astro-

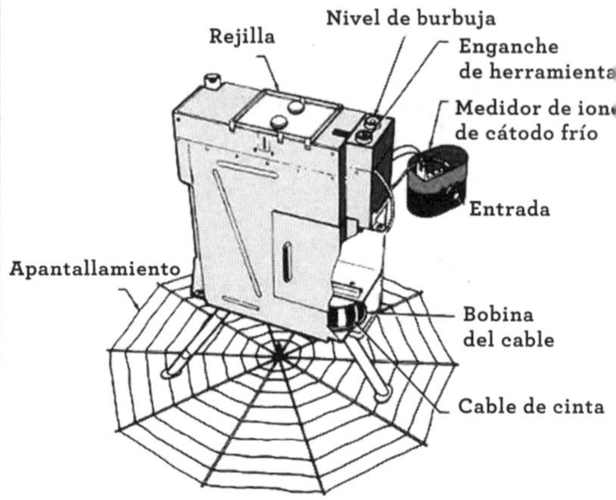

El analizador de ionosfera se instalaba sobre una malla metálica para aislarlo de interferencias eléctricas. A su lado, el pequeño analizador de atmósfera lunar.

nauta se le aproximaba. En este último caso la señal era tan intensa que se iba fuera de escala.

Acabado su trabajo, Bean y Conrad volvieron al abrigo de su cabina en el módulo lunar. Con toda probabilidad había sido el día más excitante de sus vidas. Y largo; llevaban veinte horas sin dormir.

Pero antes de cenar y descabezar un merecido sueño tenían que preparar el equipo que emplearían al día siguiente. Entre otras cosas, comprobar su consumo de oxígeno y agua de refrigeración. Eso se hacía de la forma más simple: pesando el sobrante que quedaba en los depósitos.

De balanzas y tallas pequeñas

Aquí se enfrentarían con otro pequeño infortunio. Conrad echó mano de una balanza de resorte incluida a bordo, pero antes de poderla usar era necesario calibrarla según la gravedad lunar. Al aflojarlo más y más el tornillo de ajuste se soltó de su rosca, la tuerca huyó rodando por el suelo y el muelle también saltó. Llevó media hora montar de nuevo el mecanismo mientras maldecía entre dientes

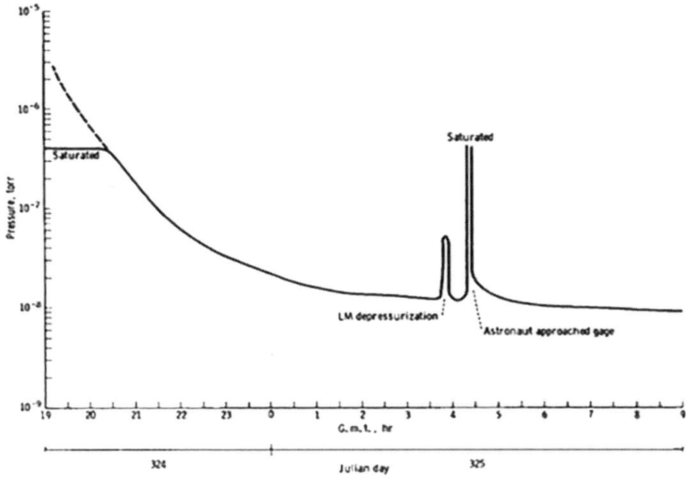

Registro del detector de atmósfera lunar. El primer pico corresponde a las trazas de oxígeno liberado al abrir la escotilla del *Intrepid;* el segundo detecta los gases emitidos por la escafandra del astronauta al aproximarse.

al inventor de aquel chisme. Pese a su sofisticación, parecía de un «todo a cien» (aunque a un coste de desarrollo astronómico). En futuros viajes se sustituiría por un modelo más manejable.

En las mochilas de los astronautas quedaba todavía el 40 por ciento tanto de oxígeno como de agua. La primera salida había durado unas cuatro horas; podrían haberla prolongado, sin ninguna dificultad, un rato más, pero el cansancio empezaba a hacer mella, sobre todo en Bean, por el esfuerzo realizado en su caminata cargado con el ALSEP.

Durante su período de descanso los dos astronautas disfrutarían de más comodidades que sus predecesores. Armstrong y Aldrin que durmieron acurrucados en su cabina, mientras que Conrad y Bean disponían de un par de hamacas, pero ni uno ni otro pudieron conciliar el sueño más allá de cuatro horas.

En particular, desde que volvieron a la cabina y despresurizaron sus escafandras, Conrad estaba incómodo con la

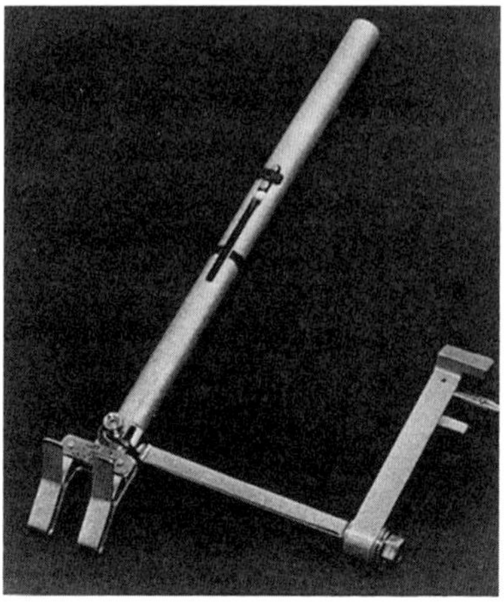

La balanza utilizada a bordo del *Intrepid*. El objeto a pesar se colgaba de los dos ganchos del extremo izquierdo. La palanca de la derecha permitía sujetarla a la estructura de la nave.

suya. Una pernera le venía corta. Y es que mucho antes, en la sesión en que se le tomaron las medidas para ajustarlo a su altura, lo hizo vestido solo con ropa interior. Pero en la Luna llevaría también una especie de mono de tubos de plástico trenzados por los que circulaba agua de refrigeración. Mientras el traje estuvo presurizado, no lo había notado; ahora el grosor extra hacía que al estirar la pierna el tejido se le clavase en el hombro. En vista de que ya no podían dormir, él y Bean se dedicaron a desatar las cintas que ceñían su pantorrilla derecha y anudarlas más flojas. Así ganaría casi una talla. El arreglo les costaría otra hora de trabajo.

Mientras ellos descansaban, los ingenieros de Houston habían activado los cinco equipos del ALSEP, no sin dificultades. Uno de los cuatro sensores del sismómetro falló y el medidor de atmósfera lunar sufrió un cortocircuito que lo dejó fuera de servicio. La estación transmitió datos hasta septiembre de 1977 (ocho años después), cuando se apagó, junto con las demás que se instalarían en misiones posteriores.

Visitando una reliquia

La segunda salida tenía por objeto recoger más muestras y, sobre todo, visitar al Surveyor 3. El Sol iba ganando altura y ya iluminaba el fondo del cráter donde les esperaba la sonda. Aunque disponían de cuerdas que facilitarían el descenso, Conrad estimó que la pendiente era manejable sin recurrir a ellas, en especial si entraban de lado, moviéndose poco a poco.

Pero eso quedaría para el final de la caminata. Por el momento, antes de partir tenían que preparar todas las herramientas que llevarían consigo, así como una ligera estructura donde sostenerlas junto a las bolsas y los tubos metálicos de recogida de testigos profundos.

Otra tarea incluía calibrar las cámaras fotografiando unas cartulinas con diferentes niveles de grises tanto en condiciones de iluminación directa como en la sombra. En el segundo paseo cada uno llevaría una Hasselblad con avance motorizado sujeta a la pechera, ambas equipadas con un disparador de pistola y un gatillo grande que permitía accionarlo con las manos enguantadas. El día anterior llevaban película en color; ahora solo en blanco y negro, más adecuada para documentar

Los instrumentos geológicos y su soporte, que también servía para sostener las bolsas de muestras.

las rocas del terreno. Gracias a su soporte ultrafino, cada magazín ofrecía cerca de doscientas exposiciones. Y dispondrían de otro más con película en color a utilizar cuando llegasen al Surveyor. Aunque en este caso la experiencia demostraría una vez más que los planes mejor trazados también fallan.

El circuito programado les llevaría a visitar la pequeña depresión que formaba la «cabeza» del muñeco de nieve. Luego seguirían por su «brazo» derecho y, de ahí, contorneando el borde del cráter principal, hasta alcanzar la sonda. En total, un kilómetro y medio. No era mucho, pero aparte del engorro de las escafandras, los astronautas tenían que arrastrar el soporte de herramientas y las bolsas de muestras. A medida que su colección aumentaba también lo hacía su peso. Bean encontró incómodo no tanto el tener que cargar con él sino el mantenerlo alejado del cuerpo, para evitar que a cada paso tropezase contra su pierna. Estaba claro que en futuros viajes haría falta algo más práctico. Una carretilla, quizá.

Por el camino fueron recogiendo cuantas muestras parecían de interés. Tanto Conrad como Bean habían recibido unos meses de entrenamiento de campo. Sabían distinguir rocas de una u otra composición, aunque todavía pasarían años hasta que un geólogo profesional pisase la Luna.

En cualquier caso, para los dos astronautas fue una caminata llena de sorpresas. Y sus comentarios lo reflejan: entusiasmados al descubrir lo que parecían esférulas cristalinas sobre una roca; o describiendo unos montículos de un par de palmos de altura «son como volcanes en miniatura, aunque no tienen nada que ver con volcanismo»; o señalando un pedrusco «del tamaño de un pomelo»; o haciendo rodar piedras por la ladera de un cráter por si el sismómetro captaba sus vibraciones.

El viaje de las «conejitas» de Playboy

En varias ocasiones sus comentarios iban puntuados por bromas o chistes. En particular, cerca de un cráter denominado Halo, primero Bean y después Conrad, rompieron a reír a car-

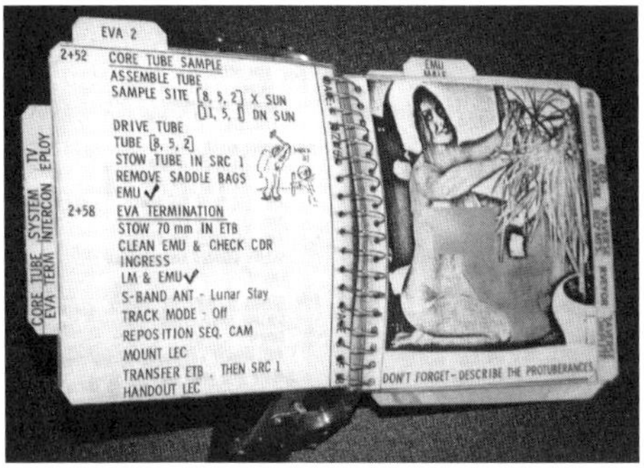

El libro de instrucciones que Alan Bean llevaba en la muñeca.

cajadas. En las muñecas de sus trajes llevaban adheridos unos libritos de instrucciones que detallaban las operaciones a realizar en cada parada, y al pasar página ambos se encontraron con unas fotografías de lo más sugerente: fotocopias en blanco y negro del recién editado *Calendario Playboy* de 1970. A su lado, alguien había añadido unas notas recomendando, con un lenguaje irónicamente «geológico», ciertas actividades más fuera de programa.

Conscientes de que sus palabras irían a las redes de difusión públicas, Conrad y Bean se limitaron a carcajearse sin mencionar las páginas que estaban viendo. Los autores de la broma eran Scott, Worden e Irwin, los miembros de la tripulación suplente que volarían en el Apollo 15.

Tampoco se salvó Gordon, el solitario tripulante del *Yankee Clipper*. Al abrir uno de los contenedores de equipos se encontró una copia de la hoja de noviembre del *Calendario Playboy* sujeta con velcro a la tapa. Esta vez la ilustración iba en color. En enero de 2011 salió a subasta, con un precio de partida de 1.000 dólares, acompañado por un

El calendario que encontró Gordon pegado con velcro en uno de los compartimentos del *Yankee Clipper*.

certificado de autenticidad. Se adjudicó por veinte veces más.

Algunas rocas fueron a las bolsas de recogida sin más miramiento. Otras requerían un elaborado proceso de documentación que incluía el fotografiarlas desde varios ángulos antes y después de levantarlas del suelo. Conrad también utilizó un recipiente hermético donde guardar muestras del regolito sin perder las ínfimas cantidades de gas atrapado.

Bean, por su parte, hincó un tubo metálico en el suelo con el que recoger una muestra de sus capas hasta medio metro de profundidad. Y fue una operación nada fácil, porque por debajo del polvo el terreno resultó más compacto de lo previsto. Una vez más, tuvo que utilizar el martillo. «Una herramienta multiusos», según exclamó recordando sus intentos por arreglar la cámara de televisión. Futuras expediciones llevarían uno bastante más pesado.

Poco después, la cámara fotográfica que llevaba Bean dio otro problema. El tornillo que la sujetaba a la montura se soltó y el soporte, muelle y gatillo cayeron al suelo. Con los guantes puestos no era fácil remontarlo, y Conrad le

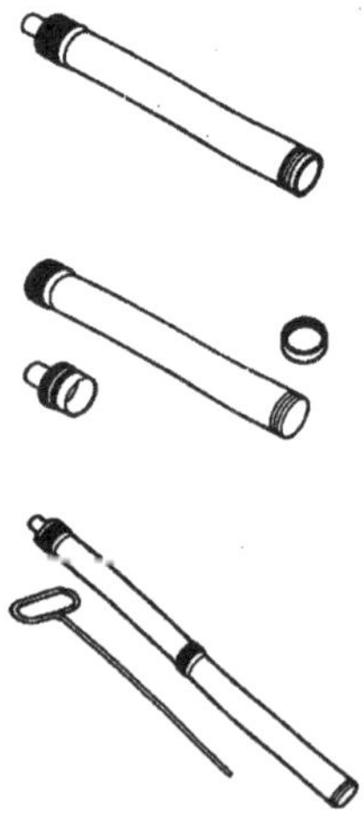

Los tubos de muestras podían atornillarse entre sí para alcanzar estratos más profundos.

pasó la suya, cuyo mecanismo también estaba flojo y a punto de desmontarse.

Así, por fin los dos hombres empezaron el descenso por la pared del cráter hacia donde les esperaba la Surveyor 3. Su aterrizaje, tres años antes, había resultado accidentado. Los motores de frenado no se apagaron en el momento de tomar tierra y la sonda rebotó dos veces, deslizándose pendiente abajo. Las huellas que dejaron las patas en el suelo estaban tan nítidas como el primer día.

El plan de vuelo original preveía que Bean cambiase el respaldo de su cámara por el que contenía película en color. Ellos no llevaban consigo una copia completa, tan solo el librito recordatorio de actividades sujeto a su muñeca. En él se especificaban paso a paso todas las operaciones a realizar en cada momento, pero al redactarlo, alguien en Houston omitió indicar el crucial cambio de magazín. El resto de fotografías —las más espectaculares de la misión— serían, pues, en blanco y negro.

Los astronautas tenían preparada una travesura para cuando llegasen al Surveyor. Sin informar a nadie Conrad había llevado un autodisparador mecánico escondido en su bolsillo. La idea era hacerse juntos un inédito *selfie* al lado de la sonda. Como el accesorio no figuraba en el manifiesto de carga, todo el mundo se preguntaría quién manejaba la cámara.

Al principio del paseo, Conrad había dejado el temporizador dentro de una de las bolsas de muestras, blanca y sin usar, confiando en recuperarlo más adelante, pero ahora ya estaba llena de rocas de todos los tamaños revueltas con puñados de polvo lunar. Sin decir una palabra para no estropear la sorpresa, Bean se puso a rebuscar entre aquella mezcolanza sin ningún éxito. El accesorio se había hundido hasta el fondo y encontrarlo exigía vaciar la bolsa, así que a su pesar hubo que abandonar el plan.

Ambos astronautas hicieron turnos fotografiándose junto a la sonda: las llamadas «fotos de turista». Estaba en una pendiente de unos 12°; parecía estable, pero por precaución debían evitar pasar frente a él por el lado situado a nivel más bajo. Podría resbalar y golpearles, aunque el

Conrad junto al Surveyor 3. En el borde del cráter se ve la silueta del *Intrepid* y la antena desplegada.

terreno demostró ser allí tan compacto como en cualquier otro punto del recorrido.

En su origen el Surveyor 3 era blanco, pero ahora presentaba un curioso tono tostado, quizá debido a la exposición al Sol durante los dos años y medio; o por acumulación del polvo levantado por el aterrizaje del *Intrepid*. A falta de mejor explicación esa era la más probable, aunque no convenciera del todo a los astronautas.

Con una cizalla de mango largo cortaron sin muchos miramientos algunos componentes de la nave. La cámara de televisión completa, la uña del rastrillo para comprobar la cohesión del suelo y unas cuantas secciones del tubo de la estructura. Conrad intentó arrancar parte de las protecciones de vidrio soldado al compartimento de electrónica, pero estaba tan pegado al metal que se rom-

La huella dejada por la sonda durante su accidentado aterrizaje, dos años y medio antes.

pió en fragmentos diminutos. Hubiesen querido llevarse también el panel de fotocélulas, pero quedaba demasiado alto. Las piezas recuperadas —en especial la cámara— resultarían útiles en el estudio de los materiales tras una prolongada estancia en el vacío espacial.

La visita al robot marcó el punto culminante del paseo. Ahora solo quedaba dirigirse de nuevo hacia el *Intrepid*, inspeccionando un último cráter y tratando de cumplir el horario. Iban casi cuatro horas de caminata aunque el cansancio no había hecho mella, pese a tener que arrastrar el engorroso portaherramientas con las bolsas de rocas.

Al llegar a la nave, los astronautas utilizarían el compartimento de herramientas, una especie de cajón abatible en el flanco de la sección de descenso. Lo aprovecharían

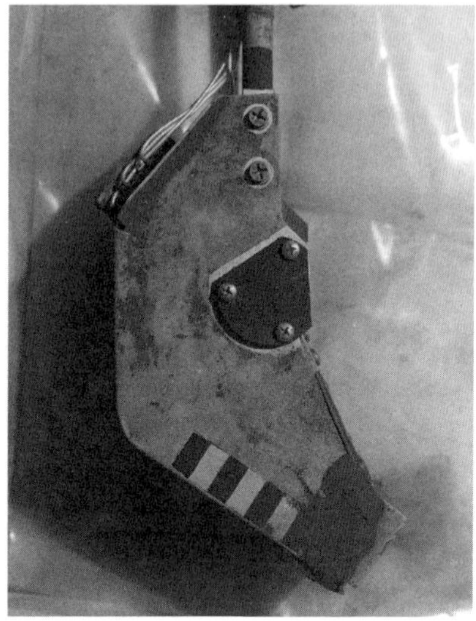

El dedo de Conrad dejó una marca en el polvo que recubría el espejo de la cámara.

La uña del rastrillo del Surveyor 3, traída de regreso a la Tierra.

como mesa de trabajo en la que ordenar las muestras e introducirlas en las cajas de retorno.

Los contenedores de muestras ALSRC (por sus siglas, *Apollo Lunar Sample Return Container*) eran maletines de aluminio, ultraligeros y herméticos, fabricados por vaciado de un solo bloque de metal sólido. A la ida habían servido de caja donde llevar las pinzas, rastrillos y otras herramientas de geólogo; a la vuelta, todas quedarían abandonadas y su lugar lo ocuparían tanto las rocas sueltas como recipientes estanco o tubos metálicos con columnas de los estratos más profundos.

Las cajas se cerraban en el ambiente lunar y ya no se abrirían hasta llegar al laboratorio de recepción, en Houston; algunas muestras permanecerían selladas durante decenios a la espera de que apareciesen técnicas de análisis más avanzadas.

Su estanquidad era muy importante. Disponían de un triple sello: dos cordones de silicona y un tercero formado por una aleación de indio y plata, un compuesto malea-

Un contenedor de muestras utilizado en el Apollo 12. Se reutilizaría en el vuelo del Apollo 14.

ble que recorría todo el canto de la caja. El borde de la tapa era una cuchilla muy fina que, al hincarse sobre el metal blando, garantizaba un cierre hermético. El mismo sistema se empleaba en los contenedores más pequeños y especializados, como los que se usarían para evitar la pérdida de los gases atrapados en las muestras.

Las piezas arrancadas del Surveyor envueltas en simples bolsas de tela irían dentro de una caja de muestras, aisladas de todo contacto exterior. Ese detalle tendría importancia meses más tarde, cuando se detectaron en la cámara unas pocas colonias de bacterias que parecían haber sobrevivido más de dos años expuestas al vacío. Tras la sorpresa inicial, la conclusión fue que se trataba de una contaminación ocurrida en la cápsula o durante su manejo en el laboratorio.

La cosecha de esta misión sería de unos 34 kilos de muestras (peso en la Tierra), casi el doble de lo recolectado por Armstrong y Aldrin. El 80 por ciento rocas; el resto, polvo o esquirlas. Estos, metidos en bolsas, servirían también para rellenar las cajas y calzar las piedras de mayor tamaño, evitando que se moviesen durante el despegue.

No se utilizaron todas las bolsas de muestras disponibles. Al emprender su segunda caminata, Bean había dejado el magazín de la cámara cargado con película en color dentro de una de ellas, sin usar, y luego se olvidó de él por completo. A última hora, al recordarlo, depositó la bolsa

Bean sostiene un recipiente hermético para recogida de muestras. En su visor se refleja la imagen de su compañero.

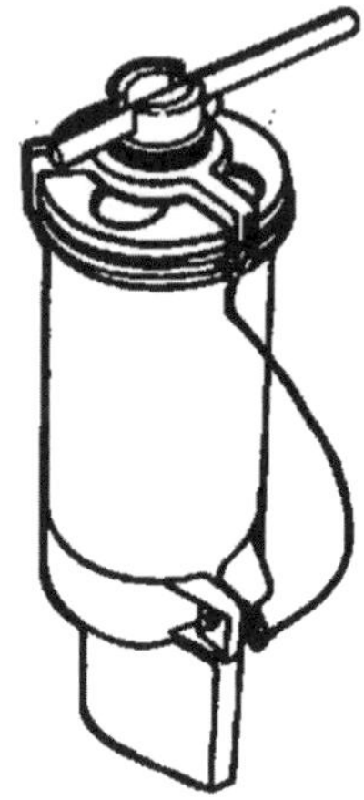

Diagrama del contenedor de muestras hermético para análisis de gases.

sobre el pupitre, suponiendo que el comandante la guardaría con el resto de materiales, pero Conrad, al verla tan limpia, creyó que estaba vacía y la ignoró. El carrete, medio expuesto, quedaría abandonado en la Luna.

¿Y el temporizador perdido? Apareció justo por encima de las rocas que llenaban una de las bolsas, cuando ya no tenía ninguna utilidad.

En comparación con el 11, el vuelo del Apollo 12 dejó en la Luna pocos objetos ceremoniales. La bandera y la tradicional placa conmemorativa unida a una pata del *Intrepid*. En ella no figuraba ninguna frase alusiva ni la firma del presidente de Estados Unidos, únicamente las de los tres pilotos y el nombre de la misión. Y, por

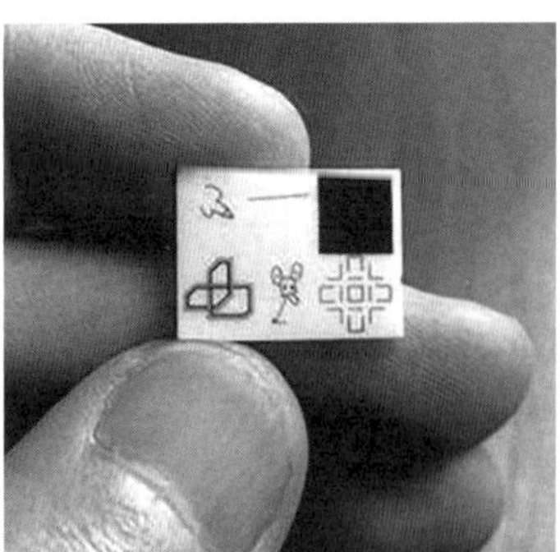

El primer museo lunar: un chip cerámico del tamaño de un sello de correos.

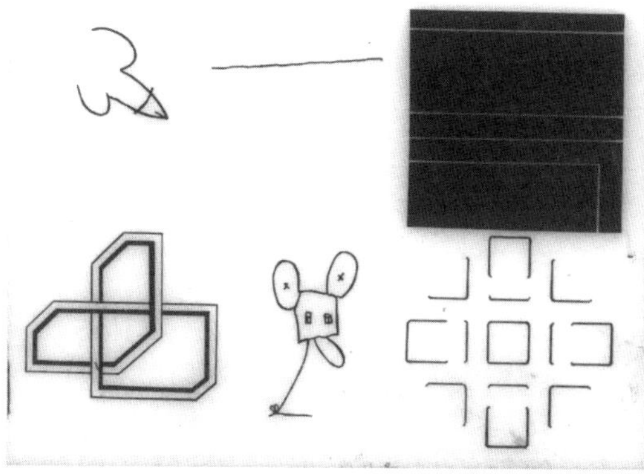

Los fondos del museo lunar: Arriba, izq. a dcha.: obra de Andy Warhol, Robert Rauschenberg, David Novros. Abajo: Forrest Myers, Claes Oldenburg, John Chamberlain.

supuesto, en algún rincón del cráter del Surveyor 3 está aún la insignia de plata de Alan Bean.

Desconocido por los tres astronautas —y por la misma NASA—, allí quedó también el primer museo en la Luna. Había sido idea de Forrest Myers, un escultor californiano. Se trataba de una pieza de cerámica del tamaño de un sello de correos en la que grabar media docena de obras de arte moderno. Para fabricarla, Myers recurrió a la colaboración de ingenieros de Bell Labs que aplicarían las técnicas utilizadas en la producción de circuitos telefónicos.

Myers ofreció a otros cinco artistas la posibilidad de crear una obra tan diminuta como histórica, ya que constituiría nada menos que la primera exposición pictórica en nuestro satélite. También informó a la NASA, pero ante las reticencias de la

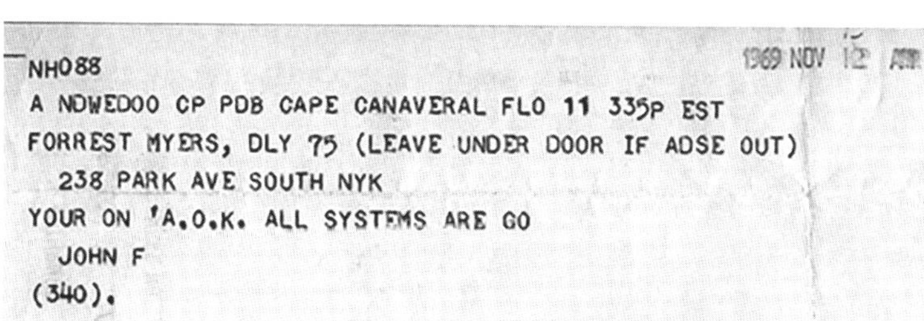

NH088 1969 NOV 12 AM
A NDWEDOO CP PDB CAPE CANAVERAL FLO 11 335P EST
FORREST MYERS, DLY 75 (LEAVE UNDER DOOR IF ADSE OUT)
238 PARK AVE SOUTH NYK
YOUR ON 'A.O.K. ALL SYSTEMS ARE GO
JOHN F
(340).

El críptico telegrama que informaba a Myers de la colocación del «museo» a bordo del módulo lunar.

agencia prefirió tomar un camino alternativo. Un ingeniero de Grumman Aircraft propuso esconder el pequeño objeto entre las capas de aislante térmico que recubría el exterior del *Intrepid*. Nunca trascendió su nombre; tan solo que el telegrama enviado a Myers en el que confirmaba el éxito de la operación firmaba «John F.».

Salvo por esos escasos testimonios resulta imposible confirmar si el diminuto chip está de verdad en la Luna. Al menos, hasta que otro equipo de astronautas llegue e investigue entre los restos del *Intrepid*. En todo caso, el material cerámico y la técnica de grabación utilizados garantizan que las seis obritas de arte perdurarán durante milenios, mucho más que otras custodiadas en los museos convencionales.

Despegue desde la Luna

Ya dentro de la cabina a los astronautas les esperaba otra leve frustración. Habían respetado tan bien el horario (muchas veces adelantándose al plan) que no quedaba mucho por hacer hasta el momento de empezar los preparativos del despegue. Casi dos horas de forzada inactividad en las que Conrad no pudo por menos que lamentarse del poco tiempo de que dispusieron en su tarea: unos segundos para localizar alguna roca interesante, un minuto escaso para fotografiarla, recogerla y a por otra... Ahora parecía una lástima no haberse podido dedicar con más calma. En especial, cuando sus suministros de oxígeno les hubieran permitido prolongar considerablemente su paseo.

Entretanto, Richard Gordon, único ocupante a bordo del *Yankee Clipper*, seguía ocupado fotografiando lugares de interés. En particular, su trayectoria sobrevolaba Fra Mauro y Descartes, dos firmes candidatos a futuras visitas. Ahora preparaba el seguimiento de la maniobra de despegue a través de su equipo de navegación. Conocía con exactitud la situación del *Intrepid* porque lo había podido localizar a poco de aterrizar, no a simple vista sino con el sextante, y ayudándose de un programa de ordenador que compensaba la velocidad de la nave apuntando el sistema óptico de forma que se mantuviese centrado en un punto de la superficie.

Sabiendo de antemano dónde estaba el módulo lunar sería mucho más fácil pedirle al ordenador que lo localizase de nuevo, pero un exceso de confianza le llevó a fiarse demasiado de la máquina y a utilizar el sextante a máximo aumento. Ni el *Intrepid* ni los familiares cráteres del «muñeco de nieve» aparecieron por ningún sitio. A velocidad orbital, en pocos segundos perdió su oportunidad. Habría que esperar al siguiente sobrevuelo cuando sí conseguiría encontrarlo, aunque no a tiempo de verlo despegar.

Así, tras 32 horas en la Luna, Conrad y Bean emprendieron el regreso a casa. Las guillotinas explosivas cortaron los cables y conductos de fluido entre los segmentos de despegue y aterrizaje, detonaron los bulones metálicos que los conectaban, las válvulas se abrieron, el helio a alta presión forzó la inyección de combustible en el motor, y la cabina saltó hacia arriba con una aceleración de media gravedad terrestre.

Por la ventanilla, los astronautas pudieron ver una ventisca de plástico y aislante de la etapa inferior desgarrados por el escape del cohete. El mismo que tumbó la antena parabólica desplegada para retransmitir imágenes de televisión y que, a la postre, no había servido de nada. El Sol sigue a sus espaldas y pueden ver la sombra de su propia nave, moviéndose con rapidez por la superficie a medida que ganan altura.

A los 10 segundos de vuelo y 100 metros de altura la cabina abandonó el ascenso vertical para inclinar la trayectoria camino de su órbita. La alcanzaría en siete minutos: con un perilunio (su mínima altura) a 15 kilómetros sobre el suelo. Era el margen de seguridad que eliminaba cualquier peligro de chocar contra alguna montaña.

Mientras duró la aceleración los astronautas observaron que el polvo introducido en la cabina se sedimentó en el suelo y los paneles de mando, pero tan pronto como el motor se apagó y la nave entró en órbita volvió a flotar por todos los rincones, aunque de momento, con los cascos puestos, no resultaba molesto.

Empezaba así un *ballet* que conduciría al *Intrepid* a aproximarse paso a paso a la nave nodriza. Primero, convertir su alargada órbita en una circular; luego, ir ganando altura progresivamente hasta establecer contacto visual. Las luces de posición permitirían verse desde unos ciento cincuenta kilómetros de distancia. En total, la caza duraría unas tres horas.

Sobrevolando la cara oculta por última vez, Conrad sorprendió a su amigo con una propuesta fruto de esa misma amistad: «¿Quieres llevarlo un rato?». Bean nunca lo hubiese imaginado. Pese a su título oficial de piloto del LM, él no lo manejaría; su papel era el de un ingeniero de vuelo: ayudar a su compañero leyéndole las lecturas de los indicadores y cuidando que las trayectorias calculadas por el ordenador principal y el de emergencia coincidiesen. Aunque los mandos estaban duplicados como una simple medida de precaución, solo el comandante debía pilotar el módulo lunar.

La propuesta de Conrad contradecía las reglas de la misión, pero en aquel momento estaban sobrevolando la cara oculta en plena noche y fuera de contacto con Houston. Nadie tenía por qué enterarse. El diálogo entre los dos amigos no figura en las transcripciones oficiales del vuelo, y durante unos breves minutos Alan Bean se convirtió en el único piloto de LM que pudo manejar su nave en torno a la Luna.[2]

Completado el encuentro del *Intrepid* con el *Yankee Clipper*. Conrad retiró el mecanismo de amarre y lo dejó a un lado en la atestada cabina del módulo lunar. Ya no haría falta. En ingravidez el polvo, fino, oscuro y abrasivo flotaba por todas partes. Intentó quitarse el casco pero aquella nube de partículas le afectó a ojos y garganta, así que decidió conservarlo puesto.

Si el polvo entraba en el módulo de mando a través del túnel de unión el viaje de regreso podía convertirse en una tortura. Con un aspirador intentaron limpiar el exterior de los conte-

2. Ed Mitchell, del Apollo 14, también confesó haber tenido su oportunidad para manejar el LM, aunque fuera por breves instantes: «Al fin y al cabo, todos éramos pilotos de pruebas ¿no?».

nedores de muestras antes de pasárselos a Gordon, aunque sin mucho éxito. Y faltaba lo peor: los propios trajes de los astronautas estaban llenos de restos de regolito. Su carga de electricidad estática los adhería con tenacidad al tejido, sobre todo en rodillas, piernas y botas.

Más en serio que en broma Gordon anunció: «No vais a ensuciar mi nave con toda esa porquería». Obedientes, Conrad y Bean se despojaron de sus escafandras y, de paso, del incómodo mono de tubos de refrigeración, que ya carecía de utilidad. Al final, quedaron vistiendo solo el pañal empleado en las excursiones lunares, por si sufrían una repentina necesidad de vaciar los intestinos. Y con tan poco digno uniforme, entraron en el *Yankee Clipper.*

Siguiendo el plan de vuelo, los astronautas cerraron la compuerta de la escotilla y abandonaron la cabina del *Intrepid.* Un último encendido de su motor principal hasta el agotamiento del combustible la puso en una órbita con perilunio por *debajo* de la superficie. Se estrelló a unos setenta kilómetros de donde habían aterrizado. El sismómetro que acababan de dejar allí registró las vibraciones del impacto.

Después de tantas emociones, el viaje de regreso resultó casi anticlimático. Hasta que poco antes de la reentrada en la atmósfera, a 80.000 km de distancia, la cápsula atravesó el cono de sombra proyectado por la Tierra. Era la primera vez que unos astronautas podían disfrutan de un eclipse insólito: nuestro planeta y no la Luna ocultando el Sol. Por una imprevisión que todos lamentarían ya habían agotado las cargas de película en color. El único registro del fenómeno procede de la cámara cinematográfica de 16 mm instalada en una ventanilla.

El *Yankee Clipper* ejecutó una reentrada en la atmósfera tan precisa que desde el portaaviones *USS Hornet* pudieron fotografiar su descenso, colgando de los tres grandes paracaídas. El estado del mar no era bueno: la base de la cápsula fue a dar contra la panza de una ola profunda y el impacto resultó más brusco de lo esperado: una deceleración de 15 G. La cámara se soltó de su soporte y fue a dar en la cabeza de Alan Bean, dejándolo inconsciente duran-

Aterrizaje del *Yankee Clipper*, a la vista del portaaviones de recuperación.

te unos instantes. Más tarde, Gordon diría que, al mirarlo, creyó que el golpe había tenido consecuencias fatales.

Al hacer contacto con el agua, Bean debía accionar el conmutador que liberaba los paracaídas evitando que, arrastrada por el viento, la cápsula volcase. Incapacitado momentáneamente, no pudo evitar que el *Yankee Clipper* se diese la vuelta y sus tres ocupantes quedasen colgando de sus arneses boca abajo. Fueron diez incómodos minutos hasta que se hincharon los flotadores de enderezado. Una vez a bordo del *Hornet*, necesitó seis puntos de sutura.

Desenlace

Conrad y Bean volvieron al espacio en el marco del programa Skylab. Richard Gordon fue asignado comandante de la tripulación de reserva del Apollo 15. Según el plan de rotaciones impuesto por Slayton, le hubiese correspondido regresar a la Luna (y caminar por ella) en el Apollo 18, pero al ser cancelado dejó la NASA en 1972. Fue vicepresidente del equipo de futbol estadounidense New Orleans Saints, colaboró en diversas empresas de ingeniería y hasta asesoró a la producción de una miniserie de televisión de tema espacial. Gordon falleció en 2017 a la edad de ochenta y ocho años.

Charles Conrad también dejó la NASA después de su vuelo en la misión Skylab 2 y ocupó un puesto ejecutivo en McDonell Douglas, la empresa fabricante de la tercera etapa del Saturn V. Murió en el verano de 1999 a consecuencia de un accidente de motocicleta.

En cuanto a Alan Bean, tras haber dirigido la misión Skylab 3 dejó la NASA y ya no mantuvo contacto con la industria aeroespacial. Decidió explotar su afición de toda la vida, la pintura, y se convirtió en artista profesional. La mayoría de sus óleos muestran escenas ambientadas en la Luna, donde plasmar la luz y los colores que había conocido de primera mano. En algunos brochazos solía incluir unos diminutos granitos de polvo lunar. Falleció en 2018, solo año y medio antes de cumplirse el 50° aniversario de su viaje más memorable.

Apollo 13. El vuelo que no llegó

La complicada historia de la pieza 10024XTA0008

La historia del accidente del Apollo 13 empieza mucho antes de su vuelo, mucho antes de que Neil Armstrong pisase la Luna, y hasta mucho antes de que volase el primer Apollo. Se remonta a primeros de 1966, cuando North American Aviation, el contratista principal para los módulos de mando y servicio, adjudicó el encargo de diseñar, construir y probar los depósitos de oxígeno líquido que equiparían a las futuras naves lunares a Beech Aircraft, una conocida compañía de suministros aeroespaciales.

Serían depósitos esféricos de unos 80 cm de diámetro, más o menos como una pelota de playa. Cada vehículo dispondría de dos iguales (la eterna preocupación de la NASA por garantizar el máximo nivel de redundancia). Irían instalados uno junto a otro en uno de los seis compartimentos radiales del módulo de servicio, fuera del alcance de los astronautas.

El suministro de oxígeno era una función vital en la cápsula Apollo. No solo para la respiración de sus ocupantes sino también como elemento clave en la producción de energía. La misma zona de la nave, un nivel por debajo, albergaba otros dos depósitos, esta vez de hidrógeno. Y en una repisa por encima, tres pilas de combustible,

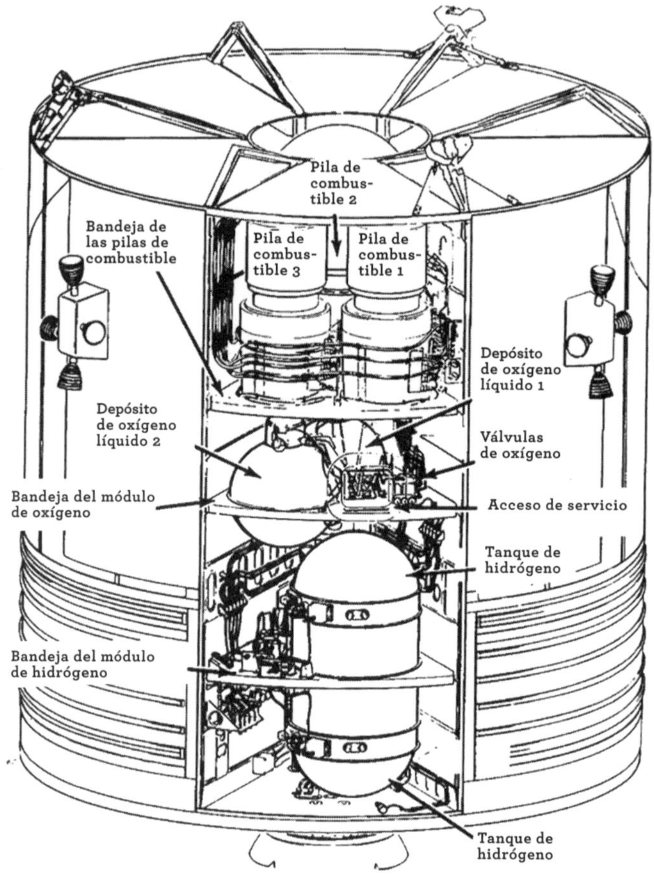

El compartimento número 4 del módulo de servicio contenía los equipos de suministro de energía eléctrica. Arriba, las tres pilas de combustible. Bajo ellas, la bandeja con los dos tanques de oxígeno. Y en la inferior, los de hidrógeno líquido.

unos dispositivos en cuyo interior ambos gases reaccionaban en un proceso inverso a la electrolisis. Inyectando en ellos hidrógeno y oxígeno a alta presión se generaba una corriente eléctrica que alimentaría a todos los equipos de a bordo durante la mayor parte del viaje. Y un residuo valiosísimo: agua. Agua muy pura que iría al sistema de refrigeración de los circuitos eléctricos. Y también para consumo de los tres hombres durante el viaje.

Izquierda: La bandeja de depósitos de oxígeno líquido.
Centro: Pilas de combustible instaladas en el Apollo 13. La tercera queda detrás, invisible en esta foto.
Derecha: La bandeja del sistema de hidrógeno líquido.

Cada depósito contendría 150 kg de oxígeno: 100 kg destinados a la producción de electricidad y el resto (50 kg) para consumo humano. En su interior, la carga se almacenaba en un estado supercrítico: medio líquido, medio gas, casi pastoso a unas 60 atmósferas de presión y alrededor de 180°C bajo cero.

Pese a su aparente sencillez, los depósitos criogénicos eran auténticos prodigios de ingeniería. Estaban formados por dos esferas, una dentro de otra, separadas por un par de centímetros de vacío, el mejor aislante. Como un termo. Tan efectivo que si se hubiesen llenado de hielo y dejado descansar a temperatura ambiente, ocho años después su interior seguiría congelado.

El hidrógeno (y, en menor medida, el oxígeno) se difunden a través de los poros del recipiente que lo contiene. Por eso era imprescindible que los depósitos del Apollo ofreciesen la máxima estanqueidad. Con toda probabilidad nunca se ha fabricado uno más hermético. Alguien calculó que si un neumático de automóvil perdiese aire al mismo ritmo que ellos tardaría más de treinta millones de años en vaciarse.

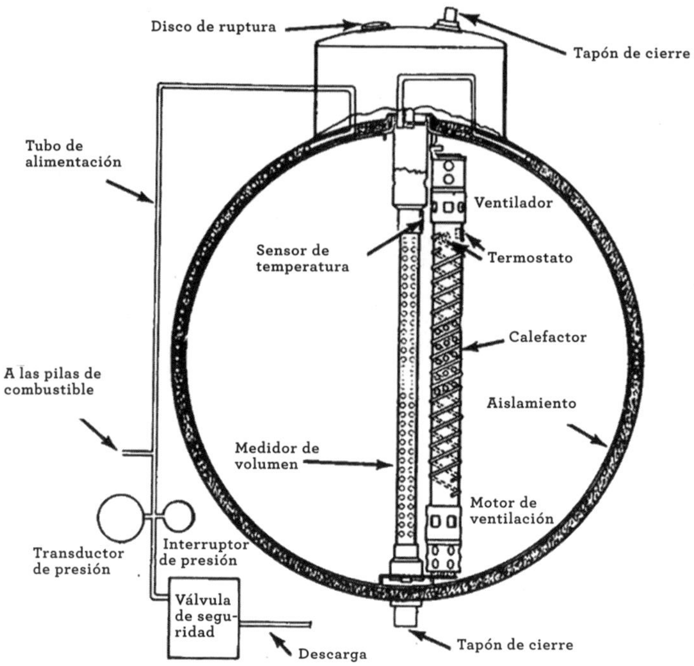

Sección de los depósitos de oxígeno.

Los depósitos se llenaban y vaciaban a través de una complicada red de tubos que entraban por su parte superior. Por ahí mismo pasaban también las conducciones eléctricas que servían a un sensor de nivel, ventiladores y calentadores instalados dentro. En ingravidez los fluidos criogénicos tienden a estratificarse en capas; de vez en cuando convenía removerlos para conseguir una mezcla homogénea que no confundiese a los medidores de cantidad. En cuanto a los calefactores, permitían forzar una paulatina vaporización del líquido y alimentar tanto a las células de combustible como a la cabina de los astronautas.

La construcción del tanque con número de serie 10024XTA0008 superó sin dificultades todas las pruebas en fábrica. En determinada verificación aparecieron unos minúsculos poros en una soldadura. Se rehízo. Y un ventilador interno resultó demasiado ruidoso. Se cambió.

Luego, conectaron las bombas de vacío para evacuar el espacio entre las dos esferas concéntricas. Necesitaron casi dos días hasta eliminar el último vestigio de aire.

El siguiente paso lo constituían los ensayos de aceptación. Algunos, brutales como el de someterlos a presiones mucho mayores que las que deberían soportar. Se llenaba el depósito con oxígeno líquido y se activaba el calefactor interno hasta alcanzar las 90 atmósferas. Luego, a presión más reducida, se comprobaba que el aislamiento térmico no mostrase pérdidas. Satisfechos todos estos requisitos, el tanque volvía al contratista principal donde pasaría más pruebas hasta su instalación final en un módulo de servicio que algún día iría a la Luna.

En las instalaciones de North American Aviation el tanque número 0008, junto a otro gemelo, se montaron en una bandeja de soporte. Y esta, en el interior del módulo de servicio destinado a la misión Apollo 10. Era el verano de 1968 y faltaba menos de un año para su lanzamiento.

Pruebas

Al someter el equipo a más pruebas apareció otro problema: interferencias eléctricas. Ante la premura de tiempo los ingenieros decidieron cambiar toda la bandeja que sostenía los dos tanques de oxígeno por otra en perfecto estado. Así, el futuro Apollo 10 volaría con el nuevo juego de depósitos; este, una vez reparada la causa, iría a otro módulo de servicio, el SM 109, destinado al Apollo 13.

Bandeja y depósitos pesaban dos centenares de kilos y estaban sujetos a la estructura mediante varios tornillos. Una vez desenroscados, una grúa con horquilla permitía levantar el conjunto y retirarlo. En el proceso, alguien olvidó liberar uno de los pernos y la grúa lo forzó hasta romperlo. Bandeja, tanques y tuberías auxiliares cayeron sobre sus soportes desde una altura de unos cinco centímetros. Poco, pero lo suficiente: el impacto desajustó la conexión del conducto de vaciado del tanque. Oculto por una cupulita de protección, nadie se apercibió de ello, entre otros motivos porque las pruebas posteriores no de-

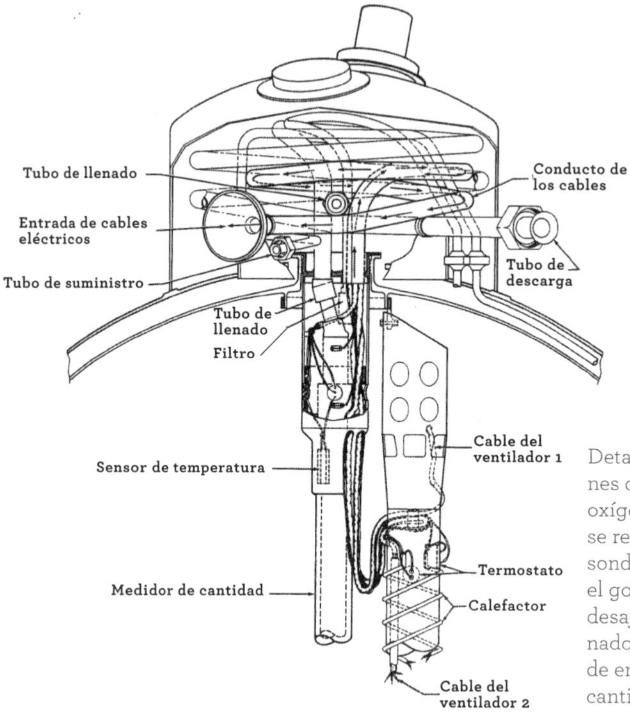

Detalle de las conducciones de carga y descarga de oxígeno líquido. El rellenado se realizaba a través de la sonda central. Probablemente el golpe recibido provocó un desajuste en el tramo inclinado que conectaba el tubo de entrada con el medidor de cantidad.

tectaron anomalías. Así, en el verano de 1969, el módulo de servicio en el que iba el depósito dañado se envió al Centro Kennedy en espera de su turno para ir al espacio.

A principios de 1970 la nave que sería conocida como Apollo 13 se instaló en lo alto de su cohete, al abrigo del edificio de ensamblaje en el Centro Kennedy. En marzo el vehículo completo ya se había trasladado a la plataforma de lanzamiento donde pasaría las comprobaciones y ajustes finales. Faltaba menos de un mes para el vuelo.

Las semanas que preceden a un lanzamiento son un frenesí de pruebas y verificaciones de todos los sistemas. Entre ellas, una simulación de la cuenta atrás que debía hacerse con los depósitos criogénicos llenos. Una vez terminado el ensayo se vaciarían hasta volver a rellenarse unas pocas horas antes del despegue.

El procedimiento de vaciado de los depósitos consistía en inyectar oxígeno gaseoso por el tubo de descarga y forzar así la salida del líquido por la boquilla de llenado. En el caso del tanque número 1, la operación fue bien; pero el 2 se negó a expulsar más allá de un 10 por ciento de su contenido.

Extrañados pero recordando el golpe que sufriera tiempo atrás, los técnicos sospecharon una fuga en el conducto de llenado. El gas que se inyectaba por el tubo de descarga se escapaba por él sin ejercer suficiente presión en el interior. Era un asunto molesto aunque no crítico, porque esa entrada solo se usaba en las pruebas; una vez en vuelo ya carecía de uso. Además, repararlo hubiese exigido desmontar la bandeja que sostenía ambos depósitos, una operación laboriosa (quizá dos días de trabajo), complicada y que podía dañar otros componentes.

Así que para vaciar el tanque número 2 se recurrió a otro sistema: calor. Conectaron el calefactor interno del depósito a una toma de corriente y se dejó así durante más de ocho horas, hasta que, por fin, todo el oxígeno se vaporizó. Una segunda prueba volvió dar el mismo problema, que fue resuelto de la misma manera.

Lleno, el interior de los tanques de oxígeno estaba muy frío, por debajo de los 180°C bajo cero. Aplicarle calor durante tanto rato no debía resultar peligroso. El calefactor disponía de un termostato de seguridad que lo apagaría de inmediato si la temperatura superaba los 25°C.

Los contactos del termostato, soldados entre sí después de una prueba posterior al accidente.

La resistencia del calefactor admitía diferentes voltajes: 28 (el nivel a que funcionaría en vuelo) o 65 voltios, disponibles en la torre de servicio. Estos permitirían provocar un calentamiento más rápido, pero el termostato no. Solo estaba certificado a 28 voltios. Nadie pensó en ese detalle. Bajo la prolongada sobrecarga sus contactos se soldaron entre sí. Ya no se podrían volver a abrir. La única protección contra sobrecalentamiento estaba inutilizada.

Durante las ocho horas que duraron las operaciones de vaciado el interior del tanque número 2 alcanzó más de 500 °C, suficiente para destruir el aislante de teflón de algunos cables, los ventiladores internos, por ejemplo. Los conductores desnudos sumergidos en oxígeno líquido representaban un claro peligro de cortocircuito. Desconocido por todos, el Apollo 13 llevaba a bordo una bomba a punto de estallar.

Rubeola

La política de Slayton establecía que cada tripulación de remplazo sería la principal tres vuelos más tarde. En consecuencia, el Apollo 13 correspondía a Gordon Cooper (uno de los legendarios «Mercury Seven» del programa homónimo), Donn Eisele y Edgar Mitchell. Los tres habían formado el equipo de reserva en el Apollo 10, pese a que la dirección de la NASA no veía con buenos ojos a dos de ellos: Cooper, por el escaso interés demostrado durante los entrenamientos; y Eisele, por su participación en el «motín» del Apollo 7, cuando los astronautas —resfriados, malhumorados y con sobrecarga de trabajo— desobedecieron las indicaciones del centro de control. El porqué, a pesar de todo, formaron parte del equipo suplente de una misión lunar, solo se explica por la no disponibilidad de otros pilotos en aquel momento.

Deke Slayton mantuvo la candidatura de Mitchell y sustituyó a los otros dos por Alan Shepard y Stuart Roosa. Shepard, un veterano del programa Mercury, acababa de reincorporarse al servicio activo tras muchos años de inactividad por motivos médicos. Parecía apropiado darle más tiempo de entrenamiento así que intercambiaron el turno con la tripulación del Apollo 14.

James Lovell, Ken Mattingly y Fred Haise componían el equipo de este vuelo. Lovell era uno de los astronautas con más experiencia. Había sido copiloto en el Gemini 7, cuando permaneció en órbita durante dos semanas (¡dos interminables semanas!) encerrado en un habitáculo no mayor que los asientos delanteros de un coche pequeño. Luego, capitaneó el Gemini 12, el último del programa, y formó parte de la tripulación del Apollo 8, la primera misión que orbitó la Luna. Ahora, como comandante del Apollo 13, iba a cumplir su gran ilusión: poner pie en aquel paisaje que en las Navidades de 1968 solo pudo contemplar desde lo alto.

Haise y Mattingly eran nuevos. Sería su primer viaje al espacio. Haise bajaría a la Luna; Mattingly se quedaría en órbita, a la espera del regreso de sus compañeros. Como siempre, otros tres astronautas formaban el equipo de sustitución, con el que los titulares mantenían frecuente contacto.

Tres días antes de la fecha del despegue se supo que un hijo de Charlie Duke, que formaba parte de la tripulación de reserva, había contagiado la rubeola a su padre. Lovell y Haise eran inmunes, y Mattingly no. Quizás estaba infectado, quizás no, pero las normas no dejaban lugar a dudas: ante la posibilidad de que se le declarase el brote durante el vuelo, debía ser sustituido por su suplente, Jack Swigert, uno de los pocos astronautas solteros.[3] La decisión fue tan precipitada que Mattingly se enteró de la noticia por la radio de su coche.

En tres días Swigert hubo de pasar por un cursillo acelerado que refrescase sus obligaciones como piloto del módulo de mando. Tan atareado estuvo que ni siquiera tuvo tiempo de posar con sus compañeros y rehacer la foto oficial con sus trajes de vuelo, ni de presentar su declaración

3. Mattingly también lo era. Según él, no quería asumir compromisos que le distrajeran de la preparación de su viaje hacia la Luna. Apartado en el último momento por culpa de un hipotético contagio, se casó en junio de ese mismo año.

de la renta, cuyo plazo estaba a punto de caducar (el propio Nixon le concedería una prórroga basada en que se le podía considerar «en viaje por el extranjero»). La NASA tampoco llegó a modificar la documentación entregada a los medios, así que en el dosier de prensa figuraba la biografía de Mattingly y no se hacía ninguna referencia a Swigert.

Jack Swigert no bajaría a la Luna pero debería —entre otras cosas— colaborar en una nueva maniobra de alunizaje que pondría el módulo lunar en trayectoria de descenso sin necesidad de gastar una gota de su precioso combustible. Armstrong y Conrad aterrizaron con sus depósitos casi vacíos; el Apollo 13 iría más sobrado, o al menos esa era la esperanza.

Por cierto, al final Mattingly no desarrolló la rubeola.

El 13 a las 13:13

El Apollo 13 despegó el mediodía del 11 de abril de 1970. Cuando el Saturn V encendió motores, en Houston los relojes marcaban la 1:13 minutos de la tarde. Las 13:13, en horario militar. Muchos repararon en la triple coincidencia de «treces», pero la política de la NASA no contemplaba supersticiones. Ni siquiera aunque el módulo de mando tuviera por nombre —otra premonición— *Odyssey*.

El módulo lunar se llamaría *Aquarius*. Este nombre figuraba en la placa conmemorativa adherida a su tren de aterrizaje junto con el de los tres astronautas originales. Sin tiempo material para sustituirla, Lovell recibió una copia con la firma de Swigert en lugar de la de Mattingly. Al desembarcar en la Luna debería colocarla tapando la otra.

El lanzamiento sufrió un imprevisto en el apagado prematuro de uno de los cinco motores de la segunda etapa. Era consecuencia de una vibración longitudinal ya detectada en otros vuelos (y que se daba por corregida). La telemetría mostró aceleraciones de 60 G, tan intensas que hubieran podido romper los conductos de combustible. Antes de llegar a ese extremo, unos sensores detenían el propulsor afectado y compensaban la falta de empuje prolongando el funcionamiento de los cuatro restantes.

Entrada en órbita terrestre, comprobación de sistemas, inyección en trayectoria translunar, transposición y extracción del módulo lunar... Todas las operaciones revestían ya una cierto tono rutinario. Uno de los ingenieros de servicio llegó a comentar que las cosas iban tan bien que empezaban a estar mortalmente aburridos.

Ya en camino el plan de vuelo preveía casi una hora de retransmisión de televisión en directo: Lovell manejaría la cámara mostrando las evoluciones de Haise dentro del *Aquarius* explicando la utilidad de cada equipo, pero el público no parecía muy interesado, así que las tres cadenas nacionales prefirieron ignorarlo. Una programó el *talk show* de Dick Cavett, otra un partido de béisbol, y la

La nueva placa conmemorativa con la firma de Jack Swigert. Una vez en la Luna los astronautas debían instalarla cubriendo la original, en la que figuraba el nombre de Mattingly.

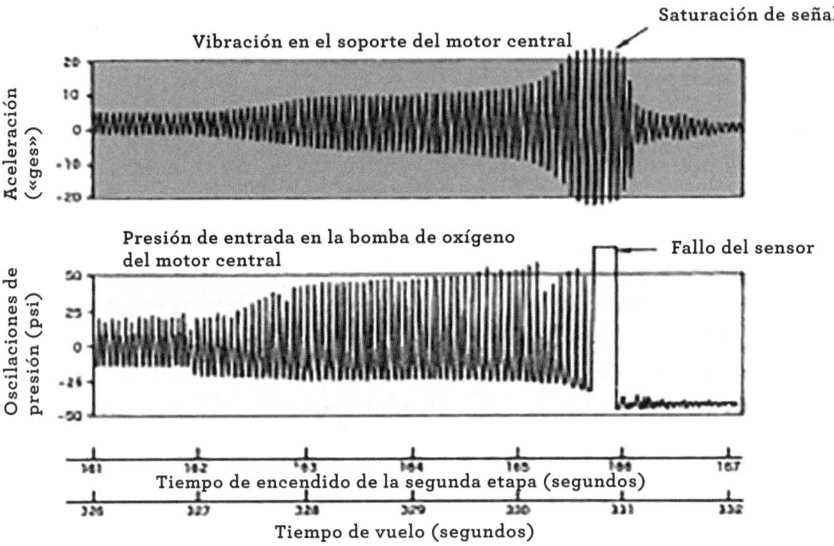

Telemetría mostrando las vibraciones que experimentó el motor central de la segunda etapa. En el momento álgido los sensores se saturaron.

tercera un episodio antiguo de *I love Lucy* filmado diez años atrás en blanco y negro.

Los únicos que vieron en directo aquella retransmisión desde el *Aquarius* fueron unas docenas de técnicos y familiares reunidos en el Centro de Control de Houston. Nadie tuvo corazón para informar a los astronautas de que no se había televisado. Era la tarde-noche del 13 de abril; una vez más se hacía presente el número fatídico.

Houston, hemos tenido un problema

Al apagar la cámara de televisión cada uno volvió a sus tareas. Haise se quedó a bordo del módulo lunar para concluir la inspección; Lovell pasó al de mando por el túnel de comunicación entre las dos naves. Swigert, en el asiento de la izquierda, debía atender un encargo rutinario: encender los ventiladores de los depósitos que alimentaban las celdas de combustible. El sensor de cantidad del tanque número 2 de oxígeno mostraba fallos esporádicos, y removiendo el contenido podrían obtenerse lecturas más fiables.

Houston: «Trece:[4] una cosa más, cuando podáis nos gustaría que agitaseis los tanques criogénicos. Tengo los ajustes del sextante para localizar al cometa Bennett, si lo necesitáis...».

CMP *(Command Module Pilot)*: «OK. Un momento».

Swigert activa los conmutadores que encienden los ventiladores. Es una acción del todo inocua. Lo ha hecho ya varias veces a lo largo del vuelo.

A un par de metros por debajo, en las entrañas del depósito LOX número 2, el aislante de los cables que alimentan el ventilador está resquebrajado y casi deshecho. Salta un arco eléctrico entre ellos. Embebidos en oxígeno a presión, teflón, plástico, aluminio y otros materiales inertes, se incendian con violencia.

En menos de un minuto y medio la presión en el interior del tanque número 2 supera las 68 atmósferas. Es la última lectura fiable de la telemetría. Se abre el disco de ruptura, una medida de seguridad para compensar la sobrepresión en casos de urgencia, pero no sirve de nada. Unos segundos más y se alcanza más del doble, el límite de explosión de la carcasa metálica. La caperuza superior por donde entran todos los tubos se desgaja, sale disparada y se estrella contra la bandeja que soporta las células de combustible. El depósito se desintegra y sus fragmentos vuelan despedidos en todas direcciones.

Algunos impactan en los tubos que alimentan al otro tanque de oxígeno, dañándolos. Mylar y Kapton, los plásticos aislantes que recubren las paredes del compartimento, se inflaman aportando más gases de combustión. Más tarde se calculará que el destrozo es como si hubiesen estallado tres kilos de dinamita. La presión experimenta

4. Durante el viaje hacia la Luna la clave de llamada sería «Trece». Los nombres Odyssey y Aquarius solo se emplearían cuando volasen por separado.

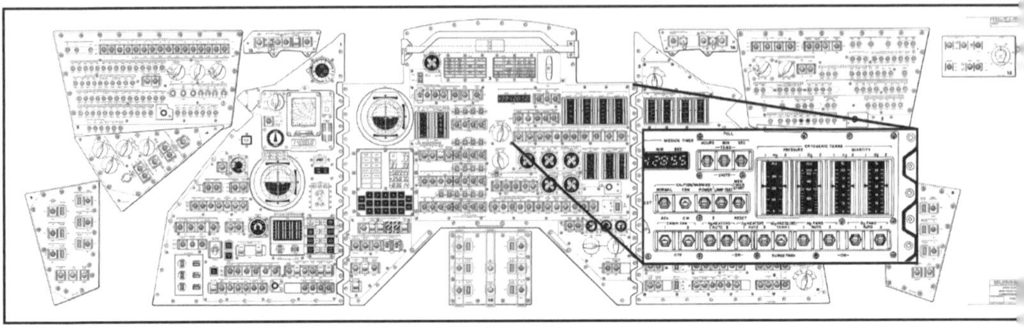

Posición de los controles de las células de combustible dentro del panel de mandos general.

un pico brutal y todo el panel exterior que protege esa sección del módulo de servicio sale despedido al espacio.

La detonación provoca el cierre de las válvulas que alimentan a dos de las tres pilas de combustible. En el vacío, los 100 kg de oxígeno se expanden formando una nube alrededor de la nave que la acompaña en su camino, junto con los demás residuos. En Houston, unos técnicos han

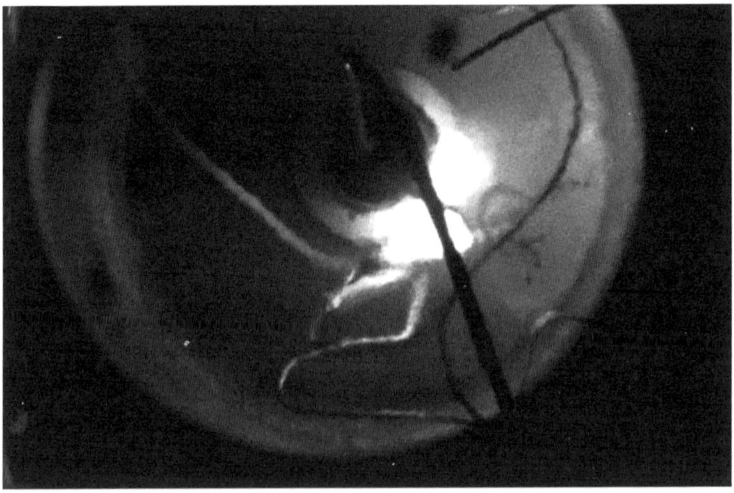

Reconstrucción del momento en que salta el arco eléctrico en el interior del depósito.

Secuencia cinematográfica de las pruebas realizadas para estudiar los efectos de la explosión en un modelo a media escala. El panel exterior empieza a deformarse.

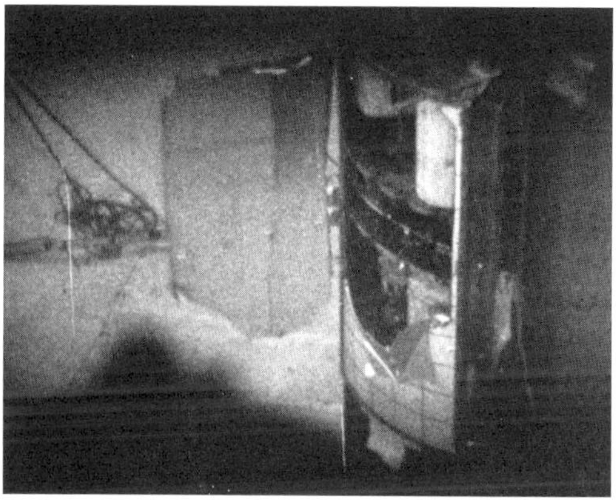

El panel es arrancado de cuajo.

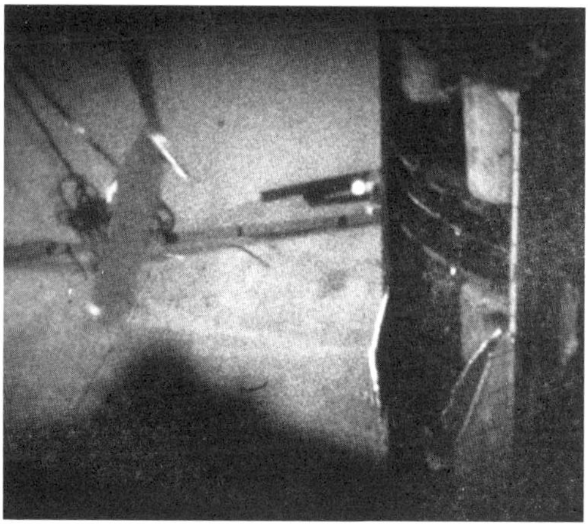

Toda la sección de células de combustible y tanques asociados queda expuesta al exterior.

instalado una cámara con objetivo telescópico para intentar seguir el curso del vehículo. Solo es un puntito de luz, pero de repente notan un resplandor difuso que durará alrededor de diez minutos. Es la enorme burbuja de gas disipándose en el espacio, aunque en ese momento nadie lo atribuye a un accidente; más bien a un fallo del vídeo. Sin duda, en el centro de mando de la NASA lo deben tener todo bajo control.

A bordo del *Odyssey* la explosión se ha notado como una sacudida y un ruido sordo. Al principio, Lovell cree que se trata de una jugarreta de Haise. De vez en cuando le divierte sobresaltar a sus compañeros accionando la válvula de igualación de presiones que provoca un estampido, pero su expresión al asomar por el túnel de conexión es inconfundible: no es ninguna broma.

El panel de mandos se ha iluminado con luces de alarma. Uno de los dos sistemas de distribución de corriente eléctrica marca cero. La nave se ha desestabilizado y las esferas de los indicadores de posición giran a uno y otro lado. Por las ventanillas, sol y sombra se suceden con rapidez, así que Swigert lo resume lacónicamente y sin levantar el tono de voz:

«Houston, hemos tenido un problema».

Dos segundos después, Lovell lo confirma, repitiendo las mismas palabras. La frase pasará a la historia y a la colección de expresiones populares junto al «pequeño paso para la humanidad» de Neil Armstrong.[5]

Desconcierto

Al principio la tripulación supone que un meteorito ha perforado el casco, pero la presión de la cabina se mantiene y la anomalía parece limitada al fallo de la mitad de la distribución eléctrica y el incontrolado giro de la nave. Nadie sabe aún qué ha pasado, ni a bordo ni en Houston. Lovell decide que lo primero es restaurar la estabilización, y lo intenta, no sin dificultades, accionando la empuñadu-

5. La versión más corta de la frase, «Houston, tenemos un problema», es una licencia literaria insertada en la película Apollo 13, que se filmaría veinticinco años después, en 1995.

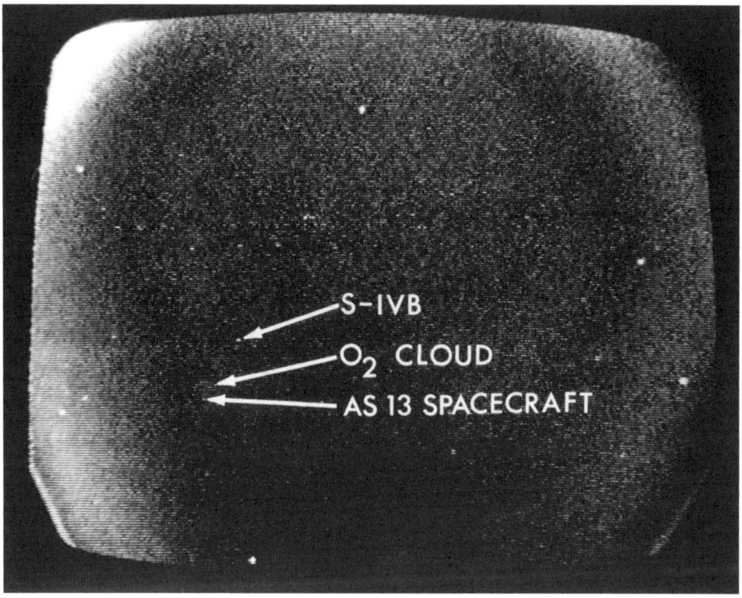

Un telescopio de seguimiento automático muestra la imagen del desastre en directo.

ra de pistola que tiene en el brazo de su asiento. Los dos indicadores gemelos del horizonte artificial oscilan alocadamente a uno y otro lado, aunque solo se trata de una apariencia: en realidad, la plataforma inercial es la única pieza que permanece estable; es todo el Apollo quien está girando a su alrededor.

En Houston también se disparan todas las alarmas. Lo que parecía una tranquila, casi monótona, tarde de lunes, acaba de convertirse en una crisis. Los monitores muestran tantos sistemas fallando que no se sabe por dónde empezar. Ninguno de los cientos de simulaciones previas ha duplicado una situación semejante.

Sy Liebergot, un ingeniero de treinta y cuatro años, está a cargo de la consola que muestra los sistemas eléctricos de la nave y no puede creer lo que ve en su monitor. Dos pilas de combustible inactivas, un depósito de oxígeno vacío, otro vaciándose y uno de los dos distribuidores de alimentación fuera de servicio.

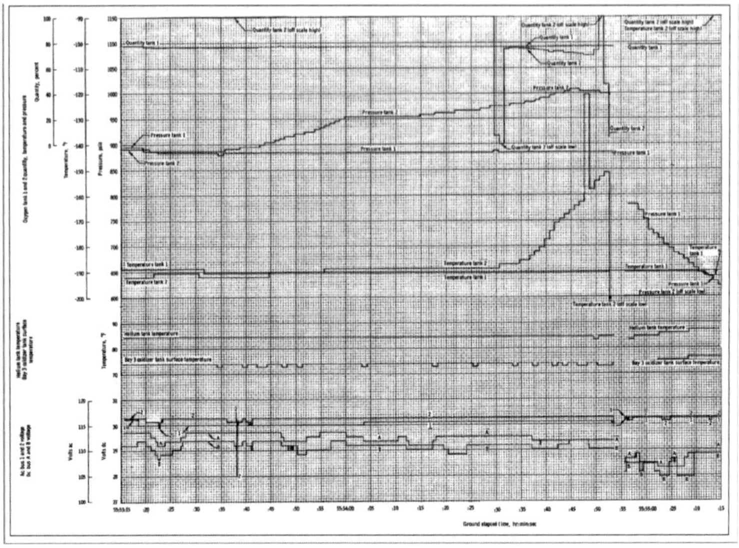

El registro gráfico de los acontecimientos durante el accidente del Apollo 13.

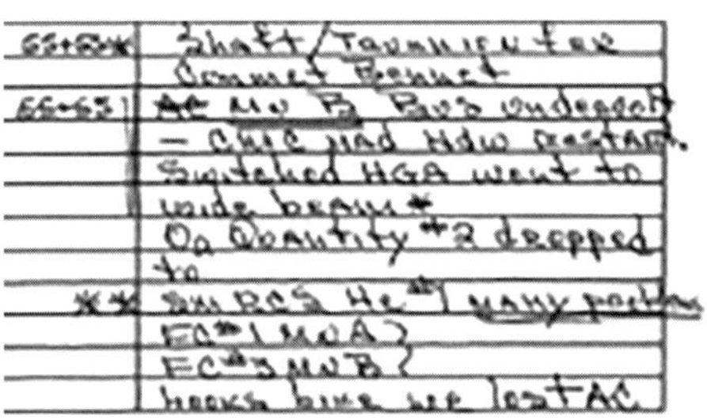

Anotaciones de Kranz en el momento del accidente: «55+53*. Ejes del sextante a cometa Bennet / 55+55. Baja de tensión en el bus B. CMC (el ordenador del módulo de mando) tuvo dos reinicios. / HGA (la antena de alta ganancia) cambia a haz amplio* / Cantidad de O^2 cae a... / RCS del SM (motores de orientación del módulo de servicio) y depósito de helio nº 1... Muchos problemas / FC#1 (Pila de combustible #1) en el bus A? / FC#3 en bus B? / Parece que hemos perdido AC (alimentación eléctrica)».

No es un fallo doble, ni siquiera triple: es cuádruple. Su primera impresión es que se trata de una avería en los sensores que informan del estado de los equipos, no en los propios equipos. Todavía recuerda el episodio del Apollo 12 al ser alcanzado por dos rayos que se resolvió sin más que accionar un conmutador, y confía en que todo se limite ahora a un susto sin consecuencias. Pero esta vez no es el caso. Medio siglo después, Liebergot aún califica su primer diagnóstico como «la mayor infravaloración de un problema en la historia de la NASA».

Los trazadores de tinta sobre rollos de papel cuentan una historia muy distinta. En el último minuto, los registros de presión y temperatura en el depósito número 2 se han disparado. El medidor de cantidad ha ido fuera de escala, primero por exceso y luego por defecto. Y durante 2 segundos toda la telemetría se ha interrumpido.

A punto de terminar su turno, el director de Vuelo, Eugene *Gene* Kranz, consigue mantener una sorprendente sangre fría en medio de la confusión. Él había desempeñado ese cargo desde varios años atrás y estaba acostumbrado a afrontar crisis. Su caligrafía en el diario de la misión, clara y firme, no trasluce en absoluto el nerviosismo del momento.

Durante los próximos días la sala de control va a ser el escenario de una épica lucha por salvar una nave que se deshilacha minuto a minuto.

La sala de control número 2, hoy. Restaurada en 2019 al aspecto que tenía en el primer alunizaje, está protegida por la declaración de «sitio histórico». Desde aquí se dirigieron nueve misiones Gemini, todos los vuelos a la Luna y veintiuno del transbordador espacial.

Apollo 13. El Centro de Control de Houston

El corazón de la misión

La sala de control constituía el centro neurálgico desde donde se dirigieron todas las misiones Apollo. Es un recinto de 600 m^2 en el tercer piso del edificio número 30 del Centro de Vuelos Tripulados. Su distribución reflejaba la filosofía de uno de sus principales promotores, Christopher Kraft. Él fue el primer director de Misión de la NASA durante el programa Mercury, y diez años más tarde su carrera culminaría como máximo responsable de la sede de Houston que él mismo ayudó a diseñar.

La sala de operaciones de control de misión (MOCR —*Mission Operations Control Room*— en su denominación oficial) se dividía en tres zonas. Algo menos de un tercio de su superficie la ocupaban los sistemas de retroproyección de las grandes pantallas murales. Era una estancia casi vacía y oscura cuya utilidad principal era permitir la suficiente distancia de proyección. Todo el mundo se refería a ella como «la cueva de los murciélagos». Es una apropiada descripción, también en alusión humorística al refugio secreto de Batman.

En el otro extremo, una galería acristalada acogía a invitados, directivos y otras personalidades. La admisión era un auténtico privilegio, porque solo disponía de 74 asientos.

La sala de control de misión se encuentra en el tercer piso del edificio sin ventanas.

La sala principal, sobre un suelo escalonado en cuatro gradas, alojaba las consolas desde donde los técnicos podían seguir el devenir de cada vuelo. Este era el corazón del centro de control, mil veces presentado en películas y reportajes. En condiciones normales lo ocupaban no más de dos o tres docenas de personas, aunque en momentos de crisis, como el rescate del Apollo 13, pudiera haber muchas más.

Existían dos salas de control similares, una en cada piso. La número 2 se había deteriorado con el paso de los años y fue restaurada poco antes de la celebración del 50.º aniversario del Apollo 11 por iniciativa del propio *Gene* Kranz. Se la devolvió a su aspecto original, hasta el último detalle, incluyendo manuales, ceniceros de cristal y tazas de café de la época. Los tubos de televisión se han remplazado por pantallas planas disimuladas que muestran exactamente la misma información que durante un vuelo real.

Hoy la sala está protegida por la declaración de «Monumento Histórico Nacional de Estados Unidos». Desde ella se dirigieron casi todos los vuelos Gemini tripulados (salvo el número 3) y también los Apollo que utilizaron el

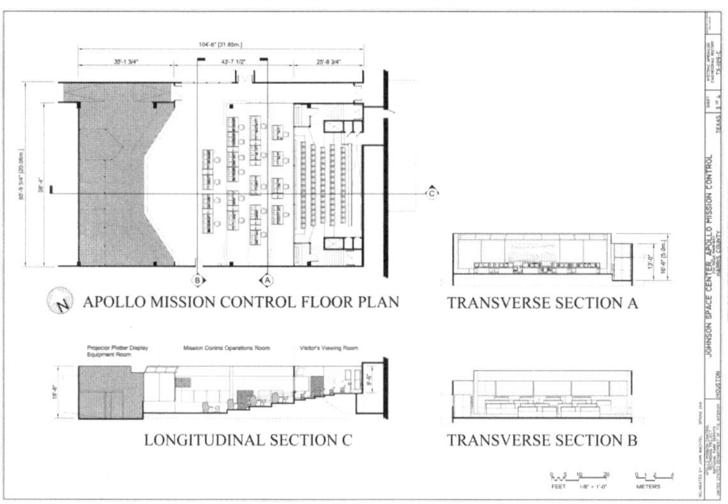

Planos arquitectónicos de la sala número 2 para Control de Misión.

cohete gigante Saturn V. La número 1 solo se utilizó durante misiones basadas en el lanzador Saturn IB: Apollo 5, 7, tres Skylab y el Apollo-Soyuz Test Project.

La función de cada consola

En la sala hay cuatro filas de consolas, todas diferentes según su función, cada una ocupada por un especialista en un área determinada. La primera fila, la más próxima a las pantallas, ofrece cuatro puestos de trabajo. Son, en siglas de la NASA: BOOSTER, RETRO, FDO y GUIDO. Si todos los controladores eran importantes, estos se enorgullecían de tener asignadas las tareas más críticas, las que se encargaban de la monitorización de la trayectoria. Para ellos, los técnicos que manejaban los otros pupitres no pasaban de ser meros «ingenieros de soporte».

La primera fila de pupitres se conocía como «la trinchera». BOOSTER era el encargado de vigilar el ascenso del cohete desde que se superaba la altura de la torre de lanzamiento hasta la inyección en trayectoria translunar. Du-

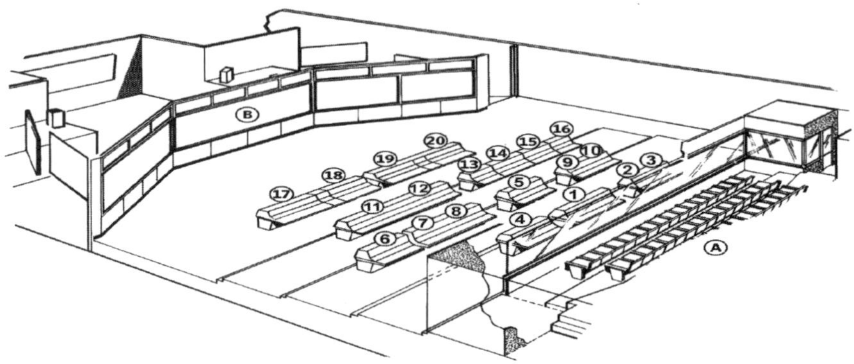

Asignación de puestos en la sala de control:
1: DFO - Director de Operaciones de Vuelo
2: HQ - Representantes de la NASA
3: DOD - Departamento de Defensa
4: PAO - Comunicador a público
5: FLIGHT - Director de Vuelo
6: INCO - Instrumentación y Control
7: O&P - Operaciones y Procedimientos
8: AFLIGHT - Asistente al director de Vuelo
9: FAO - Actividades de vuelo
10: NETWORK - Controlador de la red
11: SURGEON - Sistemas vitales y médico de los astronautas
12: CAPCOM - Comunicador con la cápsula
13: EECOM - Sistemas eléctricos, ambientales y comunicaciones
14: GNC - Guiado, Navegación y Control
15: TELMU - Telemetría
16: CONTROL - Guiado y Navegación del LM
17: BOOSTER - Supervisión del lanzador
18: RETRO - Responsable de la reentrada
19: FDO - Dinámica de vuelo
20: GUIDO - Guía
A: Galería de visitantes
B: Pantallas de proyección

rante el despegue aquí se situaban tres especialistas, cada uno a cargo de una etapa del vehículo. Una vez en ruta, la consola quedaba vacía y se destinaba a otras funciones.

En la siguiente consola, RETRO se ocupaba de vigilar la trayectoria de retorno. El nombre era una reliquia de los tiempos en que las cápsulas Gemini utilizaban retrocohetes para romper órbita y forzar el regreso a tierra. Las misiones lunares no seguían ese método: se zambullían en la atmósfera a casi 40.000 km/h a la espera de que el rozamiento del aire redujese su velocidad. Acertar con el estrecho corredor de reentrada requería una precisión ex-

LOC	DESCRIPTION	TYPE	NOTE	LOC	DESCRIPTION	TYPE	NOTE
01	EVENT INDICATOR	D9/5B		14	STATUS/STATUS REPORT	D9/1A	
02	EVENT INDICATOR	D9/5B		15	TOGGLE SWITCH/INDICATOR	D9/9A	
03	EVENT INDICATOR	D9/5B		16	MANUAL SELECT KEYBOARD	A6B/5	
04	7 DIGIT CLOCK	D8/3		17	SUMMARY MSG ENABLE KEYBOARD	A19/A	
05	EVENT INDICATOR	D9/5B		18	VOICE COMM POSITION-3018	H48MFD	
07	VOICE COMM POSITION-3016	V48MFD		19	MANUAL SELECT KEYBOARD	A6B/6	
08	TV MONITOR 14" PRECISION	C2/1		21	SWITCH MODULE	D9/40F	
09	TV MONITOR 14" PRECISION	C2/1		23	SWITCH MODULE	D9/40E	
10	TV MONITOR 14" PRECISION	C2/1		24	SWITCH MODULE	D9/40F	
11	VOICE COMM POSITION-3017	V48MFD		25	LOAD NUMBER INDICATOR	D9/41B	
12	EVENT INDICATOR (72)	D9/28					

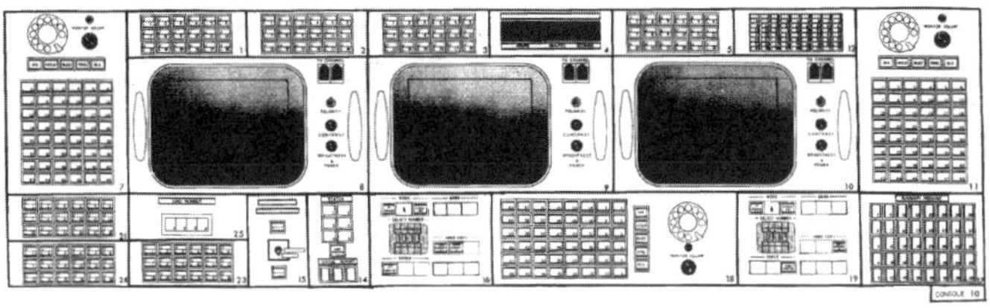

La consola de BOOSTER.

trema. De vida o muerte. Un error de un par de grados en el ángulo de ataque bastaría para incinerar la nave.

A la derecha de RETRO, FDO (*Flight Dynamics Officer*) era quien debía calcular la trayectoria y asegurarse de que la nave la seguía sin desviaciones. Y también de tener prevista en todo momento una alternativa por si había que forzar un repentino retorno. La tarea de FDO era tan crítica que solo él y el director de Vuelo disponían en sus

LOC	DESCRIPTION	TYPE	NOTE	LOC	DESCRIPTION	TYPE	NOTE
01	6 DIGIT CLOCK	D8/1		10	MANUAL SELECT KEYBOARD	A6A/4	
02	7 DIGIT CLOCK	D8/3		11	DISPLAY REQUEST KEYBOARD	A16/A	
03	SWITCH MODULE	D9/5A1		12	SWITCH MODULE	D9/5H1	
04	BLANK PANEL	D11/6		13	COINCIDENCE TIME	B13/1	
05	TV MONITOR 14" PRECISION	C2/1		14	SWITCH MODULE	D9/5G3	
06	TV MONITOR 14" PRECISION	C2/1		15	BLANK PANEL	D11/14	
07	VOICE COMM POSITION-3022	H48MFD		16	STOP CLOCK	B12/2	
08	BLANK PANEL	D11/13		17	STOP CLOCK	B12/2	
09	STATUS/STATUS REPORT	D9/1A					

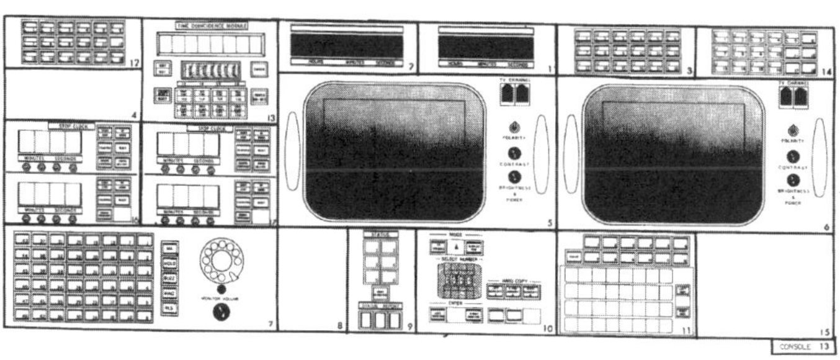

La consola del oficial de reentrada (RETRO).

LOC	DESCRIPTION	TYPE	NOTE	LOC	DESCRIPTION	TYPE	NOTE
01	BLANK PANEL	D11/14		13	PHASE CONTROL KEYBOARD	A22/5	
03	PHASE CONTROL KEYBOARD	A22/4		14	DISPLAY REQUEST KEYBOARD	A16/A	
05	EVENT INDICATOR	D9/5B		15	MANUAL SELECT KEYBOARD	A6A/1	
07	6 DIGIT CLOCK	D8/1		16	TOGGLE SWITCH/INDICATOR	D9/9A	
08	7 DIGIT CLOCK	D8/3		17	TOGGLE SWITCH/INDICATOR	D9/10A	
09	BLANK PANEL	D11/6		18	STATUS/STATUS REPORT	D9/1A	
10	VOICE COMM POSITION-3019	V48MFD		19	TOGGLE SWITCH/INDICATOR	D9/9C	
11	TV MONITOR 14" PRECISION	C2/1		20	BLANK PANEL	D11/14	
12	TV MONITOR 14" PRECISION	C2/1					

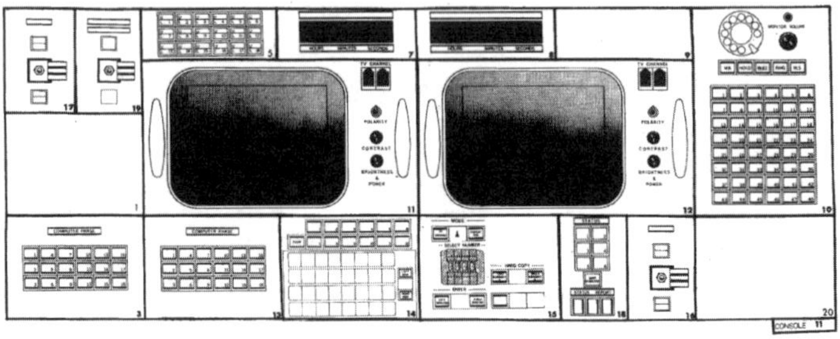

El puesto correspondiente al oficial de dinámica de vuelo (FDO).

consolas de un botón ominosamente rotulado «ABORT» con el que cancelar la misión.

La cuarta consola, GUIDO (*Guidance Officer*), estaba a cargo de las tareas de navegación y orientación estelar, tanto durante el viaje como en el alunizaje mismo. El GUIDO Steve Bales (con el soporte de Jack Garman, ubicado en una sala contigua) fue quien hubo de tomar la decisión de cancelar o no cuando el computador del Apollo 11 empezó

LOC	DESCRIPTION	TYPE	NOTE	LOC	DESCRIPTION	TYPE	NOTE
01	VOICE COMM POSITION-3020	V48MFD		14	EVENT INDICATOR	D9/5B	
03	6 DIGIT CLOCK	D8/1		15	EVENT INDICATOR	D9/5B	
04	7 DIGIT CLOCK	D8/3		16	SWITCH MODULE	D9/40E	
06	VOICE COMM POSITION-3021	V48MFD		17	SWITCH MODULE	D9/40E	
07	TV MONITOR 14" PRECISION	C2/1		18	SWITCH MODULE	D9/40E	
08	TV MONITOR 14" PRECISION	C2/1		21	BLANK PANEL	D11/6	
09	TV MONITOR 14" PRECISION	C2/1		22	BLANK PANEL	D11/16	
10	DISPLAY REQUEST KEYBOARD	A16/B		23	LOAD NUMBER INDICATOR	D9/41B	
11	STATUS/STATUS REPORT	D9/1A		24	EVENT INDICATOR (72)	D9/28	
12	TWO PBI SWITCH	D9/4D5		25	EVENT INDICATOR (72)	D9/28	
13	MANUAL SELECT KEYBOARD	A6A/33		26	SWITCH MODULE	D9/5A2	

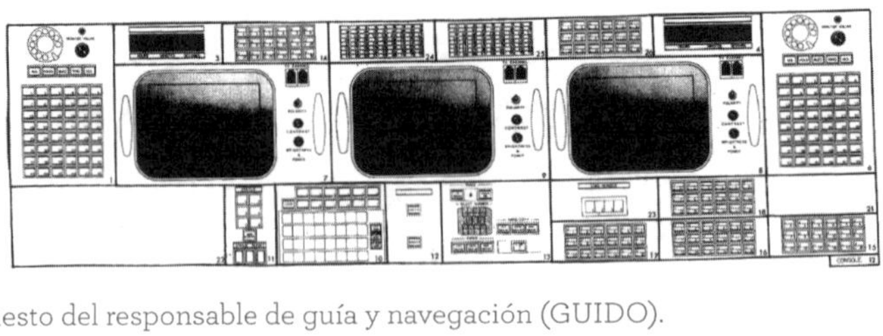

El puesto del responsable de guía y navegación (GUIDO).

LOC	DESCRIPTION	TYPE	NOTE	LOC	DESCRIPTION	TYPE	NOTE
01	BLANK PANEL	D11/6		08	BLANK PANEL	D11/14	
02	BLANK PANEL	D11/6		09	TV MONITOR 14" PRECISION	C2/1	
03	STOP CLOCK	B12/2		10	VOICE COMM POSITION-3010	H48MFD	
04	6 DIGIT CLOCK	D8/1		11	MANUAL SELECT KEYBOARD	A6A/1	
05	7 DIGIT CLOCK	D8/3		13	BLANK PANEL	D11/16	
06	VOICE COMM POSITION-3C09	V48MFD		14	STATUS/STATUS REPORT	D9/1A	
07	TV MONITOR 14" PRECISION	C2/1		15	BLANK PANEL	D11/13	

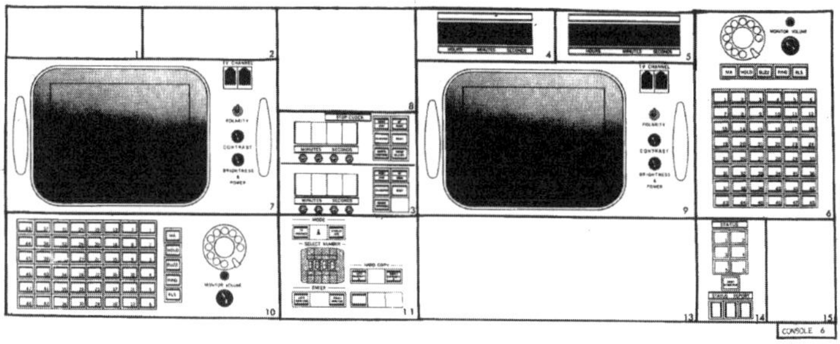

Consola del CAPCOM (comunicador con la cápsula), ocupada siempre por un astronauta.

a lanzar alarmas mientras se aproximada al suelo. La reacción de Bales le llevó justo 20 segundos.

En la segunda fila, los responsables de diferentes áreas y sistemas del vehículo. SURGEON vigilaba el estado de salud y constantes vitales de los pilotos. CAPCOM era el

LOC	DESCRIPTION	TYPE	NOTE	LOC	DESCRIPTION	TYPE	NOTE
03	EVENT INDICATOR (72)	D9/28		12	MANUAL SELECT KEYBOARD	A6B/1	
04	BLANK PANEL	D11/6		13	STATUS/STATUS REPORT	D9/1A	
05	EVENT INDICATOR (72)	D9/28		14	BLANK PANEL	D11/14	
06	VOICE COMM POSITION-3011	H48MFD		15	BLANK PANEL	D11/6	
07	TV MONITOR 14" PRECISION	C2/1		16	BLANK PANEL	D11/6	
08	TV MONITOR 14" PRECISION	C2/1		18	ANALOG METER (1)	D9/29B	
09	EVENT INDICATOR (72)	D9/28		19	BLANK PANEL	D11/6	
10	DISPLAY REQUEST KEYBOARD	A16/A		20	BLANK PANEL	D11/6	
				21.	VOICE COMM POSITION-3012	V48-FD	

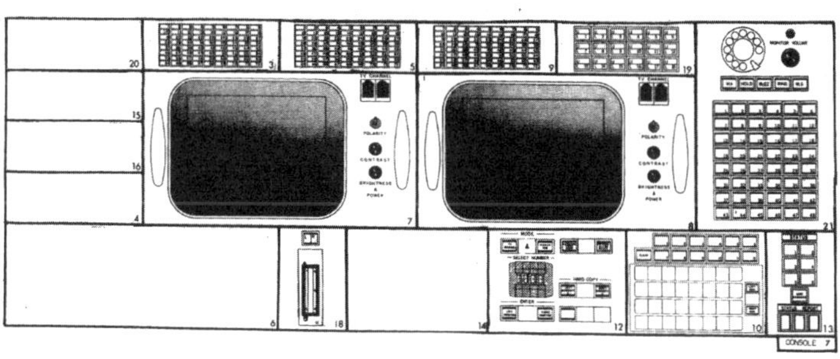

Puesto del EECOM. Esta fue la primera consola que reflejó la explosión del Apollo 13.

encargado de comunicaciones verbales y el único autorizado a hablar con ellos. Siempre se trataba de otro astronauta, una voz y formas de expresarse que debía resultar familiar a sus compañeros a bordo de la nave.

EECOM tenía encomendados los sistemas eléctricos, ambientales y radio de la nave principal. Y también era una especie de cajón de sastre para cualquier otra responsabilidad que no supieran a quién asignar. En la misma fila, GNC (*Guidance, Navigation and Control*) y CONTROL llevaban todo lo referente a guiado y funcionamiento de los motores del CSM y el LM, respectivamente. Y TELMU (*Telemetry, Electrical and EVA*), los equipos eléctricos, suministro de oxígeno y regulación de la atmósfera del módulo lunar.

La tercera fila correspondía a tareas más generales. INCO (*Instrumentation and Communications*) atendía a las comunicaciones y telemetría en colaboración con NETWORK, que coordinaba la red de estaciones de seguimiento repartidas por todo el mundo. O&P (*Operations & Procedures*) supervisaba que el programa de vuelo se desarrollase según lo planeado. Por su parte, FAO (*Flight Activities Officer*) se centraba en las secuencias de operaciones que debían realizar los astronautas y las correspondientes e inacabables listas de verificación.

Pero el puesto más importante de la tercera fila —y de toda la sala— era la consola central, destinada al director de Vuelo (FLIGHT). Este representaba la autoridad indiscutible y también el depositario de la máxima responsabilidad. No en vano su función se definía en una sola frase: «El director de Vuelo puede realizar cualquier acción necesaria para garantizar la seguridad de la tripulación y el éxito de la misión». En ese orden.

Nadie podía contradecir las decisiones del director de Vuelo, ni sus superiores jerárquicos, como por ejemplo el director de Misión, que ocupaba una consola a su espalda. Ni siquiera, se bromeaba, el propio presidente de Estados Unidos. La única forma hubiera sido despedirle en el acto, sin contemplaciones.

EL PESO DE LA AUTORIDAD

La norma que establecía la absoluta prioridad del director de Vuelo fue escrita por el propio Chris Kraft, a raíz de un incidente en los lejanos días del programa Mercury. Ocurrió durante el vuelo de John Glenn. Como siempre, Kraft era el director de Vuelo. En la segunda de las tres órbitas se recibió una señal indicadora de que el cojín de flotación de la cápsula se había desplegado. De ser cierto, el escudo térmico podía estar suelto, con consecuencias desastrosas. Kraft opinaba que la señal era errónea y que no hacía falta adoptar ninguna medida especial, otros astronautas coincidían con él, pero Walt Williams (director de Operaciones) y Max Faget (el principal diseñador de la cápsula) insistieron en mantener el paquete de retrofrenado unido a la nave para ayudar a sujetar el escudo. Kraft opinaba que era una medida peligrosa, puesto que con el calor de la reentrada el combustible remanente en algún cohete podría explotar, pero no le quedó más que aceptar la orden de quien era su superior jerárquico.

El vuelo terminó bien. Al inspeccionar la cápsula se vio que, en efecto, uno de los sensores del cojín era defectuoso. Kraft tenía razón. Ahí fue cuando juró que nunca, nunca más, nadie daría órdenes a un director de Vuelo.

Durante el Programa Apollo intervinieron una decena de directores de vuelo, cuyos equipos se turnaban vigilando cada misión las veinticuatro horas del día. Si alguno de ellos adquirió la categoría de leyenda ese fue Eugene Kranz. Él dirigió el alunizaje del Apollo 11 y también estaba de servicio en el turno en que se produjo el accidente del Apollo 13. Como director más veterano, Kranz capitaneó después un grupo especial de los controladores más experimentados sobre quienes recaería la tarea de salvar nave y tripulación.

La última fila de la sala correspondía a cargos menos técnicos. El más conocido era PAO (*Public Affairs Officer*), encargado de informar al público sobre el progreso de las diferentes fases de la misión. Era, por decirlo así, la voz del centro de control. Junto a él, una consola asignada al DFO o director de operaciones de vuelo. Aquí se sentaban Chris Kraft durante las misiones lunares y Slayton, jefe del equipo de astronautas. Otros dos puestos eran para un representante de la central de la NASA en Washington (que solía ser un mero espectador) y uno del Departamento de Defensa, por lo común un general del ejército. Su presencia se justificaba porque la logística de recuperación exigía el despliegue de numerosos efectivos tanto marítimos como aéreos.

La mejor tecnología de los años sesenta

Las consolas del MOCR ilustran muy bien el nivel de la mejor tecnología de los años sesenta. En las fotografías de la época pueden verse pantallas y botoneras, pero no teclados, ratones u otros periféricos que hoy damos por sentados. Los controladores hablaban entre sí o con las estaciones de seguimiento por un circuito de voz en el que cada puesto se seleccionaba pulsando el correspondiente botón luminoso. Si deseaban dirigirse a otras personas fuera de la sala tenían que marcar el número en un dial giratorio, como en los antiguos teléfonos analógicos. Durante una misión real, algunos escuchaban a la vez por sus auriculares un batiburrillo de hasta ocho o más conversaciones de sus colegas.

Eugene *Gene* Kranz en la consola de director de Vuelo durante la misión Apollo 13.

En general, las consolas eran meros puestos informativos. La pantalla podía presentar diversas páginas de datos que mostrasen el estado de los mecanismos de a bordo. Pero los controladores en raras ocasiones intervenían en el funcionamiento de la cápsula, como mucho podían prescribir la carga de algún programa desde el gran complejo de ordenadores de la planta baja. Ni siquiera en el caso extremo de tener que cancelar la misión tenían medio para hacerlo directamente; el director de Vuelo disponía de un botón que, al pulsarlo durante la fase de lanzamiento, encendería una luz de «ABORT» en la nave. Sería el comandante quien, al verla, tomase la decisión de activar el cohete de escape. Todas las operaciones de rutina (abrir o cerrar válvulas, conectar equipos, orientar antenas...) debían ejecutarlas los astronautas. Siempre, eso sí, siguiendo órdenes de Houston.

La nave enviaba continuamente información sobre el estado y funcionamiento de sus equipos (telemetría). El torrente de datos se recibía en las grandes antenas de tres estaciones de

LOC	DESCRIPTION	TYPE	NOTE	LOC	DESCRIPTION	TYPE	NOTE
01	BLANK PANEL	D11/6		11	TOGGLE SWITCH/INDICATOR/SW.	D9/9B	
02	BLANK PANEL	D11/6		12	TWO PBI SWITCH	D9/4D3	
03	EVENT INDICATOR	D9/5B		13	EVENT INDICATOR	D9/5BU2	
04	VOICE COMM POSITION-3002	V48MFD		14	7 DIGIT CLOCK	D8/3	
05	TV MONITOR 14" PRECISION	C2/1		15	TOGGLE SWITCH/INDICATOR	D9/10C	
06	TV MONITOR 14" PRECISION	C2/1		16	BLANK PANEL	D11/14	
07	VOICE COMM POSITION-3003	V48MFD		17	VOICE COMM SPEAKER	C1/1	
08	BLANK PANEL	D11/16		18	SHELF PANEL (2)	C5/1	
09	MANUAL SELECT KEYBOARD	A6A/1		20	BLANK PANEL	D11/6	
10	SINGLE PBI SWITCH	D9/4A1					

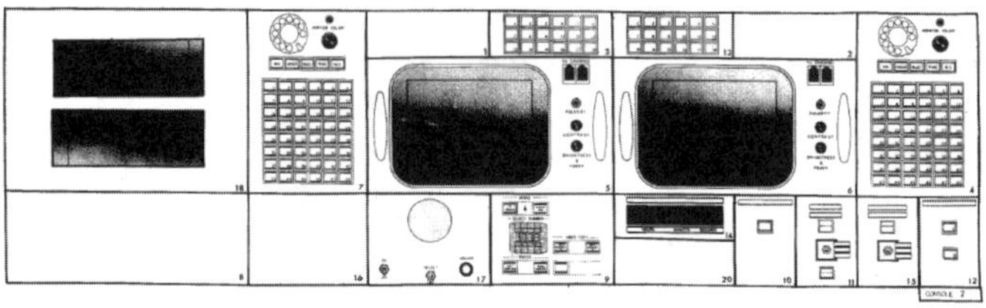

Detalle de la consola del director de Vuelo. La botonera sobre la primera pantalla indicaba la presencia y disponibilidad de cada controlador. Los pulsadores luminosos debajo del dial rotatorio son los controles de interfono y telefonía. Los dos botones gemelos de la esquina inferior derecha son los mandos que hubieran permitido cancelar el lanzamiento durante la fase de ascenso.

seguimiento (Goldstone —en el desierto de Mojave, California—, Madrid y Canberra —en Australia—) y llegaba a Houston a través de una complicada red de comunicaciones que incluía líneas terrestres, microondas, cables submarinos y enlaces por satélite. Allí iba a parar al centro de computación situado en la planta baja del mismo edificio, donde se grababa en bobinas de cinta magnética. A medida que se llenaban, los operadores las sustituían por otras nuevas y archivaban las antiguas. Eso hacía difícil consultar al momento un detalle registrado, por ejemplo, horas atrás. Los controladores solo tenían acceso inmediato a la información en tiempo real o muy reciente.

Sorprenderá a muchos saber que las numerosas pantallas del centro de control no eran monitores como los que utilizamos hoy, sino simples televisores. Con pantalla de 14 pulgadas en blanco y negro. En aquella época, la capacidad de presentación de los ordenadores era muy rudimentaria. Lo más que podían hacer era mostrar columnas de números uno debajo de otro a medida que llegaban por telemetría. La información aparecía en unos terminales del centro de cálculo; una cámara de televisión situada sobre ellas filmaba la imagen y enviaba

Vista parcial del centro de computadores en tiempo real. Al fondo, los grabadores de cinta magnética. Frente a ellas, las entonces modernísimas unidades de disco. A la izquierda, una lectora/clasificadora de tarjetas perforadas y, en primer término, una impresora rápida.

la señal de vídeo analógico a la correspondiente consola, tres pisos más arriba.

También resulta chocante que ninguna de las consolas disponía del típico teclado de ordenador. En aquella época, este era un elemento más bien exótico. Las cosas han cambiado mucho en cincuenta años. Hoy todos los controladores de misiones espaciales disponen de su monitor (a veces doble o triple) y su teclado. Pero cuando los técnicos del Apollo necesitaban determinada información, debían elegir el canal correspondiente en un selector junto a la pantalla. Solo tenía dos cifras, así que el máximo de «páginas» disponibles en cada puesto de trabajo era de 99.

Los datos aparecían en bruto. Según la consulta y el momento, los controladores podían solicitar uno u otro grupo de parámetros, que se agrupaban en páginas. No estaban formateadas, ni incluían encabezados de columnas, ni líneas de separación, ni siquiera etiquetas que aclarasen qué era cada cosa. Para establecer cierto orden, otra cámara filmaba una plantilla transparente con los textos o recuadros adecuados a cada página y la superponía a la misma señal de vídeo. Así la imagen resultaba más comprensible. Existían docenas de máscaras preparadas de antemano, cada una adaptada a una selección de datos.

En caso de producirse una alarma la consola correspondiente añadía un asterisco junto al dato y —a veces— encendía uno de los numerosos pulsadores luminosos. Durante los primeros vuelos seguía prendido aunque hubiese desaparecido la anomalía, hasta que se desactivase a mano. Los controladores aborrecían este sistema, que los saturaba con informaciones a menudo obsoletas. A raíz del accidente del Apollo 13 las luces de aviso se reprograma-

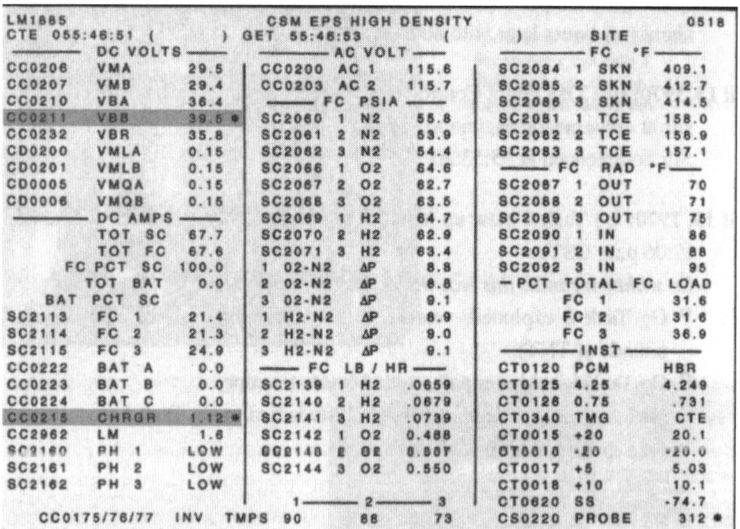

Una de las pantallas que tenían a su disposición los controladores. Los asteriscos indican que se está recargando la batería B. Solo las cifras se actualizaban; todos los rótulos alfabéticos y las líneas de separación formaban parte de la «máscara» fija.

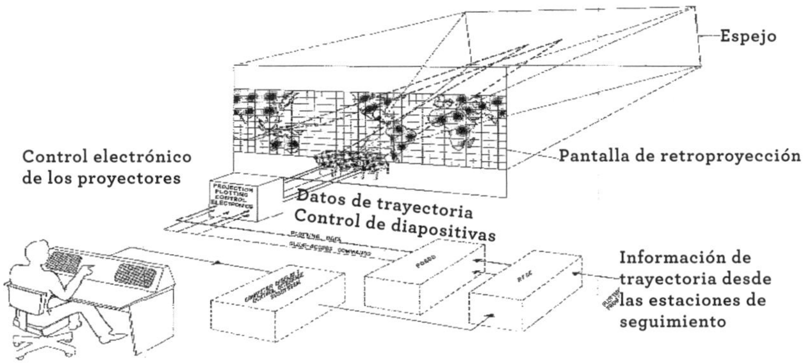

Esquema del sistema de proyección en pantalla grande. Un complejo equipo sistema electrónico controlaba los proyectores de fondo, la tabla de trazado de trayectorias y el proyector de posición de la nave.

ron para apagarse cuando el parámetro volviese a la normalidad.

En la sala de control no había impresoras. Si alguien necesitaba un registro físico debía seleccionar la información en su consola y accionar un pulsador que solicitaba una copia de pantalla. Se hacía en papel térmico a partir de lo que mostrase el monitor del centro de cálculo y llegaba al solicitante por tubo neumático. Junto a algunas pantallas podía verse un estante con los característicos cartuchos cilíndricos en los que introducir no solo documentos sino también pequeños objetos como tarjetas de acceso.

Durante una misión real, la sala de control era terreno vedado a quien careciera de la debida acreditación. Aparte de la suya, los controladores disponían de tarjetas de identificación adicionales por si necesitaban la presencia de algún colaborador. En esos casos solían utilizar los tubos neumáticos para enviársela.

La persona que ocupaba una consola era solo la cabeza visible de un equipo más numeroso, alojado en salas contiguas. Ahí solían estar miembros del grupo de soporte de cada especialidad junto a representantes de North American Aviation y Grumman, los contratistas principales de

PROYECTORES DE TEATRO PARA MOSTRAR EL VUELO HACIA LA LUNA

El principio en el que se basan los proyectores Eidophor no es nuevo. Data de antes de la Segunda Guerra Mundial, aunque el primer modelo funcional no fue construido hasta 1958. Sus inventores -entre ellos un físico del Politécnico de Zúrich- confiaban en poder llevar la televisión a los teatros, como un espectáculo público. Sin embargo, la idea tropezó con inconvenientes burocráticos (no consiguieron la asignación de las bandas de frecuencias necesarias) y sobre todo por la popularización de los televisores domésticos como de los electrodomésticos de consumo.

Sin embargo, se demostró insustituible cuando hacía falta difundir imágenes en pantallas gigantes. Y, sobre todo, por la decisión de la NASA, que lo adoptó para equipar sus salas de control de vuelos, no solo en Houston sino también en otros centros.

El Eidophor era similar a un proyector cinematográfico, salvo en que no utilizaba película convencional. Las imágenes se generaban línea por línea como en un televisor, haciendo incidir un haz de electrones sobre una delgada capa de aceite muy viscoso depositada en un disco giratorio. El haz era modulado por la señal de vídeo y provocaba mínimas deformaciones en la superficie del aceite que se comportaba como un espejo deformable. La luz (generada al principio por arcos eléctricos y más tarde por lámparas de xenón) se reflejaba sobre sobre el aceite. Una fina rejilla bloqueaba los rayos procedentes de la superficie inalterada, pero dejaba pasar los que venían de las zonas deformadas. De ahí, a través de un sistema óptico convencional, se proyectaba sobre la pantalla.

Este sistema era muy fiable pero también caro y engorroso. Al utilizar un haz de electrones tenía que funcionar en un entorno de alto vacío; evacuar la cámara llevaba horas, los espejos requerían refrigeración mediante corrientes de aire, utilizaba alta tensión y los cátodos se consumían con rapidez. Aunque los primeros modelos solo producían imágenes monocromas, se llegaron a construir algunos en color que utilizaban una rueda giratoria con filtros tricromáticos. Las secuencias de vídeo que aparecían en las pantallas de Houston durante algunos momentos de la misión emanaban de uno de estos proyectores.

la nave o de otros proveedores. Una línea telefónica permanente les comunicaba con los ingenieros del Instituto Tecnológico de Massachusetts (MIT), que habían desarrollado y programado el computador de a bordo.

Unos enormes paneles ocupaban la pared del fondo mostrando información general del vuelo. Eran pantallas de retroproyección alimentadas desde atrás por proyectores Eidophor, diseñados para teatros de grandes dimensiones. Se trataba de equipos muy complicados y caros,

Uno de los modelos Eidophor originales.

pero los únicos que ofrecían buen contraste y luminosidad sin tener que oscurecer la sala. En 1970 solo se habían vendido seis en todo el Reino Unido (uno de los principales clientes); por esas mismas fechas, la NASA ya disponía de 34.

La pantalla principal (3 x 6 metros) presentaba una combinación de varias imágenes. Un Eidophor proyectaba la transparencia del fondo: un mapamundi esquemático de la Tierra, la Luna o cualquier gráfico, según el momento. En total, el computador lo seleccionaba en un carrusel de cuarenta dispositivas que, por supuesto, tenían que haberse preparado antes del vuelo. Otro mostraba el símbolo móvil que indicaba la posición de la nave. Esta era también una diapositiva que se movía sobre unas guías mecánicas bajo control de uno de los ordenadores.

Asunto diferente era actualizar la trayectoria o las gráficas dinámicas que aparecían de tanto en tanto como, por ejemplo, durante la maniobra de alunizaje. Se mostraban mediante cinco proyectores más, equipados con transparencias de «ras-

Las pantallas de proyección presentando las gráficas para el control de alunizaje.

cado». Estas eran unos soportes transparentes con un recubrimiento opaco y blando. Un punzón con punta de diamante se movía bajo control numérico e iba abriendo un surco en su superficie. La luz se filtraba a través del raspón. Si los gráficos exigían un retículo, o unos ejes de coordenadas de fondo, se recurría a diapositivas fijas. Los colores se obtenían superponiendo simples filtros de uno u otro tono.

Apollo 13. Contra todo pronóstico

Buscando explicación

Durante los minutos que siguieron a la explosión, nada en la telemetría apuntaba con claridad a una ruptura catastrófica del tanque de oxígeno. Dos pilas de combustible se habían detenido, pero la tercera, aunque en mal estado, seguía produciendo electricidad. Un depósito marcaba cero y el otro acusaba una constante pérdida de presión. Tal vez era el síntoma de una fuga en las propias células. Uno de los dos circuitos distribuidores de corriente estaba inactivo, consecuencia de la parada de los dos generadores. Esta situación podía tener muchas causas, ninguna de ellas evidente.

Entretanto, la nave iba dando bandazos. No sin dificultades, Lovell consiguió estabilizarla disparando los motores de control de posición bajo mando manual. De los diez y seis que equipaban el módulo de servicio, en cuatro grupos de cuatro, solo funcionaban la mitad, ya que los otros no recibían suministro eléctrico. Con aquellas vueltas descontroladas la plataforma inercial estaba en continuo riesgo de sufrir un «bloqueo del cardán». Se llama así a la orientación en la que los anillos de suspensión de la plataforma inercial se alinean de forma que pierden toda referencia. Uno de los controladores, TELMU, llamó la atención del director de Vuelo al respecto; otro, pedía restablecer el giro en «modo barbacoa», haciendo rotar

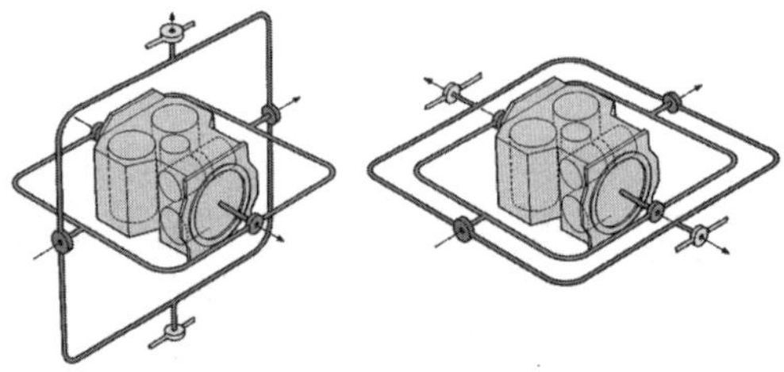

El problema del bloqueo del cardán.

la nave alrededor de su eje para que el Sol calentase por igual todos sus costados. Algunos equipos electrónicos eran muy sensibles a temperaturas extremas.

El EECOM de servicio, Sy Liebergot, enfrentado a la peor parte de la crisis, seguía intentando entender por qué el nivel del segundo depósito de oxígeno iba bajando. Fue Lovell quien dio la primera pista al informar de que por la ventanilla estaba viendo un escape de gas. Actuando como un motor más, ese era el motivo de que la nave siguiese dando tumbos pese a todos los esfuerzos por estabilizarla.

Las comunicaciones por radio eran erráticas. Nadie lo sabía aún, pero la antena principal había recibido el impacto de algunos fragmentos del módulo de servicio. Esforzándose por entender unas conversaciones entrecortadas, INCO pedía a Lovell cambiar la transmisión al juego de antenas omnidireccionales y recuperar así un enlace por voz más aceptable.

Entretanto, adelantándose a las instrucciones de tierra, los pilotos habían conectado una de las baterías del módulo de mando con la que suplementar el escaso suministro de la pila de combustible aún activa. Era una medida imprescindible pero también arriesgada: durante el retorno a la atmósfera esa batería tendría que estar a plena carga, puesto que debía alimentar a sistemas críticos como los paracaídas, los flotadores de enderezado y las balizas de localización.

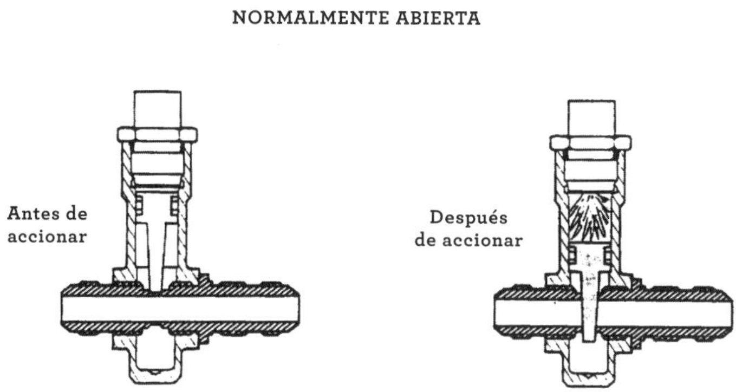

Funcionamiento de una válvula pirotécnica.

No había pasado una hora desde el incidente cuando Liebergot se hizo consciente de la gravedad de la situación. Su primera medida fue recomendar al director de Vuelo que se aislase el tanque de oxígeno remanente a bordo del módulo de mando. Era un depósito pequeño del cual respirarían los pilotos durante la reentrada. También estaba conectado por tuberías a los dos principales. De entrada, Kranz no entendió la petición; parecía exactamente lo contrario de lo que hacía falta, o sea, suministrar oxígeno al único generador que aún funcionaba, no desconectarlo. Pero en cuestión de segundos comprendió sus implicaciones: era imprescindible conservar esa última reserva evitando que se fugase al espacio a través de los conductos dañados. No se trataba ya de salvar la misión lunar, sino a los astronautas.

El accidente había ocurrido un par de horas antes del cambio de turno de los controladores. Fue una suerte, porque eso permitió que el nuevo equipo —muchos de cuyos miembros ya estaban presentes— conociera la situación desde el principio. Y que la transferencia de responsabilidad entre Kranz y Glynn Lunney fuese lo más fluida posible, pese al desconcierto general frente a una crisis nunca imaginada. En un determinado momento, para asegurarse de que la configuración de los mandos de la nave era consistente, Houston pidió a los astronautas que punteasen, uno a uno, más de un centenar de diales y conmutadores del panel de control. La lectura les llevó casi un cuarto de hora.

La incógnita seguía siendo el tanque número 1, que aún perdía presión. En un par de horas como mucho estaría vacío. Quizá la fuga no radicaba en las tuberías sino en alguna de las dos pilas de combustible inactivas. O en la tercera, que a duras penas continuaba alimentando a la nave. Solo quedaba una forma de saberlo y —tal vez— mitigar el problema: cerrar las válvulas que proveían de oxígeno a las células.

Era una decisión drástica. Las válvulas (una para cada célula) eran pirotécnicas: se activaban mediante un cartucho explosivo y, una vez cerradas, ya no podrían volver a abrirse. Desconectarlas equivalía no solo a dar por perdida la misión sino, a todos los efectos, dejar al módulo de mando eléctricamente muerto. Tanto es así que cuando Fred Haise recibió la orden se lo hizo repetir hasta tres veces. Le costaba creer lo que estaba oyendo.

Bote salvavidas

Con un módulo de mando casi inutilizado, el módulo lunar pasaba a convertirse en una especie de bote salvavidas. Sus consumibles seguían intactos: oxígeno, agua, electricidad... Cierto que estaban dimensionados para sostener a dos hombres durante un par de días y ahora serían tres. Y por más tiempo. De momento, el oxígeno respirable no plantearía dificultades; en el *Aquarius* quedaban reservas de sobra. Y, llegado el caso, se podía recurrir hasta al almacenado en las mochilas de las escafandras.

El agua era un recurso más problemático, no solo para beber sino sobre todo para los evaporadores del circuito de refrigeración que enfriaba los equipos electrónicos. En cuanto a la corriente eléctrica, era el consumible crítico. Habría que economizarla al máximo. La nave principal estaba agonizante y ya únicamente podía contarse con las baterías del LM. Además de abastecer a los sistemas más esenciales deberían recargar las del módulo de mando.

Durante la primera hora después del accidente gran parte de su capacidad se gastó supliendo a las pilas de combustible. Y serían imprescindibles cuando llegase el momento de reentrar en la atmósfera.

Meses atrás, la NASA había considerado la posibilidad de convertir el módulo lunar en un refugio en caso de necesidad. Aunque casi nadie imaginaba qué catástrofe podría ser tan grave como para obligar a semejante decisión. Los técnicos que programaban las simulaciones reproducían problemas razonables, pero tenían prohibido plantear escenarios imposibles. Por ejemplo, una destrucción total por impacto de un meteorito. Ahora se enfrentaban a algo igualmente impensable. Tendrían que resucitar aquellas tácticas de emergencia, enterradas en alguna parte del plan de vuelo, con la esperanza de que jamás fueran necesarias. En Houston el trabajo recaería en gran medida sobre el TELMU Bob Heselmeyer y su equipo. Encargado de los sistemas del módulo lunar, no debería haber intervenido hasta llegar a destino, pero en la nueva situación todas las miradas se volvían hacia él.

Lovell y Haise se dedicaron a encender a toda prisa los sistemas críticos del *Aquarius*. Dentro de la desgracia, por lo menos la explosión había ocurrido poco después de la retransmisión de televisión, durante la cual se mostró el interior de su cabina. La escotilla de comunicación entre las dos naves seguía abierta. De haber estado cerrada, presurizar el túnel y retirar el mecanismo de acople requería más de una hora de trabajo. Con seguridad, cuando hubiesen podido activar el módulo lunar, el suministro eléctrico del módulo de mando ya estaría agotado.

Activar el módulo lunar era complicado: sus baterías principales solo se podían poner en servicio accionando unos conmutadores, mediante corriente procedente del módulo de mando. Esa energía llegaba a través de un cable («umbilical», en el vocabulario de la NASA) entre ambas naves. Pero si algo faltaba en aquel momento en el *Odyssey* era electricidad. Así que el equipo del TELMU hubo de desempolvar los esquemas de cableado e improvisar un procedimiento alternativo que les permitiera

DOCUMENTACIÓN DE VUELO

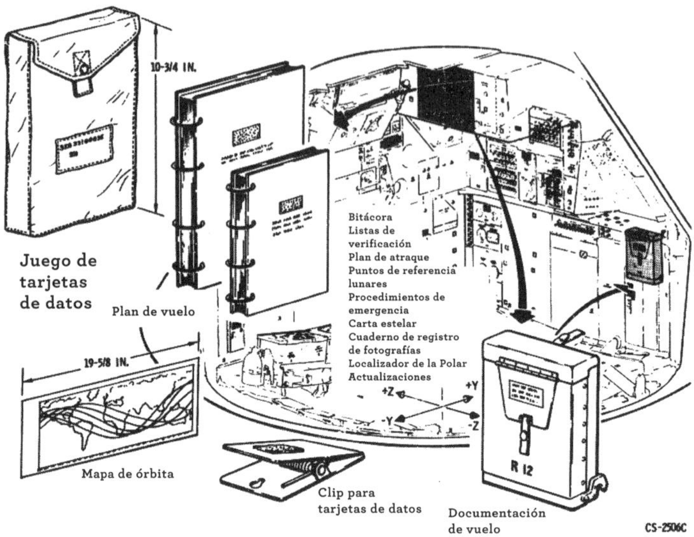

Situación de los manuales y documentación a bordo del módulo de mando.

trabajar «al revés»: alimentar los conmutadores desde las propias baterías de la cabina de ascenso del *Aquarius*.

Un año atrás, durante un simulacro, los controladores se habían enfrentado a un problema similar: una pérdida total de energía en la nave principal. En aquella ocasión intentaron activar el LM como último recurso. Sin éxito. Después de varias horas de esfuerzos, los ficticios astronautas se declararon «muertos». La lección no cayó en saco roto. A partir de entonces, el equipo de TELMU fue refinando una serie de procedimientos que harían de la nave lunar un cobijo autosuficiente si todo lo demás fallaba.

Ahora era el momento de poner a prueba lo que nunca había pasado de ser un ejercicio teórico. En media hora escasa transmitieron a los astronautas instrucciones detalladas para invertir, pulsar o cambiar una docena de interruptores a bordo. Eso dirigiría la corriente desde las baterías de la cabina de ascenso hacia los conmutadores generales. Sería una carga lenta porque el circuito aprovechaba un cable casi olvidado; en circunstancias normales solo debía alimentar unos pequeños calefactores en el *Aquarius* durante el viaje de ida. El objetivo era mantener a los equipos electrónicos a una temperatura razonable aunque estuviesen apagados.

Entretanto, Swigert rebuscaba en el compartimento del *Odyssey* donde iban almacenados los manuales. Cientos de páginas escritas en material ignífugo en cuadernos de anillas. En total, más de dos kilos de papel llenos de explicaciones tersas y siglas crípticas. Ahí se especificaba el orden correcto en que desconectar los equipos de a bordo, de forma que la parada de uno no dañase a otros.

El hardware del ordenador del módulo lunar era idéntico al del módulo de mando; sus programas (al menos algunos de ellos), no. Podía realizar las mismas tareas de navegación y orientación estelar... siempre y cuando dispusiera de las referencias adecuadas, referencias ahora almacenadas en la unidad inercial del *Odyssey*, que de un momento a otro iba a quedarse sin alimentación. Antes de que eso sucediese lo más urgente era transferir la información al computador del LM.

Para complicar más las cosas, los ángulos de posición que mostraban los indicadores del módulo de mando no eran los mismos que en el módulo lunar. Las dos naves

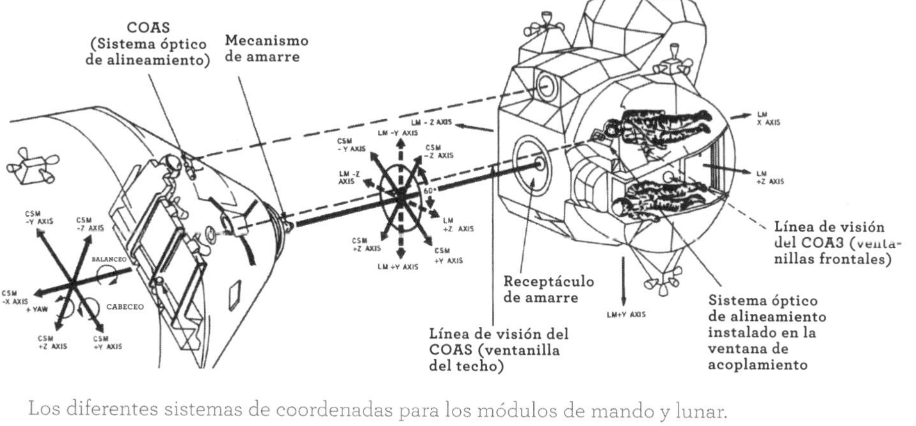

Los diferentes sistemas de coordenadas para los módulos de mando y lunar.

utilizaban ejes de referencia distintos: lo que en una era un movimiento de cabeceo en otra era una guiñada. Además, ambas estaban unidas con una discrepancia de dos grados entre sus respectivos ejes. Convertir un juego de coordenadas en otro era una tarea sencilla, pero Haise, nervioso, temía equivocarse y pidió a Houston que alguien lo comprobase por él. Las calculadoras de bolsillo todavía pertenecían al futuro; todos los ingenieros usaban reglas de cálculo. O lápiz y papel.

Mientras tanto, Swigert había ido desactivando sistemas no esenciales. Como piloto del módulo de mando era su responsabilidad y, además, durante sus meses de entrenamiento una de sus tareas consistió precisamente en redactar los procedimientos de emergencia. Un detalle que le convertía en uno de los astronautas más cualificados para enfrentarse al problema.

Swigert apaga todo: las luces de la cabina, las bombas de glicol del sistema de refrigeración, el acondicionamiento de aire... Hasta los sensores biomédicos que llevan adheridos al pecho. Por fin, desconecta los indicadores del horizonte artificial, la unidad inercial y el ordenador. El *Odyssey* ya es solo una carcasa de metal; mantener a los tres astronautas vivos dependerá en exclusiva de los equipos del *Aquarius*.

Camino de retorno

A todo esto, la situación de la nave en el espacio también planteaba problemas. Estaban a menos de cien mil kilómetros de la Luna y siguiendo una trayectoria que no era de libre retorno. Es decir que, en caso de no rectificarla, les llevaría alrededor del satélite pero no volverían a encontrarse con la Tierra. Para eso se necesitaría una drástica corrección de rumbo, ahora o más tarde. Los especialistas en cálculos orbitales ya estaban analizando todas las opciones a su alcance.

También podía intentarse una maniobra de retorno urgente a la Tierra por el expeditivo método de disparar el motor principal a contramarcha para frenar y desandar lo andado. Esa opción ofrecía el regreso más rápido; en cualquier caso, al menos otras cuarenta horas de viaje. Pero,

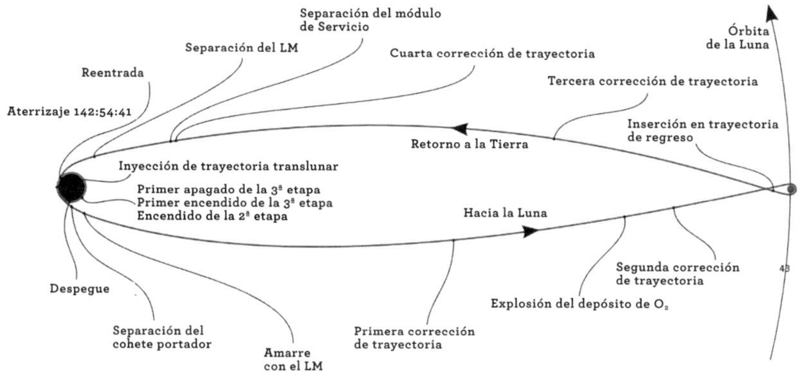

Trayectoria completa del Apollo 13 con los principales eventos.

¿en qué estado se encontraba ese motor? Quizá la fuga de oxígeno o la anomalía que fuera (porque aún nadie tenía constancia firme de una explosión a bordo) hubiese dañado alguno de sus mecanismos o —peor aún— el escudo térmico. Sin esa seguridad, ningún director de Vuelo querría arriesgarse a una nueva catástrofe. Kranz había dicho: «No empeoremos la situación especulando sobre algo que desconocemos». Y en aquel momento las certezas eran muy escasas.

Pronto se vio claro que la opción más prudente consistía en continuar el camino, rodear la Luna y regresar a la Tierra completando una especie de «8». Cualquier maniobra debería hacerse sin contar con el motor principal que, aparte de otras consideraciones, necesitaba suministro eléctrico para funcionar. Todos los ajustes de rumbo se ejecutarían utilizando el de descenso del *Aquarius*, el que en origen estaba destinado a frenar el alunizaje.

Una elemental precaución aconsejaba ante todo modificar la trayectoria para asumir un curso de retorno asegurado a la Tierra. Si no se hacía nada, a su regreso el Apollo 13 pasaría demasiado lejos frente al planeta y se perdería en el espacio. Al menos, esta fue la versión oficial durante mucho tiempo.[6]

6. La simulación realizada por Analytical Graphics, Inc. Puede verse en https://www.youtube.com/watch?v=KUAo_T__J2A

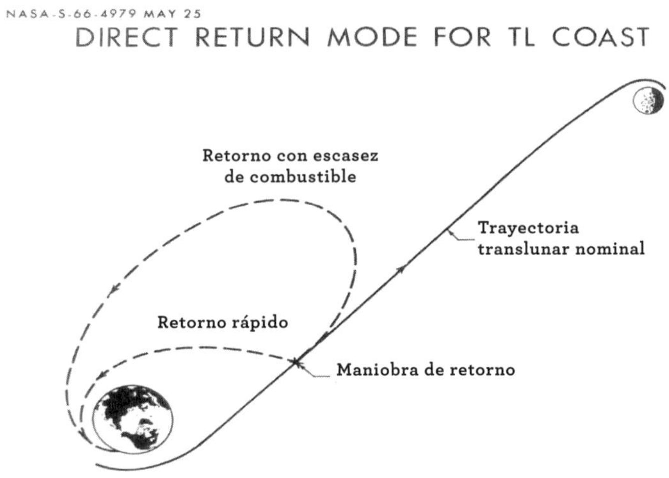

Posibles modos de retorno de emergencia.

La maniobra de corrección se haría en dos etapas; un primer encendido del motor del *Aquarius* que los devolviese a la trayectoria de retorno asegurado y otra, al cabo de unas horas, para ajustar el punto de aterrizaje. Entre los controladores surgieron serias discrepancias según su área de responsabilidad. Algunos entendían que era complicar demasiado las cosas; otros, que dos encendidos requerirían excesiva corriente; EECOM apoyaba desconectar cuanto antes los equipos no esenciales; otros peleaban por mantener alimentado el sistema de guiado (el más voraz consumidor de electricidad) durante el máximo tiempo posible. Y todos albergaban el secreto temor de que el accidente hubiese provocado unos daños aún desconocidos también en el motor del módulo lunar que debería utilizarse.

Una vez ajustado el rumbo y después de rodear la Luna, sobrevolando el lado oculto, se ejecutaría otro encendido. Esta vez, para desplazar la zona de aterrizaje hacia el Pacífico, donde esperaba el portaaviones *USS Iwo Jima*. Desde ese momento serían dos días y medio de viaje. El trabajo principal de los técnicos de Houston consistiría en economizar al máximo los recursos, sobre todo agua y electricidad.

ANÁLISIS DE TRAYECTORIA, TREINTA AÑOS DESPUÉS

Treinta años después de la odisea del Apollo 13, un análisis detallado de su trayectoria apuntó a algo insólito. De haber continuado en su rumbo original, sin corregir, en lugar de pasar a 60.000 kilómetros de la Tierra y perderse en el espacio lo hubiese hecho diez veces más cerca. Suficiente para acelerarlo e inyectarlo en una elipse muy alargada, con apogeo a casi seiscientos mil kilómetros, mucho más allá de la Luna. Su período orbital hubiese sido de unas cuatro semanas, aproximadamente el mismo tiempo que tarda la Luna en completar una órbita.

Así, al realizar su segunda revolución, la nave volvería a pasar muy cerca de la Luna. Esto hubiese perturbado otra vez su trayectoria, colocándola en curso de colisión con la Tierra. Para entonces, los tres tripulantes ya habrían fallecido por falta de oxígeno. El Apollo 13 con su macabra carga no quedaría vagando para siempre en el espacio como se había temido. Se estrellaría contra nuestro planeta.

Al conocerse la noticia, al centro de control han acudido numerosos astronautas. Veteranos de misiones anteriores como Scott, del Apollo 9; Cernan, del 10; y Gordon, del 12. Y la tripulación completa del Apollo 14, a los que hubiera correspondido pilotar el 13 de no haber cambiado turno con ellos. Allí están también John Young, que comandará el Apollo 16; Vance Brand, que volará en la misión conjunta Apollo-Soyuz; Ron Evans y Joe Engle, ambos asignados al Apollo 17 (aunque este último será desplazado por un geólogo profesional, Harrison Schmitt).

Y, por supuesto, Ken Mattingly, que sigue sin síntomas de rubeola. Ha ocupado su asiento en el simulador y pasará las siguientes horas ensayando las maniobras que tendrán que ejecutar sus compañeros y cómo reducir el consumo de energía. No está solo. En el Instituto Tecnológico de Massachusetts (MIT) una treintena de ingenieros analizan cómo utilizar en esta insólita situación el sistema de navegación que ellos mismos idearon; en la sede de Grumann, en Long Island, unos setenta técnicos estudian cómo convertir los equipos del módulo lunar en un refugio de emergencia, y al otro lado del país, en California, un grupo igual de numeroso, los diseñadores del módulo de mando, encaran el problema de cómo volverlo a la vida cuando llegue el momento.

Los controladores de la «trinchera» FIDO, RETRO y GUIDO, con ayuda del centro de cálculo, ya tenían establecido el momento y duración en que tendría que dispararse el cohete. Un primer impulso de 30 segundos ajustaría el rumbo garantizando un retorno a casa en algo menos de cuatro días. Eso suponía un aterrizaje en pleno océano Índico, donde no estaba desplegado ningún buque de recuperación. Por si acaso, se cursaron órdenes al único destructor que navegaba por la zona para dirigirse a un puerto de isla Mauricio. Allí se le enviaría por vía aérea la grúa y demás equipos que permitieran izar la cápsula a bordo.

La primera maniobra de corrección exige improvisar procedimientos. El CAPCOM dicta a Lovell, parámetro a parámetro, las instrucciones a cargar en el ordenador. El encendido se hará bajo control manual. Alguien recuerda que el tren de aterrizaje está retraído, hay que abrirlo para evitar que el escape del motor achicharre las patas y ajustar la inclinación de la tobera de forma que la línea de empuje pase exactamente por el centro de gravedad de los dos módulos unidos. De no hacerlo así, al encenderlo se provocarían rotaciones anómalas. Aunque la fuga de gas ha remitido, la nave sigue dando tumbos que obligan al comandante a compensar continuamente su orientación.

Las comunicaciones son otra fuente de problemas. Al encender la radio del módulo lunar, en los auriculares de astronautas y controladores se superpone un pitido que casi les impide escucharse. Han de gritar para hacerse entender. Es una interferencia de la baliza de la tercera etapa del cohete, que se dirige en rumbo de colisión contra la Luna emitiendo en la misma frecuencia. Según el plan de vuelo, ambos transmisores nunca debían estar activos a la vez, pero nada en esta misión se está desarrollando como se esperaba.

El cansancio empieza a hacer mella. Llevan horas sin dormir bajo un continuo estado de tensión. Lovell decide descansar por turnos, así que Haise es el primero en retirarse al abandonado módulo de mando, aunque no conseguirá conciliar mucho el sueño. Solo los equipos indispensables —radio y plataforma inercial entre ellos— siguen encendidos. Hay que ahorrar baterías. Se han desconectado hasta los horizontes artificiales y el comandante tiene que ajustar la posición de la nave guiándose con el sistema de giróscopos secundario, menos exacto.

Además, Lovell teme que el agua pueda escasear y decide racionarla, sin informar a los médicos. Con las células de combustible inutilizadas se ha interrumpido el suministro. El riesgo no es tanto de deshidratación de los astronautas —que también—, sino de que falle el sistema de refrigeración de los sensibles equipos electrónicos.

Swigert ha flotado hasta el módulo de mando para hacer acopio de cuanta agua pudiera recuperar de los tanques auxiliares. Las tuberías flexibles no encajan en las válvulas y tiene que recogerla utilizando bolsas de plástico vacías, pero incluso en gravedad cero parte del líquido salpica sobre sus zapatos, empapándolos. A falta de otro par con el que cambiarse, pasará las próximas horas con los pies húmedos, en una atmósfera que empieza a parecerse a una nevera.

Entretanto, en Houston discuten alternativas para la segunda corrección de rumbo. Hay dos maneras: rápida o lenta. En principio, la primera parece la más lógica, pero implica un serio riesgo: el motor del *Aquarius* carece de potencia suficiente que le permita acelerar toda la masa del vehículo; habría que desprenderse de peso muerto: el averiado módulo de servicio. Eso supondría hacer el resto del viaje en una precaria configuración con solo el de mando amarrado al lunar. Ni a Kranz ni a otros controladores les agrada la idea de exponer el escudo térmico al espacio durante tanto tiempo. En su lugar, optan por la trayectoria más lenta, conservando unidas todas las secciones de la nave, aunque parte de ella sea inútil. Y se decide que el encendido será dos horas después del pericintio, es decir, una vez pasada su máxima aproximación a la Luna.

El cráter Tsiolkovsky, en la cara oculta, fotografiado desde el Apollo 13.

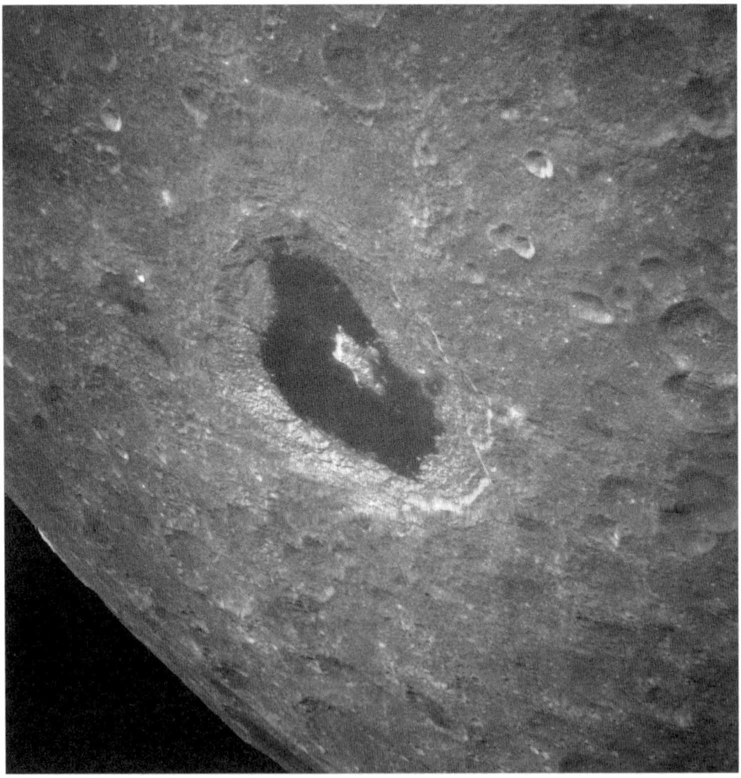

Alrededor de la Luna

El Apollo 13 va acercándose a nuestro satélite y su trayectoria se curva sobrevolando el lado oculto. Para Haise y Swigert es un espectáculo nuevo; sin embargo Lovell ya lo conoce de su viaje en el Apollo 8 y cede las ventanillas a sus compañeros. Se esfuerzan en fotografiar el accidentado terreno que ya nunca pisarán. En particular, el peculiar cráter Tsiolkovsky, con su fondo cubierto de material oscuro como los mares de la cara visible. Serán las mejores imágenes de esa región obtenidas en todo el Programa Apollo.

Durante el corto tiempo que dura el sobrevuelo de la zona de noche, el comandante intenta calibrar de nuevo la unidad inercial buscando referencias estelares, aunque sin mucho éxito. Cuando el Sol destella en la nube de fragmentos que les acompañan resulta difícil distinguirlos de auténticas estrellas. Además, el módulo lunar no dispone de un sextante como el del módulo de mando sino de un telescopio con varios campos de visión fijos, pensado para su uso en la superficie. En la situación actual, si se quiere utilizar hay que hacer girar toda la nave, y sus motores de posición no van sobrados de combustible.

Por fin, los especialistas de dinámica de vuelo sugieren un procedimiento insólito: utilizar el Sol como referencia inconfundible en lugar de alguna estrella. Aunque la precisión será baja, es mejor que nada. En las últimas horas los astronautas se han acostumbrado a estimar la orientación de su nave sin instrumentos. Solo se guían por el momento en que Sol, Luna o Tierra aparecen y desaparecen en esta o aquella ventanilla.

El sobrevuelo de la cara oculta dura unos pocos minutos. Luego, el maltrecho Apollo 13 emprende el regreso a casa sin necesidad de disparar ningún motor, siguiendo las leyes de la mecánica celeste. Es la ventaja que tiene estar en una trayectoria de retorno libre. Dos horas más tarde, según lo calculado por los ingenieros de Houston, Lovell se prepara para ejecutar la maniobra de corrección.

Como el encendido anterior, este también ha de iniciarse bajo mando manual. El computador no dispone de un

Ya de retorno a casa, la Luna se va alejando.

programa que reconozca la extraña configuración del módulo lunar acelerando con las otras dos secciones de la nave unidas. Vance Brand, el CAPCOM de servicio, dicta a Haise los parámetros a teclear para que el ordenador controle la maniobra: hora de la ignición, componentes x, y, z del cambio de velocidad requerido, apogeo y perigeo de la órbita final, duración del impulso, ángulos de orientación de la tobera y, por último, la masa del vehículo completo. Sobrepasa las 43 toneladas. El triple que el módulo lunar solo, que era para lo que estaba calculado el motor en circunstancias normales.

Una vez iniciado el disparo, el ordenador utilizará esos datos para mantener la estabilización y, sobre todo, apagar el motor en el momento adecuado. De todas formas, Kranz ha dejado muy claro que ante cualquier anomalía deben cancelar la operación de inmediato. El viaje hasta la Tierra es largo y, si fuera necesario, habría tiempo más tarde para intentarlo otra vez.

Los tres tripulantes se apelotonan en la cabina del *Aquarius* y Lovell ordena un breve pulso de los reactores de control de posición. En ingravidez, el combustible flota en el interior de los depósitos; esta es una forma sencilla de forzarle a que se acumule en el fondo para cebar las tuberías de alimentación. A continuación, ejecuta la maniobra por etapas. Primero, con un corto impulso al 10 por ciento de la potencia máxima. De los tres motores que lleva la nave (el principal, inutilizado, el de descenso a la Luna, y el de ascenso) es el único que permite un empuje variable. Luego, medio minuto al 40 por ciento para asegurarse que el vector de propulsión se mantiene alineado. Y, por último, cuatro interminables minutos al máximo. Si todo va bien, este cambio de trayectoria acortará el viaje en nueve horas y —más importante— moverá el punto de caída desde el Índico al Pacífico. Pero eso será dentro de poco más de tres días.

Al apagarse el motor con solo centésimas de segundo de retraso, los controladores respiran aliviados. Habían estado planteando estrategias que arañasen hasta el último gramo de consumibles. El agua era el recurso más crítico; de no haber acortado el viaje se hubiese agotado cuatro horas antes del aterrizaje. La electricidad remanente en las baterías del módulo lunar también escaseaba mientras que el oxígeno era suficiente para casi una semana más. Ahora, con la nueva trayectoria, el panorama parece más optimista.

El piloto del LM fue el primero en retirarse a descansar. Lo hizo en el abandonado módulo de mando, al que los astronautas se referían como «el dormitorio del piso de arriba». Las cortinillas de las ventanas estaban corridas en un intento de evitar el cegador brillo del Sol. En penumbra y con todos los sistemas eléctricos apagados, el ambiente empezaba a ser muy frío. Entre eso, los nervios de las últimas horas y un creciente malestar, Haise apenas pudo conciliar el sueño.

Supervivencia

Otra dificultad. El equipo de purificación de aire del *Aquarius*, suficiente para dos hombres, ahora tendría que abastecer a tres. Y por mucho más tiempo. Con toda seguridad se produciría una acumulación de dióxido de carbono en la cabina. En circunstancias normales la atmósfera circulaba a través de unos filtros de hidróxido de litio que absorbían el CO_2 fijándolo como carbonato. No era un sistema regenerativo: cuando un cartucho filtrante quedaba saturado debía sustituirse por uno nuevo.

A bordo del módulo de mando se utilizaba el mismo sistema. Ahora sus ventiladores estaban apagados y no circulaba aire. Los recambios seguían intactos. Entre una nave y otra transportaban suficientes como para mantener limpia la atmósfera; bastaría con aprovechar los filtros del *Odyssey* en el *Aquarius*. Excepto por un detalle: los

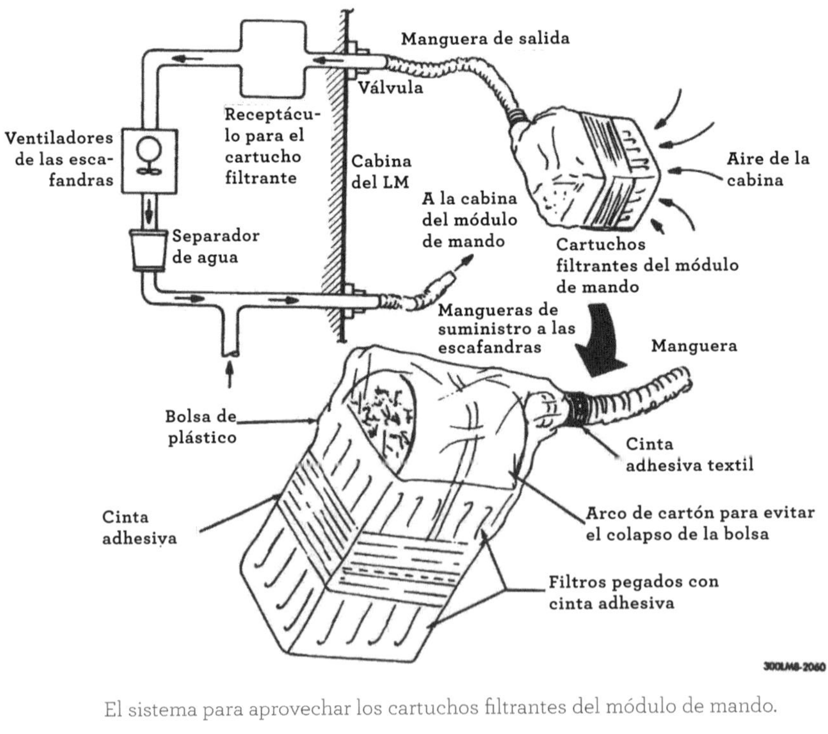

El sistema para aprovechar los cartuchos filtrantes del módulo de mando.

Additional
D. UTILIZATION OF CM LIOH CANISTERS :

A procedure has been developed to permit easier crew rigging for the fresh CM LiOH cartridges when it is time to change (estimated time GET 121:00 hrs). Uptaping and rebagging can be avoided by using the following:

1. Cut a piece of tape approximately 3 feet long.

2. Make a belt around the sides at the top of the new CM cartridge with sticky side out.

3. Cut 4 pieces approximately 2" square from an EVA cue card. Bend each square in half to form a 90° angle. These squares will be used as corner supports when attaching the cartridges in series.

4. Remove plug from old cartridge bypass and insert same plug in bottom bypass of new cartridge.

5. Arrange in series with top of new cartridge on bottom of old cartridge.

6. Put corner supports on sticky tape so that they overlap both cartridges.

7. Make sufficient wraps of tape around cartridges to seal and hold the together.

8. Repeat 1-7 to rig the other unit.

For Original utilization procedure Reference TEXT Section I.C. (Dormant operation phase)

Instrucciones elaboradas en Houston para improvisar un filtro de CO_2.

cartuchos utilizados en el *Aquarius* eran cilíndricos; los del *Odyssey*, cúbicos. El clásico problema del eje redondo en el agujero cuadrado, así que no podían intercambiarse.

Esta sorprendente incoherencia se debía a que ambas naves respondían a diferentes criterios de diseño. El módulo lunar, por ejemplo, disponía de dos zócalos de filtros: el primario y el secundario. Este solo servía como reserva para no tener que apagar el equipo durante las operaciones de cambio de cartuchos.

Ambos receptáculos eran cilíndricos, pero de diferente diámetro. La idea era que los cartuchos del secundario, más pequeños, sirvieran también en las mochilas de excursión lunar. Así pues, los astronautas disponían de recambios de tres formas y tamaños distintos, incompatibles entre sí. Nadie había imaginado que algún día unos

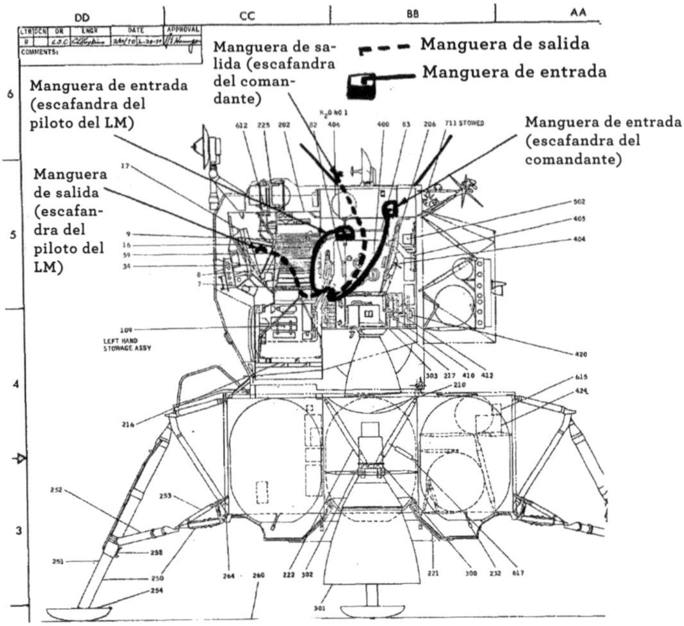

Croquis de la posición que debían ocupar los dos filtros de CO_2.

deberían utilizarse en lugar de otros, por lo que ahora habría que improvisar un método para aprovecharlos.

Un grupo de ingenieros se reunió a toda prisa en una de las salas anexas al centro de control llevando consigo duplicados de los materiales que hay a bordo: mangueras de aire, bolsas de plástico, cables, cinta adhesiva, herramientas varias, papel y cartón... Tenían mucho donde elegir: la lista detallada de artículos disponibles ocupaba más de cincuenta páginas: desde linternas o un aspirador de polvo lunar hasta gruesos tomos del plan de vuelo o pastillas contra la diarrea.

Entretanto, en la consola de TELMU lucía un nuevo aviso de alarma: la presión parcial de CO_2 en la cabina del *Aquarius* iba aumentando y ya se acercaba al 7 por ciento, siete veces más de lo normal. Aunque no peligroso de inmediato, el aumento del nivel de dióxido de carbono junto con la tensión, la falta de sueño, el frío y la deshidratación

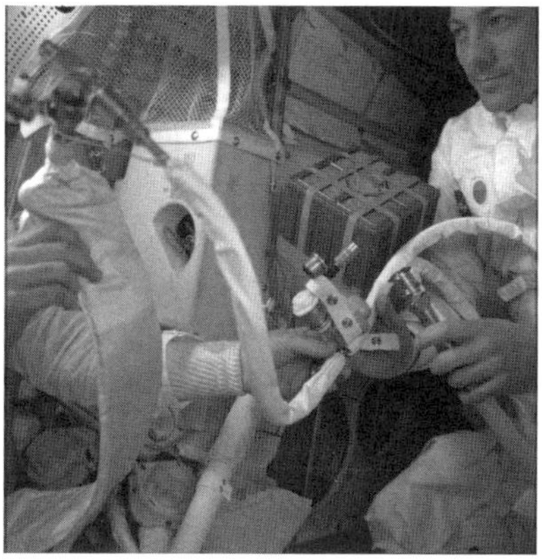

Jack Swigert ayuda a Lovell en el montaje de uno de los filtros de CO_2.

Uno de los filtros instalado junto al sistema de acondicionamiento de aire del *Aquarius*. Las dos tapas circulares son los alojamientos para los filtros originales del LM, primario y secundario. Las llaves de la izquierda controlan el suministro de oxígeno a los trajes y la recarga de las mochilas.

El segundo filtro, colocado en el túnel de comunicación con el *Odyssey*, para purificar también el aire allí.

harían que los astronautas tuviesen dificultad para concentrarse. Los errores —que ya han empezado a aparecer, por fortuna sin consecuencias— serían cada vez más frecuentes.

Tardarían veinticuatro horas en encontrar una forma de adaptar los filtros de un módulo a otro. La solución consistiría en encerrarlos en una bolsa de plástico a la que conectar un par de tubos flexibles, los mismos que en el LM abastecían de oxígeno a las escafandras. A través de uno entraría el aire viciado y por el otro se recogería ya limpio de CO_2 y olores. Unas cuantas vueltas de cinta adhesiva garantizarían la estanqueidad de las juntas. Y para evitar que la succión pegase la bolsa a la rejilla del filtro bastaría un puentecillo hecho con cartones —las tapas del libro de instrucciones que los astronautas debían llevar en la muñeca durante su paseo lunar.

Improvisado el artilugio, el segundo problema consistía en transmitir a los astronautas las instrucciones de montaje. Sin poder enviar planos o esquemas ni de medir con exactitud sus dimensiones, el CAPCOM hubo de recurrir a indicaciones como «Cortar un trozo de cinta del tamaño del antebrazo» o «Abrir un agujero diagonal en el fondo de la bolsa». En total, una hora más de trabajo hasta que estuvieron preparadas dos cajas de filtro con sus respectivas mangueras: una alimentaría al módulo lunar y otra, a través del túnel de atraque, se colocaría en la escotilla para ventilar el módulo de mando.

Frío

Casi de inmediato los improvisados filtros tuvieron su efecto. El nivel de CO_2 empezó a bajar. En unas horas se estabilizaría a una cifra normal, del orden del 1 por ciento. Estaban a unos 60.000 km de la Luna y ya acelerando dentro de la esfera de influencia terrestre. Empezaba la caída.

Sería un viaje gélido. Con casi todos los equipos eléctricos apagados y solo el calor corporal de los astronautas, la cabina del *Aquarius* no llegaba a los 10 °C, mientras que *Odissey* estaba próximo al punto de congelación. Uno de los depósitos de agua ya se había convertido en un bloque de hielo, y el único vestido disponible eran los ligeros monos de vuelo. Lovell y Haise decidieron calzarse los gruesos chanclos que debían haber utilizado durante el paseo lunar y Swigert se puso un doble juego de ropa interior. Era lo más que podían hacer.

Quedaba el recurso de enfundarse las escafandras como improvisado abrigo, pero Lovell prefirió ignorarlo. En la estrecha cabina del LM hubiesen resultado demasiado engorrosas. Además, sin refrigeración interna, el exceso de transpiración al enfriarse podría provocarles una neumonía.

LA LARGA SUBIDA POR EL POZO GRAVITATORIO

Un viaje a la Luna puede asimilarse a un automóvil tomando impulso para subir por una larga rampa en punto muerto y perdiendo velocidad hasta alcanzar el punto más alto casi parado. Allí empieza otra rampa descendente, mucho más corta, que le permitirá volver a acelerar para completar el viaje.

En esta analogía la primera rampa sería el campo gravitatorio de la Tierra, cuya acción se extiende hasta unos 325.000 km de distancia. A partir de ahí, predomina la atracción lunar (la rampa de bajada). El impulso inicial lo proporciona la tercera etapa del Saturn V, que arde durante unos seis minutos y luego es descartado. En contra de lo que muestran algunas películas del género, las naves espaciales vuelan a motor parado, salvo en las contadas ocasiones que deben introducir alguna corrección de trayectoria.

El regreso es idéntico, pero a la inversa. El motor del módulo de servicio se encarga de proporcionar el impulso inicial para romper la órbita lunar y ascender la corta «rampa» gravitatoria de la Luna (unos 62.000 km). Lo justo para llegar a donde prevalece la atracción de la Tierra. Como esa «subida» es más corta, el empuje del motor y el gasto de combustible son mucho menores que en el viaje de ida. En el caso del Apollo 13, al describir una trayectoria de retorno libre, no hizo falta ese impulso; la propia velocidad que llevaba garantizaba un sobrevuelo de la cara oculta sin entrar en órbita y el subsiguiente retorno a la Tierra.

Una vez superado el punto de equilibrio, el viaje se reduce a una larga caída hacia la Tierra, acelerando hasta alcanzar aproximadamente la misma velocidad que a la partida: unos 40.000 km por hora.

El comandante Lovell intenta echar una cabezada en el puesto de pilotaje del *Aquarius*.

El módulo de mando transportaba un kit de supervivencia con una balsa neumática, alimentos y mantas. Estas hubiesen ayudado algo, pero el comandante sabía que si abrían el paquete (destinado a utilizarse solo en el mar) sería imposible volver a guardar todo su contenido y ocuparía tanto sitio que no podrían moverse en la cabina.

La reducida cabina empezaba a estar abarrotada. Hacía horas que los astronautas ya no utilizaban el sistema de expulsión de orina: las descargas de líquido al exterior hubieran actuado como un propulsor más. Con la trayectoria estabilizada a duras penas y bajos de combustible, eso alteraría el rumbo de la nave, aunque solo fuera de forma muy ligera. Además, sin calefactores, era posible que la válvula de evacuación se hubiese congelado. En su lugar estaban recurriendo a bolsas de plástico y hasta los depósitos de condensado de las mochilas. Y cada vez se veían más desperdicios acumulados por todos los rincones.

Lovell y Swigert soportaban el frío como mejor podían; Haise, de complexión menos robusta, era el más afectado. Ya acusaba los primeros síntomas de una infección renal y la escasa ingesta de agua amenazaba con provocarle un desequilibrio de electrolitos. Aterido, e incapaz de conciliar el sueño, había sufrido cuatro horas seguidas de tiritera. Los médicos de Houston empezaban a preocuparse por la deteriorada salud de los tres pilotos y su capacidad para concentrarse en las complicadas tareas que aún tenían por delante. Y sin los electrodos biomédicos, la única indicación sobre su verdadero estado eran las breves conversaciones entre la nave y el CAPCOM.

Nuevas técnicas de orientación

La trayectoria de la nave aún no garantizaba aún un retorno sin dificultades. Habría que ejecutar al menos una maniobra más para apuntar bien al estrecho corredor de reentrada, una franja de solo dos grados de amplitud en la alta atmósfera donde se empezaría el frenado. Si la Tierra fuese una pelota de futbol era como acertar en el canto de una hoja de papel apoyada sobre ella. Una entrada más

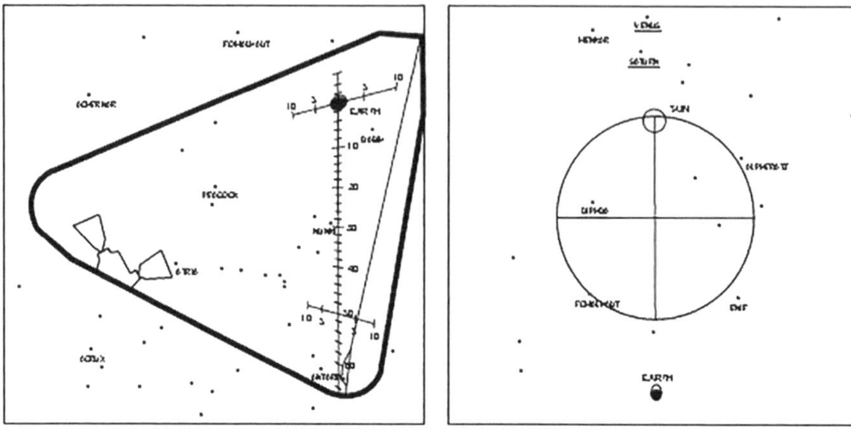

La Tierra (izq.) y el Sol (dcha.) tal como se veían a través de la ventanilla izquierda y con el telescopio de alineamiento del módulo lunar.

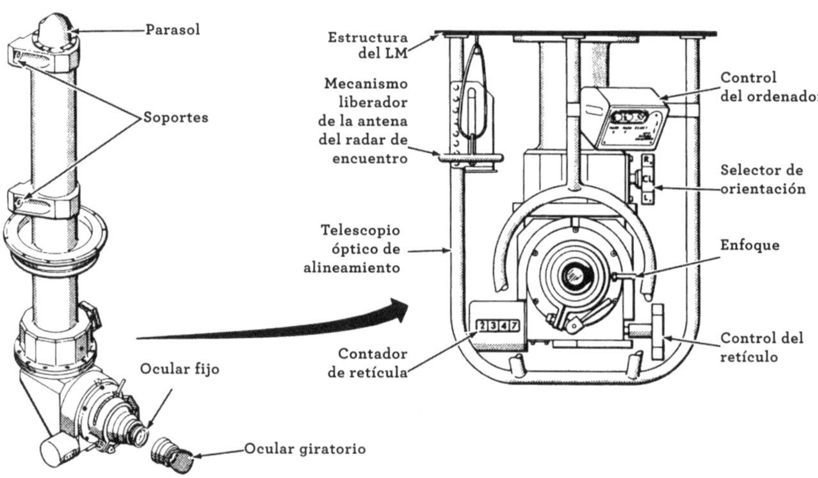

El telescopio de alineamiento de la plataforma inercial, que a bordo del *Aquarius* hacía funciones similares al sextante del módulo de mando.

aguda destruiría, por fricción, el módulo de mando; una más plana le haría rebotar igual que una piedra en la superficie de un estanque y perderse en el espacio.

Para que el motor del LM se encendiese en la dirección correcta, habría que mantener la nave orientada con respecto a unos ejes de referencia absolutos. Pero en su camino seguía acompañada de un enjambre de fragmentos grandes y pequeños cuya presencia dificultaba mucho —o impedía— las observaciones de estrellas.

Tras más cálculos y simulaciones, los especialistas en trayectorias siguieron empleando otras referencias más visibles: Sol, Tierra y Luna. Ni siquiera hacía falta el sextante: bastaba con aprovechar la escala grabada en la ventanilla izquierda del LM. De haber ido bien las cosas, su función era ayudar a localizar el punto de alunizaje durante el descenso; ahora, en cambio, serviría para ajustar la posición de la nave, medio grado arriba, medio grado abajo. O, mejor aún, utilizando el telescopio de calibración de la unidad inercial, que ofrecía aumento óptico y, por tanto, más precisión.

La nueva maniobra de corrección requirió la participación de los tres astronautas. Swigert, sentado sobre la cubierta del motor de ascenso, cronometrando el momento del disparo y su duración; Lovell, a cargo de los mandos del propulsor; y Haise, peleando con los reactores de control de posición para mantener la nave orientada y el Sol centrado en el retículo. En particular, Houston insistió en que Swigert se acomodase en el centro de la cabina; el encendido anterior no había resultado del todo exacto porque al planearlo nadie recordó que el

Esta era la vista a través de la ventana izquierda del LM. La escala es doble (en el cristal interno y externo) para compensar el efecto de paralaje. Al utilizarla, el astronauta debía situar la cabeza de forma que se superpusieran ambas graduaciones.

Aquarius cargaba 82 kg extras de un tercer tripulante. De haberlo pensado, se hubiera podido compensar ajustando mejor la línea de empuje del motor.

Fueron solo 15 segundos con el impulso a baja potencia, pero provocó un cambio de velocidad de unos escasos 10 km/h, suficiente para ajustar la trayectoria al centro del corredor de reentrada. Se cumplían las 105 horas de vuelo, algo más de dos días desde la explosión. Y todavía con otros dos por delante. Sería una larga espera.

Pero para los controladores de Houston, el tiempo se echaba encima. Ahora se trataba de redactar desde cero todo el procedimiento de separación de módulos antes de la entrada en la atmósfera. Algo nunca intentado.

En un vuelo normal, la cabina de ascenso del LM se abandonaba en órbita lunar poco después del regreso de los dos astronautas desde la Luna. La operación se hacía desconectando ambos vehículos y utilizando los motores de maniobra de la nave principal para retroceder. El viaje de retorno a la Tierra lo hacían solo dos módulos unidos (mando y servicio) hasta que este se descartaba antes de la zambullida en la atmósfera.

Ahora el método sería muy distinto. En primer lugar, el Apollo 13 regresaba en su configuración completa, es decir, con el módulo lunar íntegro unido a proa, y con el lastre de un módulo de servicio inutilizado. Sin sus propulsores todas las maniobras deberían realizarse con los del módulo lunar. Que ni siquiera estaban alineados con el centro de gravedad del conjunto, así que cada vez que se disparaban introducían rotaciones espurias.

En circunstancias normales la redacción de estos procedimientos en el plan de vuelo llevaba unos tres meses, pero ahora se hizo en solo tres días. No solo se trataba de reescribirlos sino también comprobarlos uno a uno en los simuladores. Y siempre con el temor de que se agotase la escasa reserva de energía o que fallasen los sistemas electrónicos, sometidos a un ambiente glacial durante tanto tiempo.

A medida que pasaban las horas, al otro lado de las ventanillas la Tierra iba aumentando de tamaño con alarmante rapidez. Los astronautas empezaban a abrigar dudas sobre si el

Media docena de astronautas se apelotonan alrededor del GUIDO Raymond Teague (escribiendo). Sentados a su izquierda, Edgar Mitchell y Alan Shepard (asignados al Apollo 14). De pie, England, Engle, Cernan y Evans.

nuevo plan estaría listo a tiempo. Había que revivir no una, sino dos naves: *Odyssey*, apagada por completo, y *Aquarius*, activa solo al 20 por ciento, y establecer un método para desconectar una de otra cuando llegase el momento.

La situación de los tres pilotos era poco envidiable. Sufriendo una peligrosa mezcla de sueño, agotamiento y frío, casi deshidratados (el racionamiento decretado por Lovell era de 100 gramos al día, una quinta parte del mínimo requerido), e imposibilitados de preparar comida caliente, (el calentador de agua para rehidratarla había sido uno de los primeros desconectados), tuvieron que sobrevivir a base de *snacks* de consumo inmediato: frutos secos, dátiles, cubos de tocino... Unas salchichas aparecieron tan congeladas que ni siquiera podían morderse. Las ventanillas de la nave estaban cubiertas de escarcha y los paneles rezumaban humedad condensada. No es de extrañar que en ocasiones la irritación hiciese mella. Como cuando el comandante, exasperado, exigió a Houston una primera copia de las instrucciones de reactivación, aunque no estuviesen terminadas. Ellos también tenían que estudiárselas y rápido, porque la Tierra se veía cada vez mayor.

El plan final se retrasó y no estuvo listo hasta 18 horas antes de la reentrada. Y aun entonces, los pilotos tuvieron que sufrir más aplazamientos. A punto de empezar a dictarlo, el EECOM John Aaron pidió otro ejemplar para seguir el proceso, pero solo había un original. La sala se iba llenando de ingenieros, astronautas y otros controladores que reclamaron lo mismo. Alguien salió corriendo con el fajo de papeles y regresó al cabo de unos interminables minutos con un montón de copias. Con la tecnología de la época resultaban más laboriosas de obtener que una mera fotocopia.

Ken Mattingly acababa de llegar desde el simulador donde había verificado personalmente todo el procedimiento, asegurándose de que quedaba suficiente energía en las baterías. Tomó asiento en la consola del CAPCOM y empezó a dictar a Swigert la lista de instrucciones para revivir la nave... si es que se podía, después de tantos días desconectado y con sus circuitos congelados. «¿Tienes un bloc?» Sin embargo, el manifiesto de carga no incluía un simple bloc de papel. Habría que ir tomando nota en las páginas del propio plan de vuelo, tachando esto, añadiendo aquello... Serían dos horas más de tedioso dictado, interrumpido por errores o fallos de comunicación (el vehículo seguía girando y las antenas omnidireccionales, distribuidas a su alrededor, a veces perdían el enlace con Houston).

Al fin, con la muñeca agarrotada de tanto escribir, Swigert cedió su puesto a Haise para recibir las instrucciones referentes al módulo lunar. En especial, las que hacían referencia al procedimiento que separaría la cabina de la tripulación antes de la reentrada.

El visor de alineamiento para el atraque (COAS), en la ventanilla frontal del LM.

Esquema óptico del COAS. Aquí se le ve instalado en la ventanilla del techo del LM.

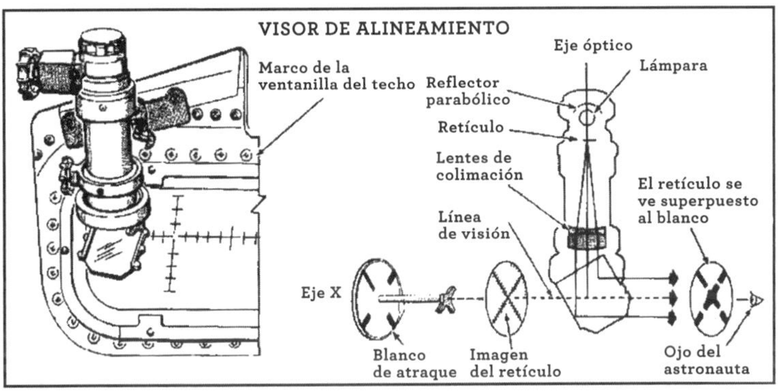

Para sorpresa de los encargados de la trayectoria, el vehículo continuaba desviándose y nadie entendía la razón; tal vez algún escape de gas incontrolado. Pocas horas antes había saltado la válvula de seguridad de un depósito de helio en el módulo lunar a causa del calentamiento por el excesivo uso de su motor, y también había explosionado una batería alojada en la sección de alunizaje, por fortuna ya innecesaria. Haría falta, pues, una última y pequeña corrección de rumbo.

Aunque Lovell y Haise ya estaban conectando la mayoría de equipos del *Aquarius*, la plataforma inercial seguía inactiva. Esta vez la orientación se haría mediante un procedimiento que el propio Lovell había ensayado tiempo

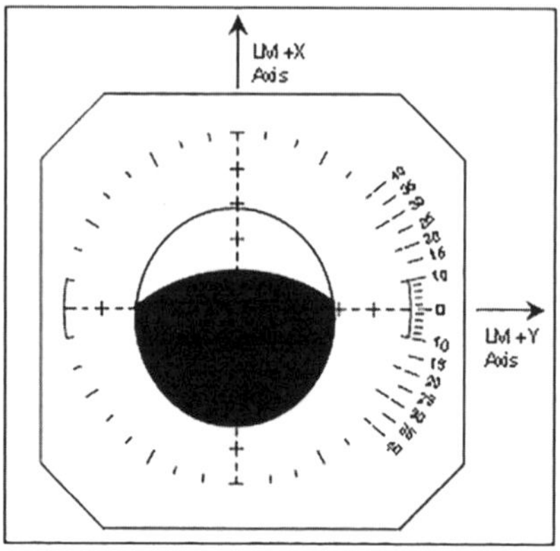

Cómo debería alinearse la nave con el eje horizontal rozando los «cuernos» de la Tierra antes de ejecutar la última maniobra de ajuste de trayectoria. La ilustración corresponde a un disparo que incrementase la velocidad. Para uno de frenado, la nave debería girarse hasta que la Tierra apareciese al revés, en forma de «U», siempre con el eje enrasado en las puntas.

La Tierra, vista desde el *Aquarius*, como referencia para la maniobra.

atrás, casi como una curiosidad, durante su viaje en el Apollo 8. La Tierra aparecía ahora en cuarto creciente. Se trataba de maniobrar la cápsula de forma que los «cuernos» del planeta quedasen enrasados con el retículo del visor empleado en las maniobras de atraque. Un método muy simple y sorprendentemente exacto.

Plutonio

El ajuste preciso de la trayectoria constituía otra preocupación. No solo se trataba de garantizar la recuperación del *Odyssey* y sus ocupantes, el *Aquarius* era tan frágil que se quemaría por completo en la reentrada. Excepto una pieza: el cartucho con cuatro kilogramos de óxido de plutonio destinado a alimentar los equipos que debían instalarse en la Luna. Era una cápsula muy resistente, para asegurar que un accidente en el despegue no dispersaría su contenido en la atmósfera, y ahora con toda seguridad sobreviviría al brutal reingreso a 40.000 kilómetros por hora.

La trayectoria de reentrada haría que los restos del LM cayesen en el Pacífico austral, en las cercanías de la fosa abisal de Tonga, donde el océano tiene una profundidad próxima a los 10.000 metros. En el fondo de ese abismo el material radiactivo no debería plantear riesgos, aunque aún hoy, cincuenta años más tarde, buques de la Armada estadounidense patrullan la zona de cuando en cuando y toman muestras para detectar cualquier posible fuga de radiación.

Un modelo del contenedor de plutonio a bordo del *Aquarius*.

La Tierra, vista desde el módulo de mando. En primer término, un bloque de motores de posición del *Aquarius*. El disco de la derecha es el blanco de ayuda en la operación de amarre.

En Houston, el grupo a cargo de la maniobra era el original «equipo Blanco», dirigido por *Gene* Kranz. Unos días antes, en plena crisis, reforzado con los técnicos más experimentados y rebautizado «Tiger Team». Estaban presentes directores de vuelo de los otros equipos como Lunney y Griffin. También astronautas, ingenieros y controladores fuera de servicio, en particular Sy Liebegot, el EECOM en cuya guardia había ocurrido el accidente. Más de un centenar de personas, la mayoría de pie, se agolpaban en la sala de control.

El módulo de servicio descartado, mostrando el daño sufrido en su compartimento lateral (derecha de la imagen).

Separación

Tan solo unos minutos después de la última corrección de rumbo, el Apollo 13 descartó el módulo de servicio. Toda la maniobra estaba coreografiada al milímetro; se haría utilizando los pequeños motores de control de posición del *Aquarius*. Primero un corto impulso a proa, detonar los explosivos que segaban los flejes metálicos de sujeción del módulo de servicio al de mando y, de inmediato, revertir el impulso para forzar la separación. En teoría, la mejor vista del segmento abandonado se tendría desde las ventanas del *Odyssey*, donde esperaba Swigert, empuñando una de las cámaras Hasselblad equipada con teleobjetivo.

Sin embargo, una vez más las cosas se torcieron. El módulo de servicio se apartó por el lado contrario, girando sobre sí mismo. Lovell y Haise pudieron verlo desde las ventanillas del *Aquarius*, pero solo disponían de una cá-

El descartado módulo de servicio se aleja, con la Tierra al fondo. La foto está obtenida desde la ventanilla del techo del Aquarius. En primer término, el lateral del módulo de mando.

mara cinematográfica cuyas imágenes no ofrecerían mucha resolución. Cuando Swigert flotó hasta la cabina, y en sus prisas por conseguir algunas fotos se montó a hombros del comandante, el gran cilindro metálico con su inútil motor en un extremo ya estaba a varios cientos de metros de distancia.

Los astronautas quedaron sorprendidos al constatar la extensión del daño. Faltaba todo un panel lateral. En su cavernoso interior, el tanque de oxígeno número 2 y sus tuberías eran invisibles en medio de un amasijo de aislante plástico. La antena de alta ganancia seguía allí, el

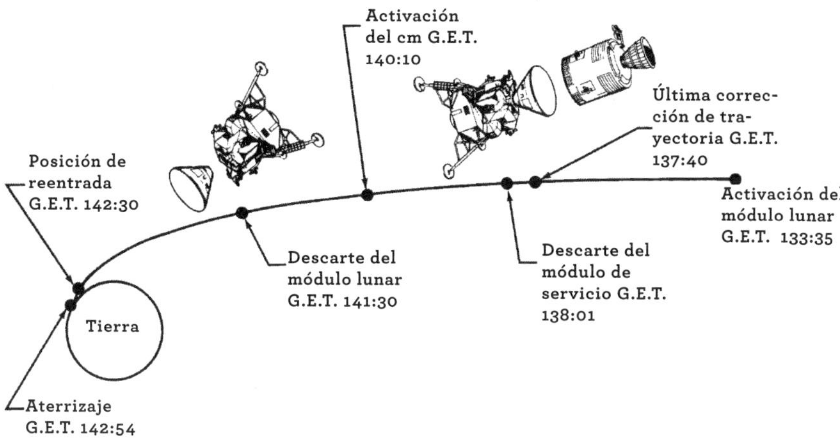

La secuencia de separación sucesiva del módulo de servicio y el módulo lunar. (G.E.T.: *Ground Elapsed Time* [Tiempo de misión, en horas y minutos]).

impacto de los fragmentos no la había arrancado, aunque sin suministro eléctrico era una pieza inútil.

Dentro de la catástrofe, quizá fue una suerte que el depósito dañado estuviese situado más al exterior y, sobre todo, que la explosión arrancase el panel lateral. De no ser así, los daños podían haber sido aún mayores. Tal vez la deflagración hubiese buscado salida por otro sitio como, por ejemplo, el tabique superior: el módulo de mando (con el *Aquarius* acoplado) habría salido expulsado igual que el tapón de una botella de champán.

Era el momento de reactivar el módulo de mando. Y hacerlo en un orden preciso, puesto que unos equipos eran dependientes de otros. El trasvase de energía desde el *Aquarius*, realizado unas horas atrás, había servido para recargar las baterías que serían su único suministro cuando los dos vehículos se separasen. Aunque nadie sabía si la electrónica estaba dañada por el frío, o si la humedad, condensada sobre los paneles de control (y, con seguridad, detrás de ellos), podría producir algún cortocircuito al restaurar la alimentación.

Menos de dos horas antes de la reentrada Houston facilitó los datos de seguimiento y referencias de orientación. El último paso del procedimiento fue activar y alinear la unidad inercial. Y una verificación más, visando un par de estrellas muy brillantes: Vega y Altair. Esta vez la nube de fragmentos no impidió localizarlas.

Llegaba el momento de abandonar el *Aquarius*. Su cabina estaba llena a rebosar de bolsas de desperdicios y materiales ya inútiles. Entonces llegó un recordatorio insólito desde Houston: los astronautas debían desplazar varios bultos —a ser posible, masivos— del módulo lunar al de mando. En total, unos 80 kg, lo mismo que hubieran pesado las muestras lunares. La maniobra de reentrada se había calculado contando con ellas.

Lovell programó el computador secundario del LM de forma que mantuviera una posición estable una vez separados. El voluminoso mecanismo de amarre quedó aban-

«Adiós, *Aquarius,* y muchas gracias.»

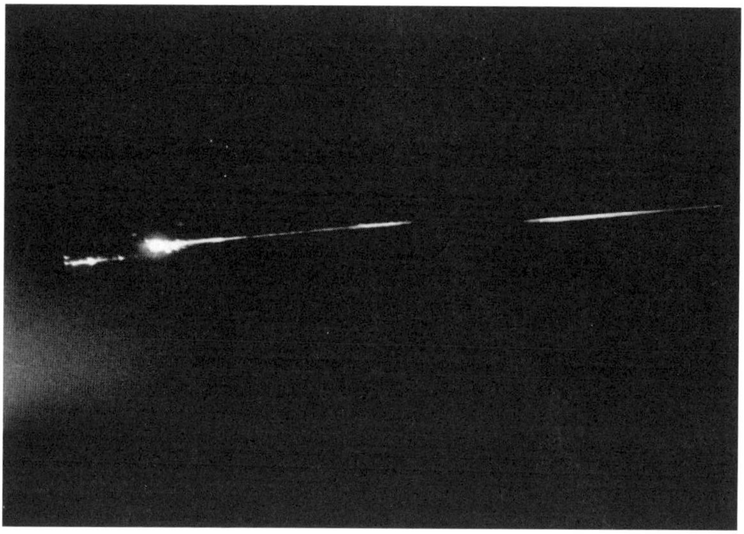

Los pasajeros de un vuelo comercial de Air New Zealand pudieron fotografiar la reentrada del Apollo 13 en la atmósfera.

donado en el suelo del *Aquarius*. Era una pieza circular de un metro de diámetro que sostenía las uñas de captura y el sistema de retracción. La habían retirado días atrás para permitir el paso por el túnel de comunicación, justo cuando Lovell y Haise iban a empezar su *tour* televisado antes de la explosión. Parecía que hubiesen pasado siglos. Desde entonces, había estado ocupando sitio bajo los asientos de la nave principal y ahora, por fin, podrían prescindir de él. Solo quedaba que el comandante pasase al módulo de mando, cerrando tras de sí las dos escotillas: la del techo del LM y la del morro del CM. Entre ambas, el túnel seguiría presurizado. Esa misma presión forzaría luego la separación de las dos naves.

Después de tantas emociones resultó casi anticlimático. Swigert accionó el conmutador de armado de las mordazas explosivas que aún sujetaban al módulo lunar. Lovell hizo una breve cuenta atrás y detonó los pirotécnicos. Con suavidad, impulsado por el aire remanente en el túnel, el LM fue alejándose. En sus baterías quedaba todavía el 20 por ciento de su carga.

Mientras el módulo lunar iba perdiéndose en la distancia, el CAPCOM Joe Kerwin tuvo un recuerdo para la nave que había salvado a la tripulación: «Adiós, *Aquarius*, y muchas gracias».

Quedaba menos de una hora, que se pasaría entre actualizaciones de trayectoria, verificaciones (esta vez comprobando que la Luna aparecía en la ventanilla en el momento y lugar adecuados) y activar en el ordenador el programa que gestionaría la fase de reentrada. Swigert aprovechó para agradecer a todo el equipo el extraordinario esfuerzo realizado; 20 segundos después, Houston informaba que la batería C se agotaría justo cuando fueran a abrirse los paracaídas, pero que el resto conservaba suficiente energía.

Sin embargo, a bordo del Apollo 13 nadie oyó esa última advertencia. Estaban en plena reentrada y la cápsula parecía un meteoro mientras atravesaba las capas superiores de la atmósfera.

Regreso a casa

El *blackout* era una circunstancia normal en todos los regresos a tierra. El plasma incandescente alrededor de la nave formaba una capa ionizada que impedía toda comunicación hasta que la velocidad y temperatura se hubiesen reducido. Por lo general, unos tres minutos y medio.

A los tres minutos, el CAPCOM prueba suerte. «*Odyssey*, Houston. Adelante.» Sin respuesta. Otra vez. Nada. Intentando mantener su sangre fría, Kranz pregunta al encargado de la red de seguimiento si se oyen las balizas de la nave. No se oyen. Treinta segundos más. Algunos controladores empiezan a estar alarmados.

Pasarían casi otros dos minutos antes de que las antenas detectasen la portadora de la señal de radio de la cápsula y se oyese la voz del comandante Lovell. Era el retraso más prolongado sufrido en todo el programa. «El peor minuto y cuarenta y siete segundos de mi vida, diría

Los tres paracaídas principales se colapsan a la vez con el *Odyssey* flotando en el Pacífico.

Kranz más tarde.» Entretanto, la pantalla de televisión del centro de control mostraba la imagen del *Odyssey* suspendida de sus tres paracaídas. Estaba a unos seis kilómetros del portahelicópteros *USS Iwo Jima*.

Los astronautas no tuvieron que esperar mucho en su cápsula (que, además, cayó en posición estable, «cabeza arriba»). No hubo ceremonias de bienvenida. La banda del barco tocó la pieza «Aquarius» del musical *Hair*, en obvia referencia al módulo salvador, ya consumido en la atmósfera. Luego, pasaron a la enfermería para ser declarados «la tripulación que llegaba en peores condiciones físicas». Lovell había perdido siete kilos, Haise tenía fiebre y una seria infección renal y Swigert estaba casi deshidratado, aunque en los depósitos del *Odyssey* quedaban todavía 15 litros de agua.

Con los astronautas ya a bordo del *USS Iwo Jima*, la tensión acumulada no solo en Houston sino en las sedes de todos los contratistas se relajó. Gritos de alegría, abrazos, felicitaciones, los tradicionales cigarros puros... Y en el mismo tono festivo, la factura que Grumman Aircraft envió a North American Rockwell por «servicios de remolque», como si de un automóvil averiado se tratase.

Los exhaustos astronautas tratan de sonreír a las cámaras a su llegada al *USS Iwo Jima*.

INVOICE A441066

DO NOT WRITE IN THIS AREA—FOR PURCHASING USE ONLY

SELLER INVITED TO QUOTE
1) North American Rock
2) Pratt & Whitney
3) Beech Aircraft
4)
5)
6)

SELLER AWARDED PURCHASE ORDER: North American Rock

BUYER: North American Rock — CODE: — TELEPHONE-AREA CODE 516: LR 5- — DATE REC'D IN PURCH.:

CONTRACT NO.: UR B(oo) B(OO) — PRIORITY: 1 — DATE RELEASED TO TYPE: 4/13/70

SUBJECT TO GOVERNMENT INSPECTION AT: [X] YOUR PLANT [ ] GAEC [ ] NONE — FOB DESTINATION (UNLESS OTHERWISE INDICATED): Houston — TERMS: Cash

PURCHASE ORDER NUMBER: — DATE:

SHIP TO: Hou-MSC — VIA: LM-7, USS Iwo Jima, GOVAIR

DELIVERY REQUIRED AT GAEC — DATE: None — SELLER PROMISE: Never Again

ITEM NO.	QUANTITY	UNIT	PART NO. — DESCRIPTION	I.T.	ACCT. NO./JOB NO.	TAX CODE	UNIT PRICE
1.	400,001	Mi	Towing, $4.00 first mile, $1.00 each additional mile Trouble call, fast service				$ 400,004.00
2.	1	KWH	Battery Charge (road call + $.05 KWH) customer's jumper cables				4.05
3.	50#	#	Oxygen at $10.00/lb				500.00
4.	1		Sleeping accommodations for 2, no TV, air-conditioned, with radio, modified american plan, with view		NAS-9-1100		Prepaid
5.			Additional guest in room at $8.00/night (1) Check out no later than noon Fri. 4/17/70, accommodations not guaranteed beyond that time.				32.00
6.			Water				No charge
7.			Personalized "trip-tik", including all transfers, baggage handling and gratuities				No charge
			Sub-Total				$ 400,540.05
			20% commercial discount + 2% cash discount (net 30 days)			(-)	88,118.81
			Total				$ 312,421.24
			No taxes applicable (government contract)				

SUGGESTED SOURCES/REMARKS (INCLUDE CWA NO. IF APPLICABLE): Repair of Apollo 13

RECEIVING DELIVER TO: USS Iwo Jima — VIA: Air Express

REQUESTED BY: NASA(MSC) — EXT. — PLT. & DEPT. NO. — DATE

APPROVED BY — DATE

PURCHASING/SUBCONTRACT MGMT.

La factura de Grumman Aircraft por derechos de remolque y otros servicios.

400.000 millas a dólar por milla (salvo la primera, a cuatro dólares), recarga de baterías (utilizando los cables del cliente), cincuenta libras de oxígeno, alojamiento para dos (en habitación doble con vistas pero sin TV ni aire acondicionado), extensión a un tercer huésped, agua (gratis), manejo de equipajes y propinas (también gratis). El importe, pagadero a 30 días y con descuentos comerciales si se abonaba en efectivo, subía a más de 300.000 dólares e incluía una advertencia: debían abandonar la habitación no más tarde del 17 de abril; disponibilidad no garantizada más allá de esa fecha.

Poniendo cara de póker, North American Rockwell remitió la factura a sus auditores, mientras recordaba a Grumman Aircraft que en los anteriores viajes a la Luna ellos no habían cargado nada por servicios similares. Por supuesto, el importe nunca se abonó.

La mejor hora de la NASA

Ninguno de los tres protagonistas volvería a volar por el espacio. Jim Lovell abandonó la NASA en 1973 dedicándose a diversos trabajos en la industria. En 1994 fue coautor del libro *Lost Moon*, en el que describía su aventura lunar, y que al año siguiente serviría de base del guion del largometraje *Apollo 13*. En sus escenas finales aparece el mismo Lovell en un cameo como el oficial que da la bienvenida a Tom Hanks, su *alter ego* en la película, cuando llega al portaaviones. El director, Ron Howard, le ofreció caracterizarlo de almirante, pero él rehusó por este motivo: «Me retiré de la Armada con el grado de capitán y eso es lo que seré». En la filmación vistió su propio uniforme.

A Fred Haise, comandante suplente en el Apollo 16, le hubiese correspondido volver a la Luna en el Apollo 19. Cancelada esta, se le destinó al programa de pruebas de planeo del transbordador espacial. Dejó la NASA en 1979, dos años antes de que volase el primer Shuttle, para ocupar un puesto directivo en Grumman Aircraft, la empresa que había construido el módulo lunar.

Tres de los cuatro controladores (izq. a dcha.: Gerald Griffin, Eugene Kranz y Glynn Lunney) celebran el éxito del amerizaje del Apollo 13 en el océano Índico.

En cuanto a Jack Swigert, hubiese volado como comandante en el último Apollo, en la misión conjunta con un Soyuz ruso, pero se le excluyó del puesto por su participación en un polémico incidente de comercialización de sellos llevados a la Luna en el Apollo 15. Dejó la NASA en 1977 para dedicarse a la política. Derrotado en una primera elección al Senado, en 1982 fue elegido congresista por Colorado con un amplio apoyo popular. No llegó a ejercer el cargo, pues falleció, víctima de un cáncer, una semana antes de tomar posesión con cincuenta y un años de edad.

Para muchos, el episodio del Apollo 13 señaló la verdadera hora de gloria de la NASA y su equipo del Centro de Control de vuelos en Houston. Aquellos que, contra todo pronóstico, consiguieron remontar una situación desesperada en las más adversas circunstancias. Cuarenta años después, en un reportaje televisivo, *Gene* Kranz lo recordaba así sin poder evitar que la emoción todavía le arrancase unas lágrimas.

El Apollo 13 cayó a muy poca distancia del portaaviones de recuperación.

Apollo 14.
El retorno de un veterano

Mejoras

A raíz del accidentado viaje del Apollo 13 la NASA acometió una serie de mejoras en la nave lunar. No fueron modificaciones drásticas, como las que siguieron al trágico incendio del Apollo 1 en 1967; esta vez la causa del problema estaba muy localizada y bastó con implementar algunos pequeños cambios en zonas muy concretas. El esfuerzo supondría un retraso de nueve meses en el programa de vuelos lunares.

Como era de esperar, la mayor parte de mejoras afectaron a los depósitos de oxígeno líquido, los causantes del fallo en el Apollo 13. Cambiaron los termostatos y desapareció el teflón, cuya degradación provocó el cortocircuito origen de la explosión. Además, todo el cableado se protegió con vainas metálicas, se añadió un sensor de temperatura, los ventiladores fueron eliminados y se sustituyó el material utilizado en varios elementos internos.

Y —muy importante— los diseñadores aprovecharon uno de los compartimentos vacíos del módulo de servicio para instalar un depósito de oxígeno más. Como precaución adicional, este quedó situado en el lado opuesto a los dos principales y, sus circuitos, aislados. Cualquier escape en unos no implicaría una fuga en los otros.

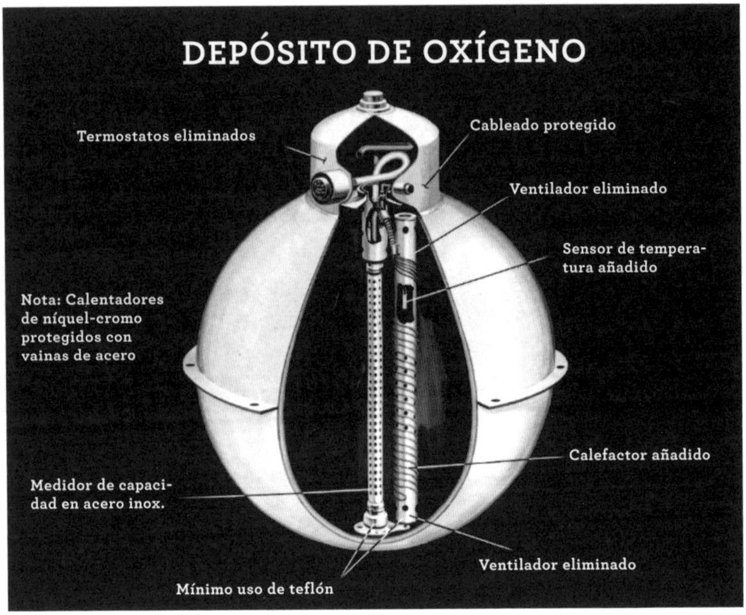

Las modificaciones introducidas en los depósitos de oxígeno líquido.

Hicieron sitio en el sector destinado a las pilas de combustible para una batería adicional, idéntica a las cuatro que alimentaban el módulo lunar. Sesenta kilos más que ofrecían un margen de seguridad extra. Nadie olvidaba que eran las baterías eléctricas del LM las que habían salvado al vuelo anterior.

Guiándose por los mismos recuerdos, en el módulo de mando se incluyeron cinco contenedores de plástico de cuatro litros de agua cada uno; de momento, vacíos, y equipados con válvulas, mangueras y boquillas que facilitasen su uso. Si ocurría una avería que amenazase con la congelación del depósito principal —como pasó en el Apollo 13— aún habría tiempo de llenarlas. La imagen de Swigert reciclando bolsas usadas para recoger las últimas gotas de las agonizantes pilas del *Odyssey* (y empapando sus botas en el proceso) todavía provocaba escalofríos en el equipo médico.

El veterano

La tripulación del Apollo 14 la componían Alan Shepard, Stuart Roosa y Edgar Mitchell. Era, de lejos, la que reunía menos experiencia. Roosa y Mitchell se estrenarían; Shepard, en cambio, arrastraba una aureola de héroe desde los tiempos del programa Mercury. Él fue el primer estadounidense en el espacio, tan solo un mes después de Yuri Gagarin en el ya lejano 1961.

Cierto que su viaje había resultado menos espectacular que el del ruso. Ni siquiera entró en órbita. Tan solo un breve salto sobre el Atlántico para comprobar el funcionamiento de aquella diminuta cápsula bautizada como *Freedom 7*. En cuanto al cohete que le impulsó, un Redstone inspirado en la V-2 alemana, parecía un juguete al lado del inmenso Saturn V. El motor de la torre de escape del Apollo por sí solo desarrollaba un empuje tres veces superior que todo el Redstone.

Tras aquel viaje, Shepard no volvió a volar. En 1963 se le diagnosticó síndrome de Menière, una afección del oído interno caracterizada por episodios de mareo, inestabilidad y náuseas. Eso le excluía del equipo de pilotos cualificados para misiones espaciales. Pese a que ya estaba asignado a una de las primeras Gemini.

Bien a su pesar, Shepard cambió la escafandra por la mesa de despacho. En noviembre de ese mismo año se hizo cargo de la jefatura de la oficina de astronautas, un puesto de nueva creación en el que supervisaría to-

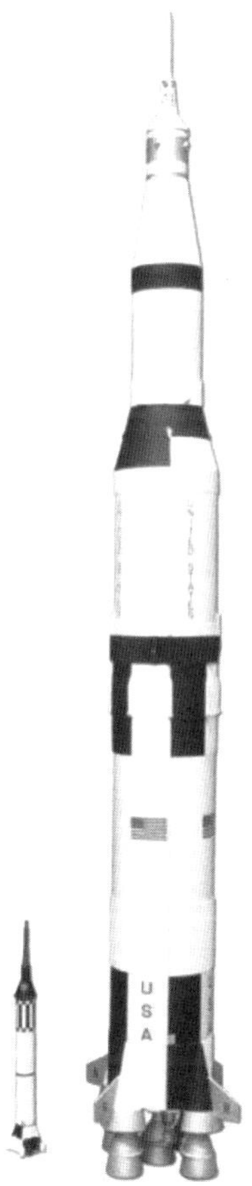

Solo ocho años separan estas dos imágenes: A la izquierda, el Redstone que impulsó la cápsula de Alan Shepard en su primer vuelo; a la derecha, el Saturn V que le llevó a la Luna.

das las actividades de sus compañeros. Salvo la selección de quién volaría en cada misión, que continuaba siendo responsabilidad de *Deke* Slayton.

Para alguien tan competitivo como Shepard, fueron cinco años de frustración e impotencia. Otros pilotos, llegados a la NASA mucho después de que él hubiese volado por el espacio, cumplían su sueño de orbitar o pisar la Luna. Su personalidad fue haciéndose cada vez más exigente e irritable, en especial tras el trágico incendio del Apollo 1.

En 1968, pese a seguir con medicación, Shepard había perdido casi por completo el oído izquierdo. Fue entonces cuando otro astronauta, Tom Stafford, le habló de un médico de Los Ángeles[7] inventor de una novedosa técnica quirúrgica que ofrecía ciertas posibilidades de cura. En resumen, se trataba de implantar un tubo de drenaje en el oído para rebajar la presión del fluido acumulado.

Sin advertir ni siquiera al equipo médico de la NASA, decidió someterse a esa intervención. Las probabilidades de éxito eran escasas, pero estimó que el riesgo valía la pena. Y así fue. Todavía convaleciente, se presentó en su trabajo con un nada discreto vendaje sobre su oreja izquierda y sin dar muchas explicaciones. La verdadera naturaleza de la operación solo la conocían unos pocos de sus colegas más próximos (Slayton entre ellos). Los síntomas y mareos fueron desapareciendo y al cabo de ocho meses Shepard estaba curado y también recuperó buena parte de su audición. Los médicos de la Agencia lo confirmaron, no sin antes hacerle pasar una batería de pruebas, incluyendo algunas tan extremas como las que tuviera que soportar diez años atrás en su época de astronauta del Mercury. En 1969 se le declaró «disponible para el vuelo».

Apenas reincorporado, Shepard esgrimió su currículo de primer astronauta estadounidense para solicitar una misión lunar. No tuvo que insistir mucho. Slayton siempre quiso que al menos uno de los siete hombres del Mercury llegase a la Luna. Él mismo había formado parte del grupo, pero un leve trastorno cardíaco le excluyó de las operaciones de vuelo.

7. De nombre William House. Nada que ver con el personaje de la serie televisiva.

La elección resultó fácil: de los otros seis del Mercury, Grissom había fallecido en el incendio del primer Apollo; tres más estaban retirados: Glenn, dedicado a la política; Carpenter, vetado por su irregular comportamiento durante su vuelo; y Schirra, tras su última misión como comandante del Apollo 7, acompañaba ahora a Walter Cronkite en sus legendarias retransmisiones televisadas de los vuelos a la Luna. Eso dejaba solo a dos candidatos: Cooper y el propio Shepard. Y Cooper estaba en la cuerda floja por la desgana demostrada en los entrenamientos.

Shepard fue designado para dirigir la tercera expedición, el Apollo 13. Eligió como compañeros a Stuart Roosa y Edgar Mitchell, ambos sin experiencia en vuelo. Entre los tres solo sumaban 16 minutos en el espacio, los acumulados por él mismo casi diez años atrás. Era la tripulación más novata de todo el programa. No faltó quien apuntase que Shepard quería resaltar así su veteranía y evitar que otros con más horas de vuelo pudiesen discutir su derecho a comandar la misión. El siempre negó esos rumores, asegurando que solo tuvo en cuenta consideraciones profesionales.

La dirección de la NASA aceptó la propuesta, pero estimó prudente concederles más tiempo para familiarizarse con la nave y, sobre todo, con los imprescindibles estudios de geología lunar, así que intercambiaron su turno con la siguiente tripulación: el Apollo 13 fue asignado al equipo de Jim Lovell, por lo que el Apollo 14 sería el de Shepard.

Regreso a Fra Mauro

El punto de aterrizaje escogido esta vez era el mismo que para el fallido Apollo 13: un valle al norte del antiguo cráter llamado Fra Mauro, menos de 200 km al este de donde se había posado el Apollo 12.

El desgastado cráter de Fra Mauro forma parte de una región muy amplia, en la que se esperaba encontrar fragmentos eyectados por el impacto que formó Mare Imbrium. Esta es una llanura casi circular que se asimila al «ojo» derecho de la «cara» de la Luna. Los astrónomos asumían que algunos de

UN CARTÓGRAFO MEDIEVAL

El personaje de Fra Mauro que da nombre a la región fue un monje medieval del monasterio de San Michelle de Murano, una de las islas de la laguna de Venecia. Antes de tomar los hábitos había recorrido varios países como comerciante y soldado. Quizá, fruto de esa experiencia, poseía gran habilidad en compilar información geográfica no solo a partir de sus propias vivencias, sino también consultando a marinos y exploradores que visitasen Venecia.

A mediados del siglo xv Alfonso V de Portugal encargó a Mauro la confección de un nuevo mapamundi. No solo incorporaría la cartografía tradicional de Ptolomeo sino también las mucho más actuales de geógrafos venecianos, árabes y hasta orientales. Para entonces, Portugal era una gran potencia marítima, embarcada en una expansión hacia Asia rodeando el continente africano. La aventura exigiría disponer siempre de los medios y documentos más modernos de la época.

El resultado sería una obra formidable (un pergamino de más de 2 metros) en el que por primera vez aparece una referencia correcta a China, Japón y Corea, una excelente representación del Mediterráneo y un esquema del continente africano muy exacta para la época.

Se hicieron dos ejemplares. El enviado a Portugal desapareció a finales del siglo xv; el otro, propiedad de la Signoria de Venecia, se conserva en la biblioteca Marciana de esa ciudad.

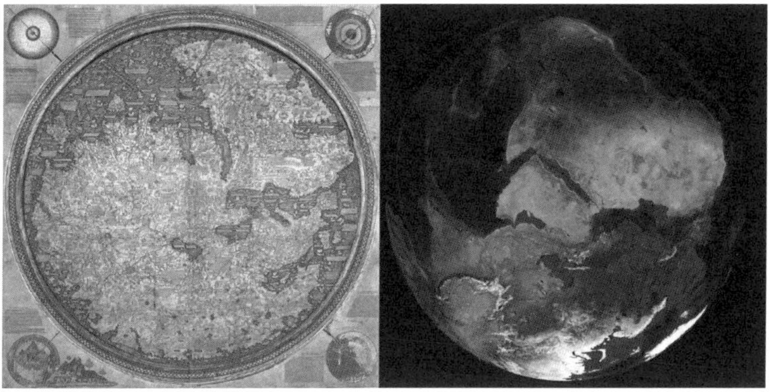

El mapamundi de Fra Mauro (con el sur arriba) y una ilustración de la Tierra en la misma orientación.

esos depósitos provenían de gran profundidad, quizá decenas de kilómetros, superponiéndose a otros más antiguos. Su datación permitiría establecer la época en la que sucedió aquel catastrófico evento.

La documentación sobre el punto de aterrizaje era escasa. La sonda Lunar Orbiter 3, lanzada en 1967, solo proporcionó cuatro fotografías de la zona. El resto las habían obtenido los astronautas del Apollo 12 en preparación de la misión siguiente. En cuanto a los del Apollo 13, otras ocupaciones más urgentes no les dejaron tiempo para dedicarse a documentar un lugar en el cual al fin y al cabo no iban a posarse, aparte de que su trayectoria sobrevoló Fra Mauro en un ángulo no apropiado.

Los mapas de relieve mostraban que el Apollo 14 aterrizaría en un terreno ondulado, lleno de pequeños cráteres. Uno de ellos, bautizado con el poco imaginativo nombre de cráter Cono por su forma tan regular, se alzaba 100 metros sobre la llanura. De origen reciente y con solo medio kilómetro de diámetro, es un círculo casi perfecto con bordes muy delineados. Quizás el meteorito que lo creó hubiese actuado como una especie de taladradora natural, que habría atravesado la capa de polvo y para exponer en su fondo las rocas más antiguas. O, al menos, las habría

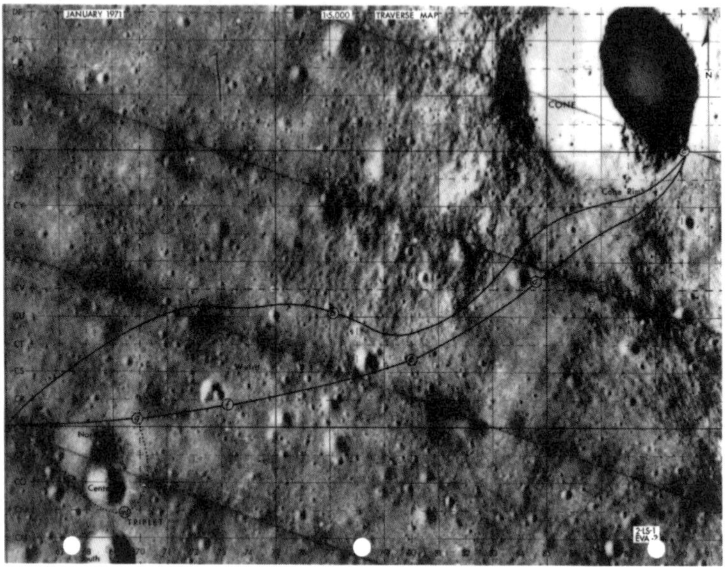

Fotografía de la zona de Fra Mauro (Lunar Orbiter 3) con el camino a seguir por los astronautas del Apollo 14.

esparcido a su alrededor dejándolas al alcance de los astronautas.

Cierto que Fra Mauro no iba a ser un paisaje tan plano y fácil de recorrer como los que habían encontrado los dos vuelos anteriores. Shepard y Mitchell tendrían que negociar algunas pendientes, en especial durante su ascensión al cráter Cono, pero en principio nadie preveía dificultades serias. La realidad les demostraría cuán traicionero podría ser el terreno lunar.

Despegue

El Saturn V portador del Apollo 14 despegó el último día de enero de 1971 sin más contratiempos que un cierto retraso debido a la espesa cobertura de nubes. La lección de los dos rayos que alcanzaron al Apollo 12 no se había olvidado.

Dado lo excepcional de estos lanzamientos, la NASA siempre solía invitar a algunas personalidades. Dos vice-

El Apollo 14 despega bajo un cielo encapotado. En primer término, los restos de vegetación muerta.

presidentes (el anterior, Lyndon B. Johnson y el de la nueva administración, Spiro Agnew), aparte de otros nombres famosos como el mítico Charles Lindbergh, habían contemplado el despegue del Apollo 11. En el 12, Nixon insistió en presenciarlo en directo. En el 13, fue el canciller alemán Willy Brandt. Ahora, el 14, tendría por testigos a los príncipes de España Juan Carlos y Sofía, recién proclamados como continuadores de la monarquía a la desaparición de Franco. Fue la primera vez que los españoles pudieron ver por televisión al futuro rey, conversando sin intérprete con los técnicos encargados del lanzamiento, pues ambos dominaban el inglés, una habilidad poco frecuente en la España de la época.

El vuelo empezó con absoluta normalidad, casi rutinaria. A los 3 segundos, Shepard murmuró una frase anodina pero para él muy emotiva: «Despegue. El reloj está en

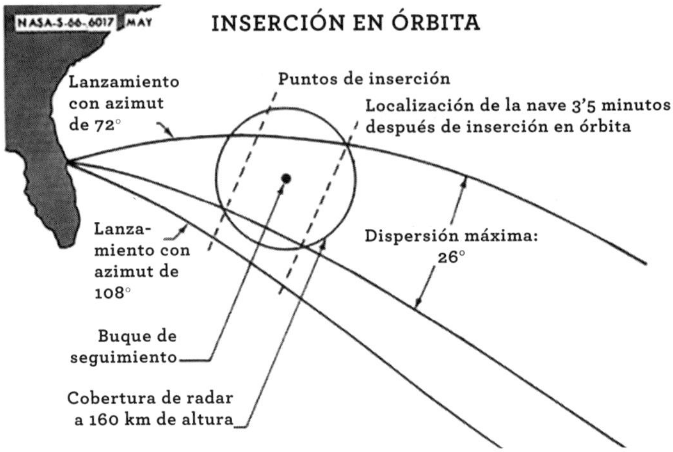

Posible rango de trayectorias para la entrada en órbita según la fecha y hora de lanzamiento.

marcha». Las mismas primeras palabras que dijera diez años antes a bordo de su cápsula Mercury.

A los 11 segundos, el Saturn V había superado la altura de la torre de servicio. La responsabilidad de controlar el viaje pasaba del Centro Kennedy a Houston. Entretanto, a medida que se elevaba el vehículo, asumía con suavidad la trayectoria prevista, casi directo hacia el este. La plataforma de lanzamiento estaba orientada al norte, pero las unidades inerciales (una en el cohete, otra en la cápsula) tenían programado un azimut de 75° sobre el Atlántico.

Durante los primeros 30 segundos de vuelo, los espectadores pudieron ver que el Saturn V iba girando lentamente alrededor de su eje longitudinal. Era una maniobra rutinaria, destinada a hacer coincidir el rumbo real con el que había programado en el sistema inercial. Ese sencillo ajuste simplificaba mucho las ecuaciones que debía resolver el ordenador de guiado: reducía el problema de mantener la orientación en tres dimensiones a solo dos. Una vez fijados los ejes de balanceo y guiñada, el vehículo solo debería ocuparse de ir acomodando el cabeceo hasta asumir la trayectoria casi horizontal que lo llevaría a órbita.

Problema de amarre

El vuelo propulsado se desarrolló sin incidentes hasta el empujón final de la tercera etapa que lo enviaría hacia un impacto en la Luna. Los paneles que protegían al módulo lunar salieron despedidos y los astronautas prepararon la maniobra de transposición y atraque. La nave principal se apartaría unos metros, daría media vuelta sobre sí mismo y regresaría a ensamblarse con el LM. En este viaje se había escogido el nombre de *Kitty Hawk* para el módulo de mando, y *Antares* para el de alunizaje; el primero, en recuerdo a la localidad de Carolina del Norte donde los hermanos Wright realizaron sus primeros vuelos, y el segundo simplemente sonaba bien, pues *Antares* era la

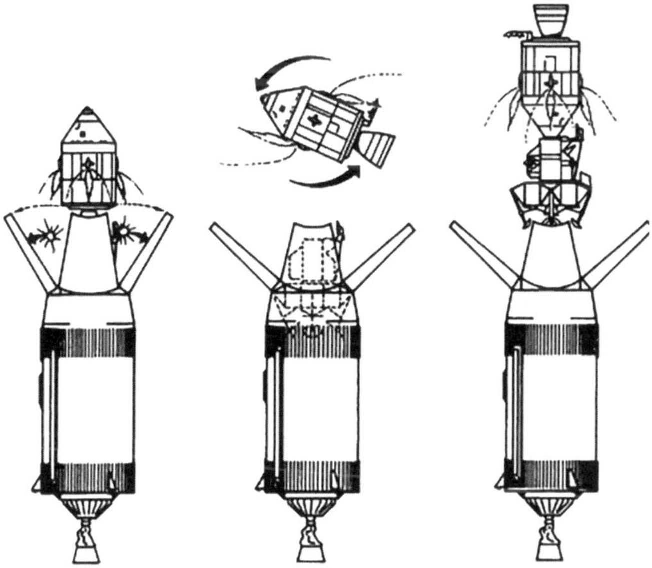

Maniobra de transposición, atraque y extracción del módulo lunar.
En contra de lo que indica este esquema, los cuatro paneles de protección se descartaban una vez abiertos.

estrella más brillante en la constelación de Scorpius y una de las que utilizarían al calibrar su equipo de navegación.

La responsabilidad de la maniobra de atraque era del piloto del módulo de mando. Todos ellos se enorgullecían no solo de conseguirla a la primera, sino de emplear la mínima cantidad de combustible. Stuart Roosa no era una excepción. Tras alinear su nave con la última etapa del cohete, en cuyo extremo asomaba el módulo lunar, accionó con suavidad los propulsores. La sonda del mecanismo de captura hizo contacto en el mismo centro del receptáculo situado en la escotilla del techo de *Antares*.

Y rebotó.

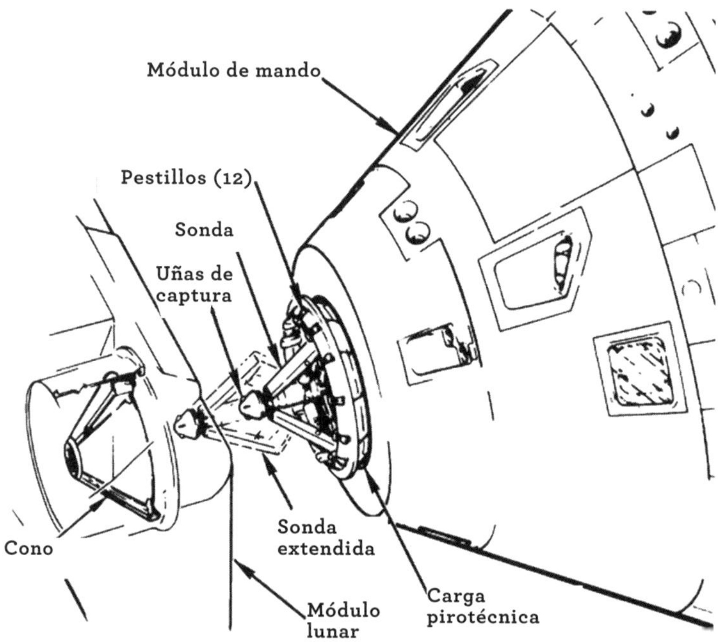

El mecanismo de amarre situado a proa del módulo de mando.

El sistema de atraque del Apollo estaba inspirado en las boquillas para reabastecimiento de aviones en vuelo. Constaba de dos piezas: una sonda activa, retráctil en el morro del módulo de mando, y un receptáculo en forma de cono o embudo en el techo del vehículo lunar.

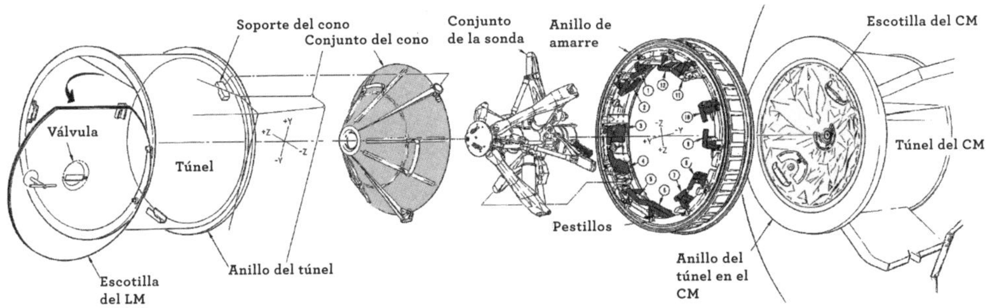

Despiece del mecanismo de amarre en ambos módulos.

El proceso de amarre tenía lugar en dos fases. Primero la sonda, extendida, hacía contacto con el embudo cuya pared inclinada la guiaba hasta el pequeño agujero de su centro. Ahí se abrían tres uñas que establecían un precario —y débil— ensamblaje.

A continuación, la sonda se retraía, aproximando ambos vehículos hasta que los anillos de amarre ajustaban uno contra otro. En ese momento se cerraba una docena de pestillos situados alrededor del anillo del módulo de mando, que asían con firmeza a la otra nave. La conexión quedaba rígida y todo el mecanismo —sonda y embudo— podía retirarse para dejar libre el paso a través del estrecho túnel.

En el Apollo 14 las uñas de captura inicial no conseguían enganchar. Roosa lo intentó cuatro veces más, siempre sin éxito. Era como si aquellas piezas, cargadas con un muelle, estuviesen bloqueadas y no se plegaran para entrar en el agujero central. Shepard informó que tras las repetidas tentativas el cono de amarre mostraba tres arañazos muy simétricos, resultado de los impactos del mecanismo.

Astronautas y controladores empezaban a estar preocupados. Si el amarre fallaba no era posible extraer el módulo lunar de su emplazamiento. Sin *Antares* no habría alunizaje, y *Kitty Hawk* se limitaría a un vuelo de exploración alrededor de nuestro satélite. Un fallo así tras la traumática experiencia del Apollo 13 podría suponer un

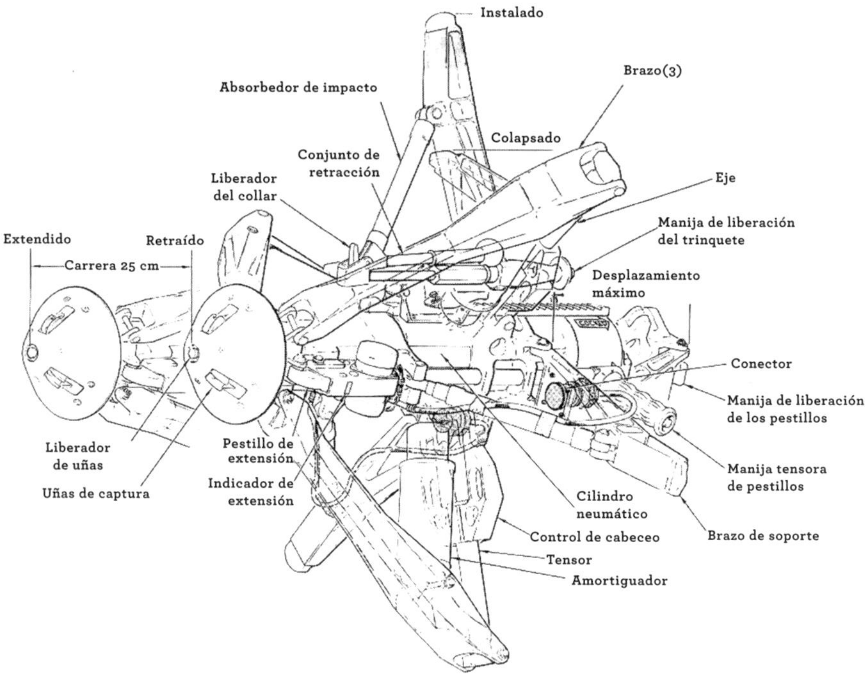

Detalle del sistema de captura en sus dos posiciones, extendido y retraído.

golpe mortal para todo el programa, que ya había sufrido la reciente anulación del Apollo 20.

En Houston, alguien hizo traer un modelo del mecanismo de amarre idéntico al que iba en la nave. Un grupo de ingenieros lo comprobó una y otra vez sin conseguir reproducir el problema. Era un diseño que siempre había funcionado bien. Tal vez una pequeña impureza o quizás un trozo de hielo impedía el movimiento de las tres uñas de captura.

Entretanto, un impaciente Shepard propuso una solución extrema: despresurizar la cápsula y que uno de los tripulantes saliera al exterior, desmontase el mecanismo de atraque y lo trajera adentro para ver directamente cuál era el problema. U otra alternativa, aún más drástica: salir, asir las dos naves con las manos y acercarlas a pura fuerza bruta hasta que topasen entre sí. Al contacto, los doce

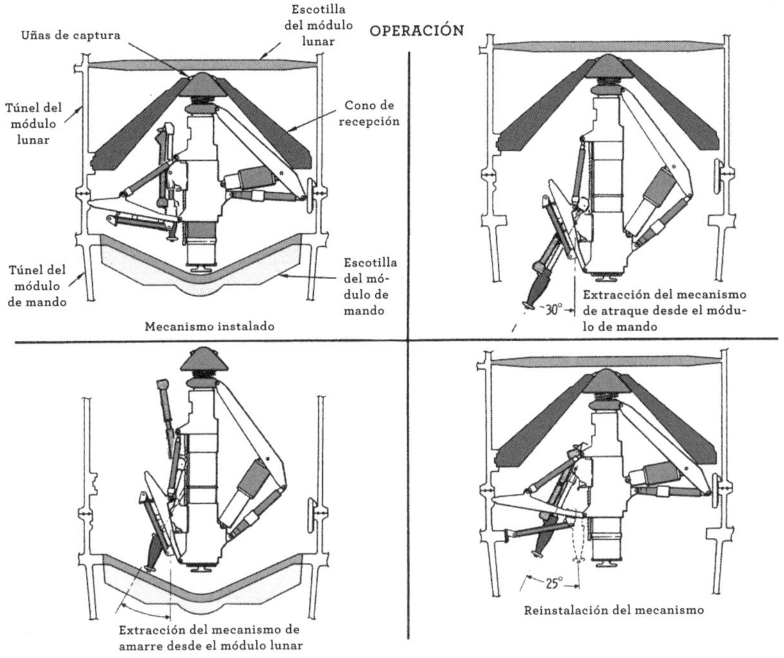

Diferentes operaciones del sistema de captura.

pestillos de amarre firme deberían dispararse automáticamente y asegurar la unión.

En Houston tenían otra idea: asumiendo que, en definitiva, las tres uñas no iban a poder atrapar la escotilla de *Antares*, podían utilizar la sonda solo como guía para centrar bien ambos vehículos. En cuanto hiciese contacto, retraerla para evitar que obstaculizase la operación y al mismo tiempo empujar con los motores de maniobra hasta que coincidiesen los anillos de amarre. Si el alineamiento era perfecto, quizás alguno de los doce pestillos llegaría a agarrar. Con tres se garantizaba un ensamblaje firme. Si los demás no encajaban a la primera podrían cerrarse a mano uno a uno.

Llevaban casi dos horas peleando con el rebelde mecanismo. Roosa separó una vez más los dos módulos a unos pocos metros de distancia. Apuntó con cuidado y disparó los impulsores de traslación. La sonda de amarre golpeó

«BARBACOA»

Para evitar que el calor del Sol afectase a los equipos de a bordo, todos los Apollo utilizaban la técnica PTC (Control Termal Pasivo), también denominado «modo barbacoa», porque consistía en eso: hacer girar la nave alrededor de su eje longitudinal, de modo que todos sus lados recibiesen luz y calor por igual. En circunstancias normales el movimiento era muy lento, del orden de una vuelta completa cada media hora.

Las naves Apollo no viajaban «de frente», sino «de lado» con respecto a su trayectoria. El morro del módulo de mando dirigido hacia el norte, o sea, hacia la estrella Polar (durante el viaje de regreso, hacia el sur). Solo abandonaban esa posición si necesitaban efectuar alguna corrección de rumbo o para localizar estrellas con el sextante. Este instrumento estaba fijo sobre la pared del módulo de mando y orientarlo exigía voltear toda la nave.

Las leyes de la mecánica establecen que un cuerpo en rotación libre tiende a asumir un giro según su eje de máximo momento de inercia. En el caso del Apollo este era el eje transversal, no el longitudinal (la diferencia entre los respectivos momentos de inercia era de 10 a 1). El «modo barbacoa» implicaba que la nave girase alrededor de su eje más largo (de proa a popa), al que correspondía al menor momento de inercia. Por eso la nave iba apartándose poco de su posición ideal y exigía que los astronautas la corrigiesen de vez en cuando. Pura rutina.

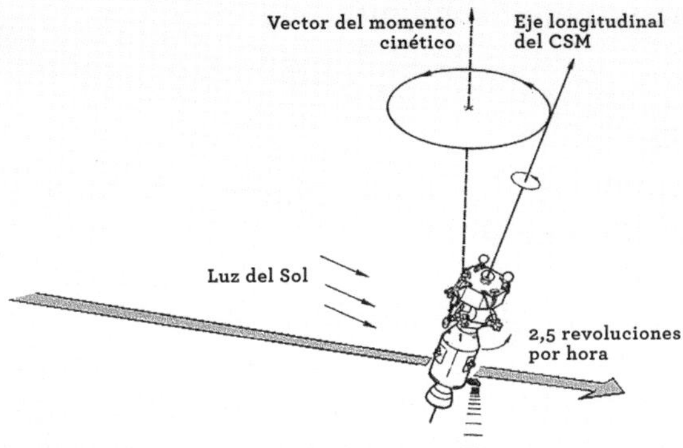

Orientación de la nave Apollo durante la trayectoria translunar.

en el lateral del cono, apenas descentrada. En la cabina resonó un chirrido de metal contra metal y la punta resbaló hasta el orificio central del embudo. Sin esperar a un posible rebote, Shepard pulsó el botón que inyectaba nitrógeno a presión en el pistón de retracción de la sonda, hubiese enganchado o no. Durante 4 angustiosos segundos Roosa mantuvo los motores en marcha empujando contra *Antares*, ya sin preocuparse por economizar combustible. Con un breve traqueteo las dos naves hicieron contacto mientras los anillos de neopreno en el borde de la escotilla se aplastaban para garantizar la estanqueidad de la unión. Al momento, el ruido seco de los pestillos principales, parecido al rápido tableteo de una ametralladora, anunció que se había conseguido un ensamblaje firme.

Más adelante se sabría que toda esa sincronización había resultado inútil. Quizá por efecto de las anteriores intentonas, las tres uñas de captura se liberaron por sí solas y atraparon al módulo lunar de forma convencional.

Al retraerse, el pistón acercó las dos naves como estaba previsto y el ensamblaje final también se hizo conforme al programa. Es probable que aun sin la embestida contra *Antares* el amarre hubiese ocurrido igual.

En última instancia, el Apollo 14 había superado su primera crisis, pero habría más.

Órbita lunar

El resto del viaje resultó hasta cierto punto anodino. Los astronautas dedicaron su tiempo a preparar el módulo de alunizaje y mantener ordenado el de mando. También realizaron alguna prueba tecnológica (fotografiar una descarga de agua al exterior) que ayudaría a diseñar los sistemas del futuro laboratorio Skylab. Y en un par de ocasiones hicieron pequeñas correcciones de rumbo.

Entre las tareas de rutina estaban los ocasionales ajustes de la unidad inercial, visando la posición de ciertas estrellas con respecto a la Tierra o la Luna; o el mantener la nave girando sobre su eje longitudinal para que el Sol la recalentase por igual. Y en los ratos libres, escuchar música o la lectura de la prensa que cada día les hacía el CAPCOM de turno.

La trayectoria translunar duró casi ochenta horas justas. El Apollo 14 desapareció tras el disco lunar, ejecutó la preceptiva maniobra de frenado al sobrevolar la cara oculta y entró en órbita. Luego, unas cuantas comprobaciones adicionales y los astronautas empezaron a preparar el descenso.

Esta vez, la maniobra se haría de una forma novedosa. Los Apollo 11 y 12 habían entrado en una órbita circular alrededor de la Luna y ejecutado ahí la separación del módulo lunar. A partir de ese momento, todas las maniobras corrían a cargo de los propulsores del LM. Un primer frenado utilizando su propio motor de descenso y asumir una trayectoria que le llevaría a menos de 15 km sobre el suelo desde donde iniciar el alunizaje propiamente dicho. Ese procedimiento consumía un combustible precioso que luego hubiese resultado muy útil para revolotear unos segundos más en busca de un lugar donde posarse.

Con el Apollo 14 se seguiría un plan distinto. Ya se había previsto para el vuelo anterior pero no hubo ocasión de intentarlo. El frenado para romper órbita se ejecutaría con los dos módulos unidos, utilizando el motor del módulo de servicio, más potente y con combustible de sobra; de esta forma sería la nave completa la que entraría en trayectoria de descenso. Una vez en ella, *Antares* se separaría dejando a *Kitty Hawk* que remontase el vuelo y volver a su nivel original.

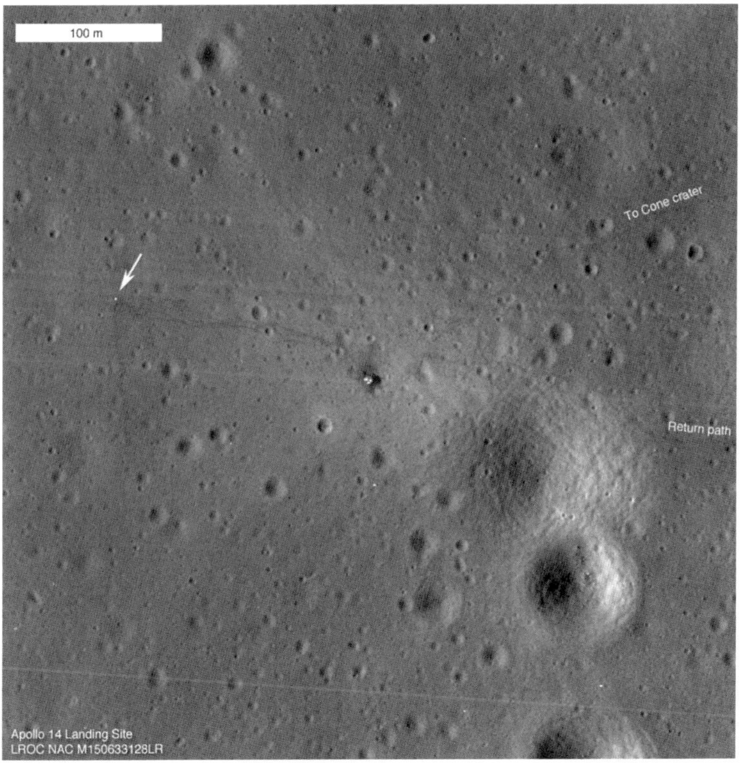

La zona de aterrizaje del Apollo 14, en una fotografía muy posterior, obtenida por la sonda LRO. Justo en el centro puede verse la sección abandonada del módulo lunar. Se ven también las huellas dejadas en la primera salida extravehicular (flecha) y en las rutas de ida y regreso hacia el cráter Cono.

Con su motor de frenado todavía sin estrenar, el módulo lunar conservaría todo su combustible. Shepard y Mitchell no alunizarían en la primera órbita sino que esperarían a completar una revolución más y aprovecharían el paso por el pericintio (su mínima altura) para observar de cerca el lugar donde irían a posarse. Roosa, en solitario a bordo del módulo de mando, también haría un seguimiento de la misma zona a través del sextante, y al mismo tiempo las estaciones de rastreo refinarían los parámetros de la trayectoria. No en vano este iba a ser otro alunizaje de precisión que no admitía errores en el punto de descenso.

Al menos, ese era el plan. Apenas desconectados de *Kitty Hawk,* Houston observó en la telemetría que el pulsador «ABORT» parecía activarse. Una vez. Dos. Era el «botón del pánico», la señal que ordenaba la separación de la cabina y encendido del motor de ascenso forzando el retorno inmediato a la nave principal. El alunizaje ya estaba en marcha y quedaba muy poco para empezar la maniobra final.

En Houston era de madrugada, pero el centro de control y las salas de soporte anexas se convirtieron en un hervidero de técnicos en busca de una solución. Primero, lo obvio: «¿Hay alguien tocando ese botón? Quita el dedo». Desde luego, ninguno de los dos astronautas jugueteaba con él. Una cubierta transparente protegía los dos pulsadores de cancelación. El de «ABORT», redondo, iniciaba una operación de ascenso inmediato mediante el mismo motor de frenado; «ABORT STAGE», de forma cuadrada, provocaba la separación de la cabina y el encendido del motor de elevación, abandonando en pleno vuelo la sección de aterrizaje.

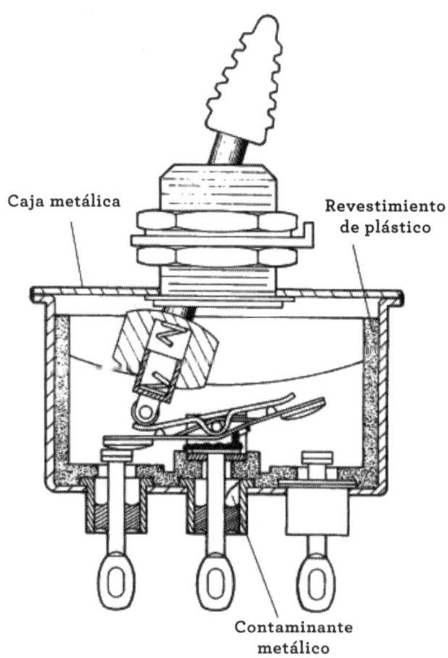

Situación de contaminante responsable del falso contacto.

LÍNEAS DE PROGRAMA

Comparado con el software comercial que estamos acostumbrados a utilizar, el del computador del Apollo no era muy impresionante: unas 50.000 líneas de código (todo él, en Ensamblador; aún no existían compiladores).

Como referencia, el popular navegador Chrome tiene unos cuatro millones de líneas (escritas en una variedad de lenguajes de alto nivel). Microsoft Office, alrededor de treinta millones y la última versión de Windows pasa de los cincuenta.

El fallo era intermitente. Cuando los astronautas golpeaban el panel con el dedo, la señal desaparecía. Y reaparecía a los pocos minutos. O bien el mecanismo interno del pulsador estaba defectuoso o alguna impureza flotante provocaba un cortocircuito ocasional.

Por fortuna, los controladores advirtieron a tiempo el falso contacto gracias a la información que reflejaban sus pantallas. Y también los controladores, en cuyas consolas se reflejaba la correspondiente señal. De haberse desencadenado la secuencia de aborto, la misión hubiese terminado antes de empezar.

Houston disponía de una línea telefónica directa con el Draper Lab del MIT[8], donde se encontraban los autores del software a bordo. Era entrada la madrugada, pero la actividad allí no se detenía por eso. Casi todos los ingenieros estaban en sus despachos, curiosos por seguir el desarrollo del alunizaje previsto para pocas horas más tarde.

8. Antes, Instrumentation Laboratory. Acababa de cambiar de nombre, adoptando el de su fundador, Charles Draper

Uno de ellos era Don Eyles. Su apariencia era la típica de una época *hippy*: veintisiete años, melena por encima de las orejas, poblado bigote, gafas a lo John Lennon y pantalones de pata de elefante. Se había incorporado al equipo hacía cinco años, con una licenciatura en Matemáticas pero sin haber escrito una línea de código en su vida. Por entonces ninguna universidad ofrecía cursos de algo tan abstruso como la programación de ordenadores. Los interesados tenían que aprenderlo por sí mismos, a base de prueba y error. Ahora, convertido ya en un veterano, buena parte del software de alunizaje, incluidas las rutinas de aborto, era obra suya.

Cuando sonó el teléfono que conectaba con Houston, el encargo recayó en Eyles: tenía que desarrollar un parche de software capaz de engañar a su propio programa, haciéndole ignorar cualquier orden de aborto errónea. Su código (escrito cuatro años atrás), estaba en aquel momento girando alrededor de la Luna, con dos ansiosos astronautas a la espera de una solución. O de la anulación del vuelo.

Eyles improvisó una compacta solución para que los astronautas la pudieran cargar con facilidad en su ordenador. El problema era complicado, ya que las instrucciones almacenadas en la memoria de núcleos de ferrita eran fijas e inamovibles. Únicamente podía jugar a modificar el contenido de unas pocas posiciones de memoria en las que se almacenaban las señales de control con las que la máquina manejaba los sistemas de a bordo. Todo ello sin comprometer el funcionamiento de los programas de alunizaje.

Tardó menos de las dos horas concedidas, el tiempo que le llevaba a *Antares* dar una vuelta más a la Luna. En cuanto estuvo terminada la modificación, unos ingenieros la introdujeron en el simulador del laboratorio y lanzaron la prueba. Entretanto otro, acuciado por las prisas y convencido de que el problema estaba resuelto, envió las instrucciones a Houston.

La primera simulación acabó mal. En el computador del MIT, el imaginario módulo lunar se estrelló contra el suelo a más de 500 km/h. La treta de Eyles tenía una consecuencia indeseada: de rebote, anulaba el encendido del

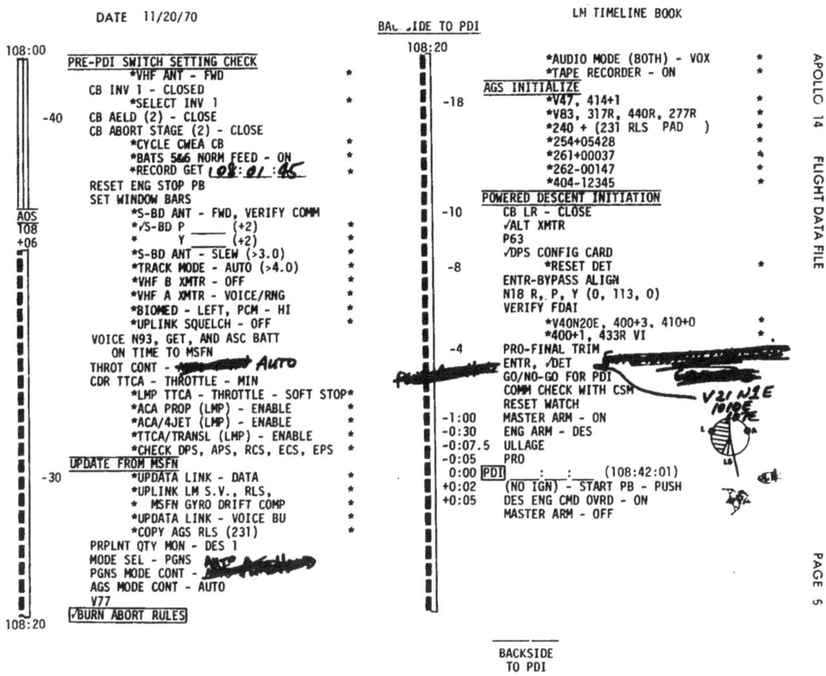

DATE 11/20/70

LM TIMELINE BOOK

108:00
PRE-PDI SWITCH SETTING CHECK
*VHF ANT - FWD *
CB INV 1 - CLOSED
*SELECT INV 1 *
-40 CB AELD (2) - CLOSE
CB ABORT STAGE (2) - CLOSE
*CYCLE CWEA CB *
*BATS 5&6 NORM FEED - ON *
*RECORD GET 108:01:45 *
RESET ENG STOP PB
SET WINDOW BARS
AOS 108 +06
*S-BD ANT - FWD, VERIFY COMM
*√S-BD P _____ (+2) *
* Y _____ (+2) *
*S-BD ANT - SLEW (>3.0) *
*TRACK MODE - AUTO (>4.0) *
*VHF B XMTR - OFF *
*VHF A XMTR - VOICE/RNG *
*BIOMED - LEFT, PCM - HI *
*UPLINK SQUELCH - OFF *
VOICE N93, GET, AND ASC BATT
ON TIME TO MSFN
THROT CONT - [redacted] AUTO
CDR TTCA - THROTTLE - MIN
LMP TTCA - THROTTLE - SOFT STOP
*ACA PROP (LMP) - ENABLE *
*ACA/4JET (LMP) - ENABLE *
*TTCA/TRANSL (LMP) - ENABLE *
*CHECK DPS, APS, RCS, ECS, EPS *
UPDATE FROM MSFN
-30 *UPDATA LINK - DATA *
*UPLINK LM S.V., RLS, *
* MSFN GYRO DRIFT COMP *
*UPDATA LINK - VOICE BU *
*COPY AGS RLS (231) *
PRPLNT QTY MON - DES 1
MODE SEL - PGNS [redacted]
PGNS MODE CONT -
AGS MODE CONT - AUTO
V77
√BURN ABORT RULES
108:20

BACKSIDE TO PDI
108:20
*AUDIO MODE (BOTH) - VOX *
*TAPE RECORDER - ON *
AGS INITIALIZE
-18 *V47, 414+1 *
*V83, 317R, 440R, 277R *
*240 + (231 RLS PAD) *
*254+05428 *
*261+00037 *
*262-00147 *
*404-12345 *
POWERED DESCENT INITIATION
-10 CB LR - CLOSE
√ALT XMTR
P63
√DPS CONFIG CARD
-8 *RESET DET *
ENTR-BYPASS ALIGN
N18 R, P, Y (0, 113, 0)
VERIFY FDAI
*V40N20E, 400+3, 410+0 *
*400+1, 433R VI *
-4 PRO-FINAL TRIM [redacted]
[redacted] ENTR, √DET
GO/NO-GO FOR PDI [redacted]
COMM CHECK WITH CSM
RESET WATCH
-1:00 MASTER ARM - ON
-0:30 ENG ARM - DES
-0:07.5 ULLAGE
-0:05 PRO
0:00 PDI ___:___:___ (108:42:01)
+0:02 (NO IGN) - START PB - PUSH
+0:05 DES ENG CMD OVRD - ON
MASTER ARM - OFF

V21 N1E
1010E
107E

BACKSIDE TO PDI

APOLLO 14 FLIGHT DATA FILE PAGE 5

Una página del plan de vuelo con las anotaciones de Mitchell a mano: «V21 N1 E1010 E107».

motor a máxima potencia. En Houston, donde también probaron la solución, tuvieron el mismo resultado.

Una vez detectado el problema, resolverlo fue rápido... para quien conociese los entresijos del software. Bastaba con hacerle creer que el programa de anulación ya estaba en marcha; eso impediría que intentara arrancarlo otra vez. Luego, los astronautas deberían activar a mano el impulso de frenado en el momento oportuno. Y por último, no olvidarse de deshacer la trampa e informar a la máquina de que todo había sido un engaño y que, en realidad, la rutina de aterrizaje ya estaba ejecutándose. Como debía ser.

El parche era un verdadero encaje de bolillos informático. Solo cuatro líneas con un total de 61 caracteres. Una vez comprobado su buen funcionamiento se dictó a Houston por teléfono diez minutos antes de la hora prevista para encender el motor. De ahí, el CAPCOM lo repitió,

ENGAÑANDO A LA MÁQUINA

Cualquier informático apreciará la elegancia de la solución desarrollada por Don Eyles. Las instrucciones del programa no podían cambiarse puesto que estaba cableado físicamente en la memoria fija del ordenador. Así, la única solución pasaba por modificar los datos, almacenados en posiciones de memoria que sí podían reescribirse.

De esta manera, las nuevas líneas de instrucciones no formaban parte del programa en sí. Debían ser tecleadas por los astronautas en determinados momentos de la maniobra para alterar algunos datos («flags», en terminología informática) mientras el ordenador ejecutaba otras tareas.

En circunstancias normales, el inicio del descenso hacia la Luna lo controlaba un programa designado P63. En caso de pulsar el botón ABORT (o de que la máquina «creyese» que se había pulsado), el P63 se interrumpiría y la ejecución pasaría a otro, el P71, que desencadenaría el retorno de emergencia. Se trataba de impedirlo.

```
V 21 N 1 E 1010 E 107 E
V 25 N 7 E 101 E 200 E 1 E
V 25 N 7 E 105 E 400 E 0 E
V 21 N 1 E 1010 E 77 E
```

Las cuatro instrucciones de ordenador que salvaron al Apollo 14.

La modificación consistía en cuatro líneas de código. La «V» era la abreviatura de «VERB», una tecla que indicaba al ordenador la instrucción a ejecutar propiamente dicha. «N», de «NOUN» indicaba —entre otras cosas— cuántos parámetros iba a manejar esta instrucción. «E» era «ENTER», la tecla de confirmación. Los tres o cuatro dígitos siguientes (1010, 101, 105) señalaban la posición de memoria en la que se iba a escribir el dato (seguida, a veces, de un número binario –«máscara»: 200, 400– para seleccionar un único bit). Por fin, la última cifra (107, 1, 0, 77) era el valor a grabar.

La primera línea de código que debía teclear Mitchell era el núcleo del «engaño»: la posición de memoria 1010 contenía el número del programa que se estaba ejecutando. Hasta ese momento, el 63, o sea, el frenado para alunizaje. Esta instrucción ordenaba cambiar el valor por un «107» (que, en base octal, corresponde al 71 decimal). Así el ordenador supondría que era el programa P71 (cancelación del alunizaje) el que ya estaba en marcha. Y, en consecuencia, ignoraría cualquier otra señal de ABORT que le pudiera llegar. ¿Para qué, si, según él, el programa de anulación ya estaba en marcha?

La segunda línea debía teclearse 26 segundos después de encender el motor. Con el ordenador convencido de que estaba en modo de ABORT hubiese sido él quien tratase de dirigir la nave en modo automático, sin intervención del piloto. Esta línea depositaba un «1» en la posición de memoria «105», la señal que permitiría el guiado manual.

La tercera línea ponía a cero un único bit de la memoria. Era una especie de seguro. Ninguna orden de cancelación se procesaría a menos que ese bit fuese un 1. Ni siquiera aunque la bolita de soldadura estableciese un falso contacto dentro del pulsador.

Por último, con el motor en marcha y el descenso en progreso, la cuarta línea desharía el engaño. En modo de ABORT muchos sistemas vitales como el radar de descenso no funcionarían. Para recuperar el control había que informar a la máquina que en realidad estaba ejecutando el programa correcto, el P63 («77» en octal, como indica la línea de código). A partir de ahí, los astronautas podrían reducir a mano el impulso del motor que hasta entonces había estado al máximo y recuperarían todas las ayudas de aterrizaje.

letra por letra y cifra por cifra, a Mitchell, con instrucciones para teclearlo en el ordenador cuando llegase el momento. A falta de algo tan básico como una simple hoja en blanco donde apuntar los códigos, los garabateó en las páginas del plan de vuelo tachando unos procedimientos y añadiendo otros. Eso salvaría la situación *in extremis* y *Antares* podría empezar el descenso hacia Fra Mauro.

Radar

Ahora, por fin, todo parecía ir bien. En su órbita anterior, Shepard y Mitchell habían identificado visualmente su lugar de aterrizaje. Y también el inconfundible impacto del cráter Cono. Con el motor de frenado ya en marcha y tragando combustible por kilos, la superficie se veía cada vez más cerca.

Hasta llegar al nivel de 10.000 metros sobre el suelo, el radar de aterrizaje —los «ojos» del módulo lunar— permanecería inactivo. Este era un procedimiento normal. Debía encenderse a los 9.000 metros.

Los 9.000 metros se alcanzaron a los 6 minutos de frenada y el radar seguía mudo. En realidad, estaba en marcha pero en su modo de corta distancia, solo efectivo a partir de los 2.000 metros. Claro que eso los astronautas no lo sabían. Para ellos, el equipo no funcionaba.

A los 6.000 metros el nerviosismo era general. Si a los 3.000 metros el equipo seguía muerto, las normas de seguridad exigían abortar la maniobra y remontarse al encuentro con la nave principal. Un alunizaje sin apoyo del radar era impensable.

Veinte segundos más. Mitchell sigue esperando que la pantallita numérica del ordenador muestre de una vez la altura. Houston sugiere una última medida: «Nos gustaría que reciclaseis el interruptor del radar».

En terminología de la NASA, «reciclar» significa «apaga y enciende». Una operación que todos hemos hecho alguna vez en nuestros ordenadores personales y que suele solventar la mayoría de problemas. A bordo de *Antares* esa fue también la solución. Cinco kilómetros por encima de la Luna, el radar volvió a la vida. Siete minutos y medio más de frenado. Y otros dos hasta que la nave se endereza-

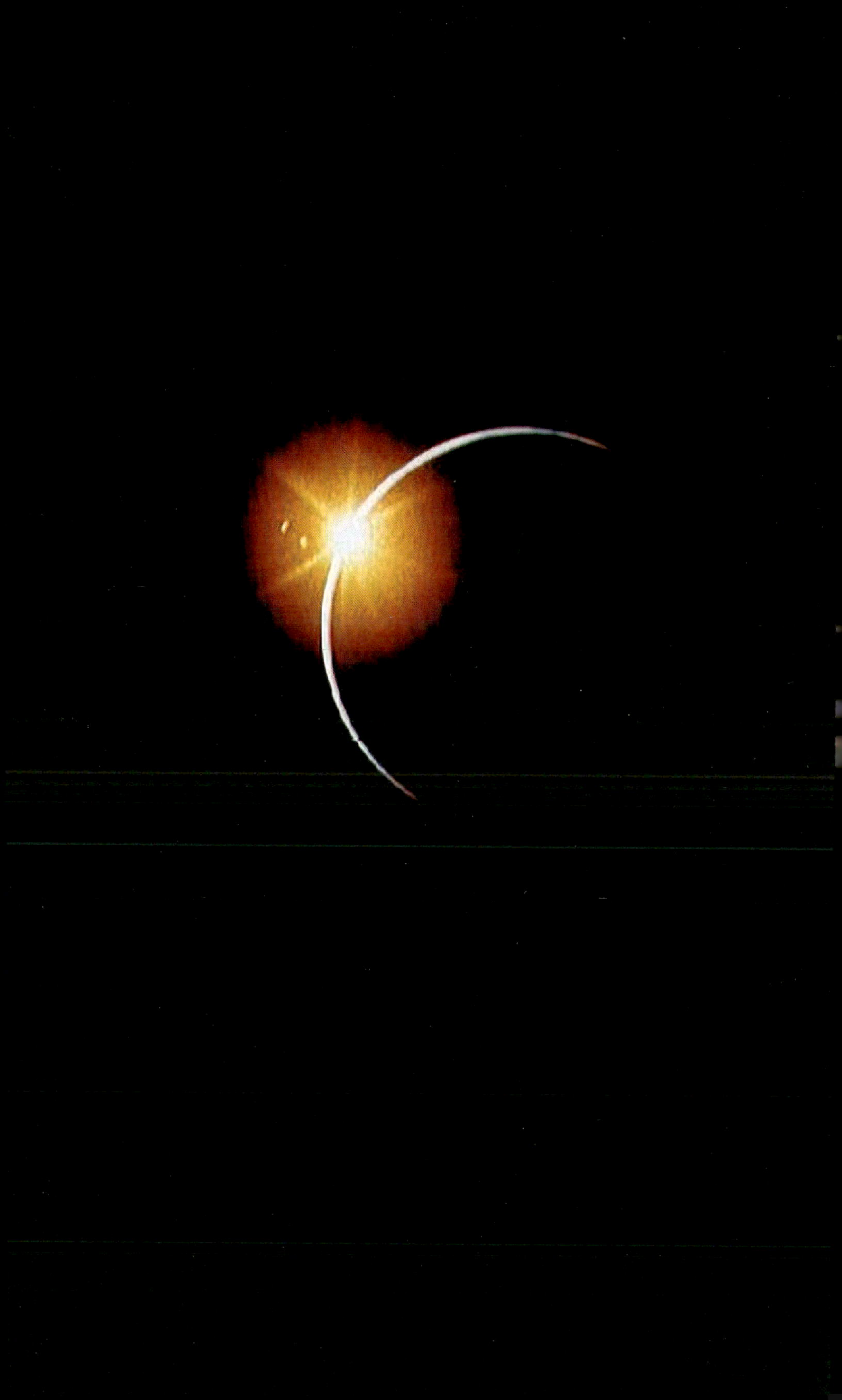

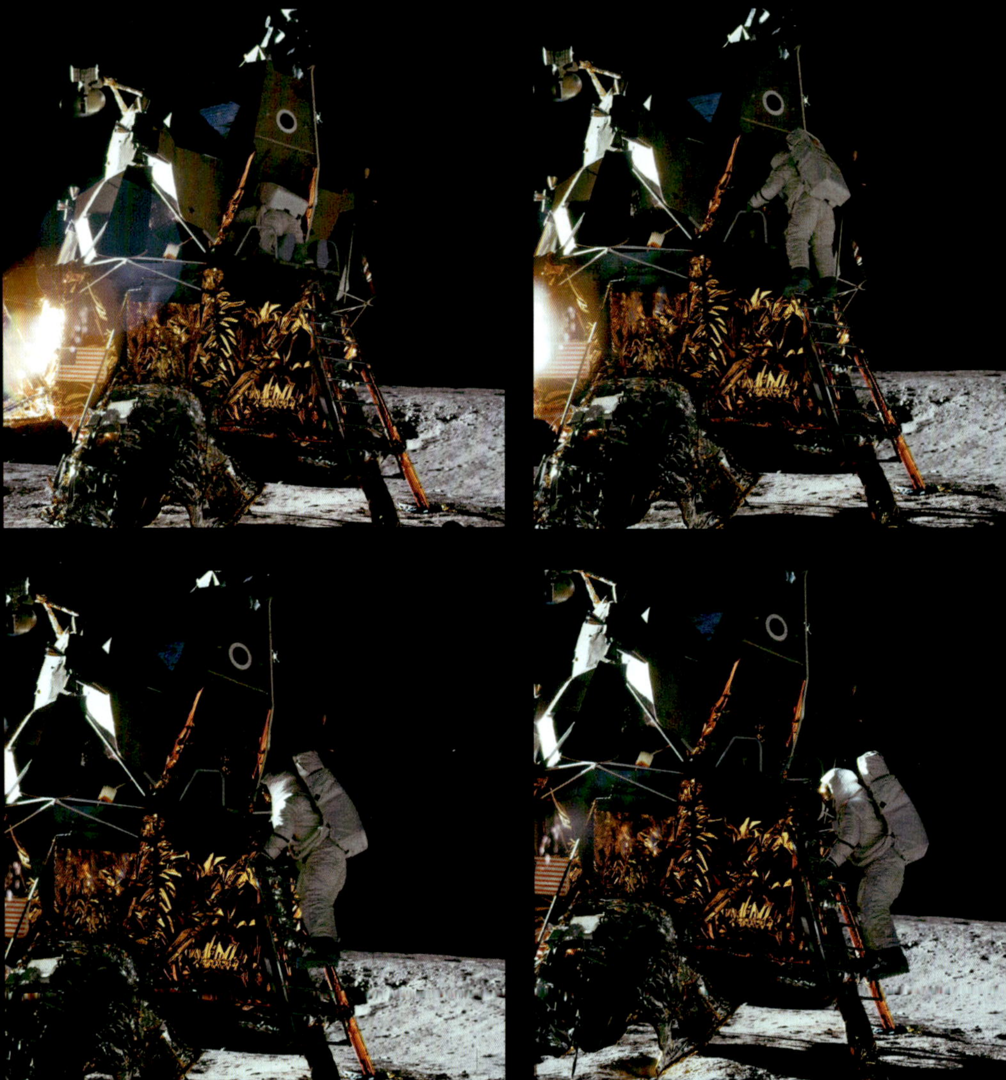

Alan Bean se convierte en el cuarto hombre que pisa la Luna.
El último escalón queda muy alto porque la pata telescópica
apenas se ha comprimido en el impacto.

El Sol, todavía muy bajo, ilumina a contraluz el módulo lunar Antares.

El emblema escogido por los astronautas del Apollo 12 mostraba un clíper con la bandera y las velas desplegadas camino a la Luna. El paisaje está basado en el auténtico Océano de las Tormentas, objetivo de la misión. En el firmamento, tres estrellas representan a los tres tripulantes. Alan Bean pidió añadir una cuarta, en memoria del fallecido Clifton Williams.

El emblema del Apollo 13 mostraba el carro del dios Apolo tirado por tres caballos, sobrevolando la Luna. Y un lema en latín alusivo al objetivo científico de la misión: «De la Luna, ciencia.» Esta y la del Apollo 11 fueron las dos únicas insignias en que no figuraban los nombres de los pilotos.

Una copia de la insignia de astronauta deja tras de sí tres estelas camino de la Luna.

El fondo del emblema del Apollo 15 era una ilustración muy realista de la zona de aterrizaje. Sobre él, la estilizada silueta de un halcón (aunque algunos preferían ver en ella una golondrina) con los colores nacionales.

El emblema incluía todo un surtido de símbolos patrióticos: el águila con las alas extendidas, dieciséis estrellas como referencia al número del vuelo, un escudo con el mismo nombre, las barras rojiblancas y la característica «V» ondulada de la NASA. El fondo, en color gris, mostraba una representación del área de Descartes donde aterrizarían. La autora del diseño, Bárbara A. Materlsi, no resistió la tentación de incluir también sus iniciales en miniatura.

El busto clásico del Apolo de Belvedere domina el emblema escogido para representar la última misión del programa. La estilizada ala del águila se superpone al disco lunar, como sugiriendo que se trata de un objetivo ya alcanzado. La mirada del dios se fija ahora en objetivos más lejanos: Los planetas y —quizás en el lejano futuro— las estrellas.

La sala de control de Houston. En la pantalla del fondo Fred Haise explica cómo funciona la nave lunar. En el centro, de espaldas, el director de vuelo, Gene Kranz. Falta menos de media hora para el accidente.

Uno de los 300 sobres autorizados (arriba) y uno de los no declarados (abajo). El primero está matasellado el día del regreso a bordo del portaaviones de recuperación; el otro, el día antes del lanzamiento, en el Centro Kennedy y también en el portaaviones. Este lleva duplicado el autógrafo de Scott e Irwin.

El Endeavour visto por los astronautas desde la cabina del módulo lunar.
Presenta una excelente vista del compartimento de instrumentos para estudios orbitales.

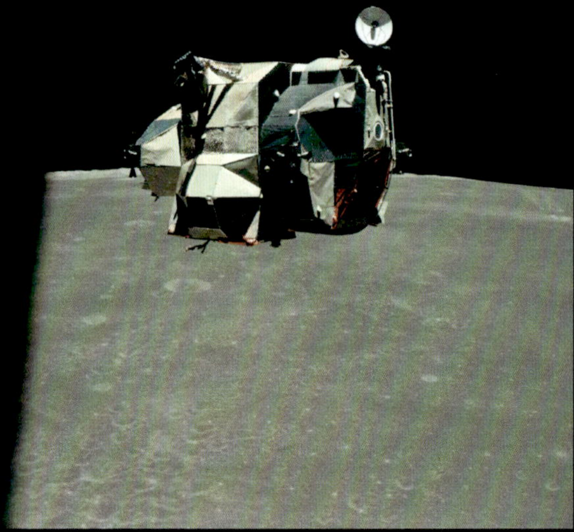

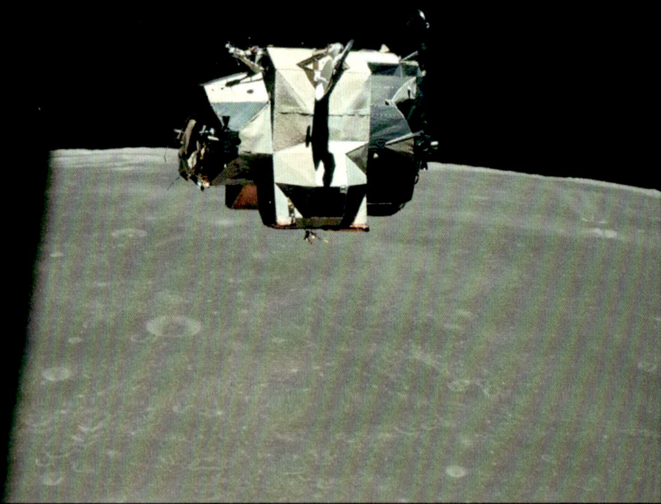

La cabina del Orión realiza un giro completo mientras que Mattingly, desde el Casper, documenta el daño sufrido por los paneles del compartimento posterior. La causa fue el rebufo de los gases de escape al despegar. Las fotografías subrayan la extrema fragilidad de los materiales empleados, resultado de los intentos por reducir el peso al mínimo

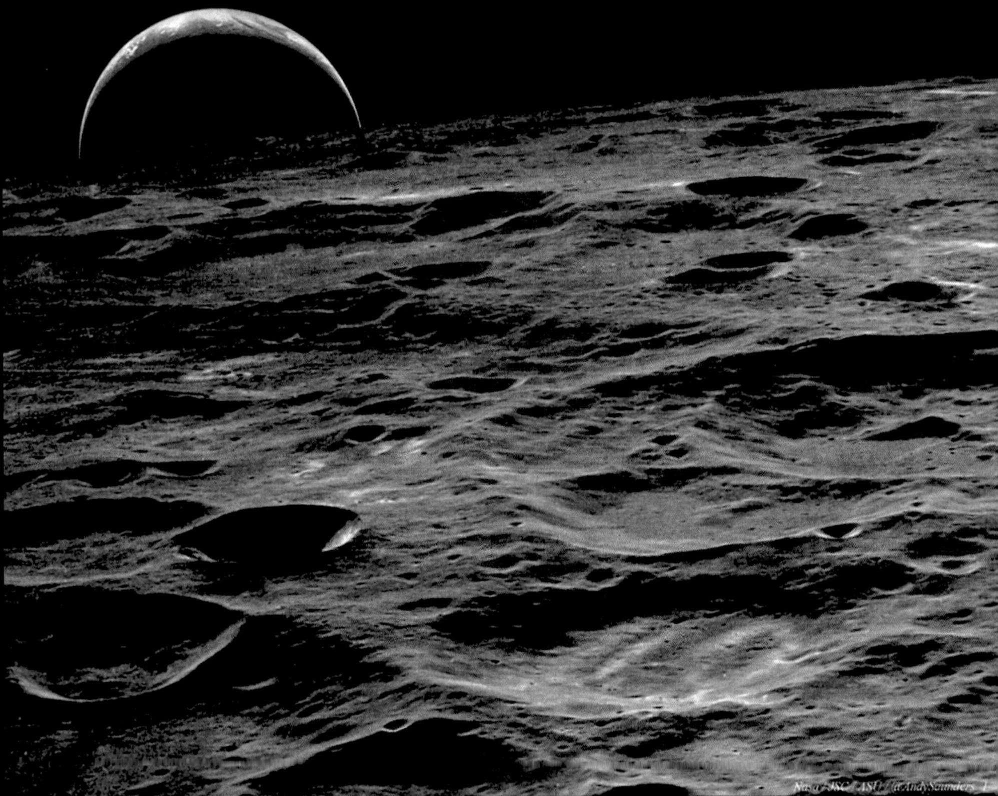

La espectacular imagen de la Tierra sobre el atormentado paisaje lunar,
que tan honda impresión causó en Edgar Mitchell

El suelo anaranjado. El instrumento junto a él es una varilla articulada que señala la vertical local. En una de las patas del trípode sujeta una escala de colores de referencia. (Tratamiento de la imagen: C. Puig)

Despegue nocturno del Saturn V en el último vuelo hacia la Luna.

se pasando de su posición horizontal a una más vertical. Eso permitía a los astronautas ver por primera vez el paisaje hacia el cual se dirigían.

Análisis posteriores demostraron que el fallo era un resultado secundario del parche introducido en el programa, debido a que lo habían tecleado con el radar ya activo. De haber tenido la precaución de apagarlo antes todo hubiese funcionado según la secuencia normal.

¿Y si el radar no hubiese respondido? Solo podemos especular. Quienes conocían a Shepard —Mitchell entre ellos— no tenían dudas al respecto: aun a ciegas, lo habría intentado. Incluso sin más datos que los facilitados por la unidad inercial, que no pasaban de ser una mera aproximación. En aquel momento, sin radar, la medición acumulaba un error de más de 1.000 metros.

Nadie, ni siquiera un piloto tan experimentado, podía llevar adelante un alunizaje fiándose solo de sus sentidos. Repetidas veces se había ensayado en el simulador; nunca con éxito.

En el mejor de los casos, Shepard quizá podía haber conducido a *Antares* hasta una cota muy baja. Pero al final hubiese agotado el combustible forzándole a abortar la maniobra antes de llegar al suelo. Días después de su retorno, durante una sesión de repaso de los detalles del viaje, el propio comandante se sinceró con Jerry Griffin, uno de los directores de vuelo: «Había llegado demasiado lejos como para abandonar la Luna. Con o sin radar hubiera continuado el descenso».

Fra Mauro, al fin

La pata derecha de *Antares* fue la primera en tocar el suelo. Luego, las otras tres. Como en ocasiones anteriores, el peso del vehículo dobló las sondas de contacto, aunque Shepard mantuvo el motor en marcha hasta casi 2 segundos después del aterrizaje. Estaban en una ligera pendiente, con el Sol a su espalda, todavía muy bajo sobre el horizonte. El terreno, en apariencia plano, mostraba suaves desniveles, algunos de un par de metros o más.

Alan Shepard acaba de pisar la Luna. Las bandas rojas en casco, brazos y piernas permitían diferenciarlo de su compañero. En el Apollo 12, en que ambos vestían igual, no siempre fue fácil distinguir uno de otro.

El veterano del Mercury, próximo a cumplir los cuarenta y ocho, retirado del servicio activo durante años, con no más de un cuarto de hora de vuelo espacial, acababa de lograr el aterrizaje más exacto de todo el programa lunar hasta aquel momento: *Antares* estaba a unos escasos 50 metros del punto previsto.

Como en la misión anterior, esta vez también se realizarían dos salidas. La primera, dirigida a instalar un conjunto de equipos científicos. Por lo menos a 100 metros de distancia, para evitar que el polvo levantado en el despegue los contaminase. La segunda sería una caminata de algo más de un kilómetro hasta subir a lo alto del cráter Cono.

Siguiendo la tradición, Shepard fue el primero en bajar de la nave. El quinto hombre en pisar la Luna. Sus palabras reflejaban la larga lucha por conseguirlo: «Ha sido un largo camino, pero aquí estamos...». A los cinco minutos le siguió Mitchell. Si tenía alguna frase preparada para ese momento, no la dijo. Alunizar se había convertido más en una operación de pilotaje que en un hito histórico.

La carretilla

Ya en el suelo, los astronautas desplegaron una antena parabólica que mejoraría la calidad de sus transmisiones hacia la Tierra. Y una nueva pieza de equipo: una carretilla plegable que debería ayudarles a transportar tanto herramientas como más muestras de roca. Solo tenía dos ruedas, provistas de neumáticos de goma. Las primeras que rodarían sobre la Luna. Cuando el artilugio fue embarcado en el lateral de *Antares*, iban deshinchadas; una vez expuestas al vacío del espacio, el escaso aire remanente en ellas se dilataría y bastaría para darles rigidez.

No todos los astronautas coincidían en la utilidad de la carretilla (o MET –*Modular Equipment Transporter*–, su nombre oficial). Cernan, que sería el comandante del Apollo 17, había apostado con Shepard que no llegarían a coronar el cráter Cono si tenían que ir arrastrando aquel armatoste.

El MET ayudó a transportar los instrumentos que debían instalarse en la Luna. Algunos eran repetición de otros ya incluidos en el Apollo 12. Un reflector láser, un analizador de partículas presentes en la tenue atmósfera del satélite, y un sismómetro. Este era el segundo de una red destinada a triangular vibraciones del terreno debidas a pequeños temblores o al impacto de meteoritos. Las próximas tripulaciones completarían la malla con dos más.

El MET plegado en su alojamiento del módulo lunar.

Panorama de la zona de aterrizaje. La posición del Sol señala aproximadamente el este.

Una novedad la constituía otro experimento sísmico, esta vez, activo. Mitchell debía desplegar una cadena de geófonos —diminutos detectores de movimiento pegados al suelo— que detectarían vibraciones del terreno. Luego, tomaría una especie de bastón, en cuyo extremo se alojaban 21 pequeñas cargas explosivas, haciéndolas detonar a diferentes distancias a lo largo de los 100 metros de la línea de sensores. El retardo medido por cada geófono permitiría calcular la velocidad de las ondas sísmicas y la

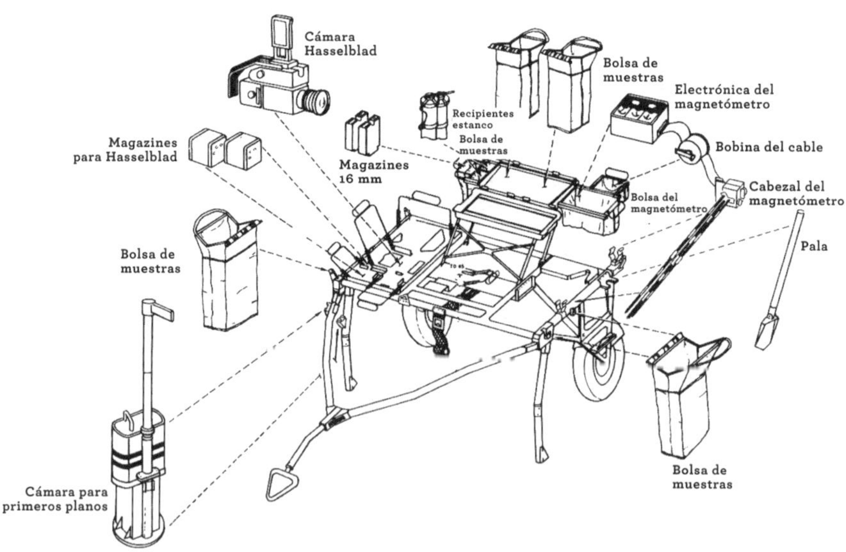

Detalle de la carretilla y parte del equipo que transportaba.

profundidad del sondeo, así como estimar el espesor de la capa de regolito, el omnipresente polvo lunar acumulado y compactado durante milenios.

El experimento tuvo sus más y sus menos. El primer cartucho no explotó. Otros, sí; lo suficiente para determinar que la capa de polvo que cubría el suelo mediría entre 6 y 8 metros de profundidad.

Mitchell instaló también un mortero lanzagranadas activado por control remoto. Cargaba cuatro proyectiles, con más potencia que los cartuchos detonados a mano. El alcance mínimo sería de unas pocas decenas de metros; el máximo, de un kilómetro y medio. A bordo de cada uno, un diminuto transmisor de radio permitiría establecer el tiempo de vuelo y, en consecuencia, la distancia real del impacto. La idea era la misma: detectar y analizar las vibraciones del terreno y la velocidad a que se propagaban a través de las capas profundas. Y a partir de esos datos, deducir su estructura geológica.

Como medida de prudencia, el disparo de las granadas esperaría a que los astronautas hubiesen abandonado la Luna.

Entre las inevitables tareas protocolarias (izado de bandera, descubrimiento de la placa conmemorativa...), la instalación de los equipos y la recogida de unas cuantas muestras, la primera salida de los astronautas se alargó durante más de cuatro horas. Pese a no haberse alejado mucho de su nave, en algunos momentos las irregularidades del terreno les hacían perderla de vista. El paisaje, con

Mitchell utilizó un dispositivo como este para detonar cartuchos explosivos contra el suelo.

Algunos elementos del ALSEP (instalado en la Luna). La banderola más alta indica la posición del mortero para pruebas sísmicas. La otra, el inicio de la línea de geófonos.

pocas referencias claras, resultaba desorientador. Solo un anticipo de lo que sucedería al día siguiente.

De regreso a bordo, Shepard y Mitchell cenaron. Carne en salsa, galletas de queso, albaricoque, pudin y zumo de frutas. Luego se acomodaron en sus hamacas, aunque no pudieron dormir más que unas pocas horas. Los crujidos del metal al dilatarse, el ruido de ventiladores y bombas del líquido de refrigeración y, en especial, la inclinación de la nave, contribuían a una desagradable sensación: como si el terreno pudiera ceder y provocar el vuelco de *Antares*.

Al día siguiente, el objetivo de la segunda expedición sería subir hasta el borde del cráter Cono. Un paseo de poco más de un kilómetro, llegando a la cota de 100 metros. Nada que pareciera muy fatigoso. Y menos aún contando con la ayuda de la carretilla. En media hora la tuvieron cargada y a punto. Además de herramientas, cajas y bolsas de recogida de muestras, llevaban consigo una cámara fotográfica, una de cine, magazines de película y un magnetómetro portátil con el que tomar mediciones en varias etapas del camino.

Hasta ese momento, la cámara de televisión, emplazada en un trípode fijo a poca distancia del módulo lunar había mostrado las evoluciones de los astronautas con su nave de fondo. Ahora Mitchell le dio la vuelta apuntándola hacia el cráter Cono, con la esperanza de que recogiese su partida y al menos los primeros metros de su recorrido.

El resultado fue desalentador. La vista cambió para mostrar un horizonte casi plano y carente de detalles. El firmamento negro en su mitad superior, el suelo gris en la inferior. Y con un cegador Sol a contraluz. Solo se veía a lo lejos una pequeña elevación sin interés. Quizás era el cráter Cono, aunque su escaso relieve hacía difícil distinguirlo. Los astronautas desaparecieron por un margen de la pantalla y ya no volverían a aparecer hasta el final de la

Antares visto desde la posición donde se instalaron los instrumentos.

excursión, cuatro horas más tarde. Otra decepción en lo que muchos esperaban un espectáculo literalmente «fuera de este mundo», y que debía de haber ofrecido un cierto respiro al departamento de Relaciones Públicas de la NASA tras los fiascos de los Apollo 12 y 13.

Las tres cadenas nacionales norteamericanas cortaron la retransmisión a los pocos minutos. Televisión Española, que ofrecía el acontecimiento en directo, mantuvo el plano alternando comentarios de algunos especialistas en los estudios de Miramar en Barcelona con entrevistas y números musicales desde una discoteca madrileña. Una jovencísima Massiel también estaba por allí, presentando a un caballero que no solo aseguraba haber tenido contacto con extraterrestres sino que había podido esculpir sus retratos. Para demostrarlo, había acudido al plató con una colección de figuras de poliestireno y resina a tamaño natural, todas con ojos saltones y cabezas desmedidas.

Pasada más de una hora, la imagen que llegaba desde la Luna seguía sin cambios. Fue en ese momento cuando algún responsable de programación decidió que los paseos lunares resultaban muy aburridos. En el futuro quedarían relegados a unos cortes de 30 segundos durante los informativos.

A poco de empezar la caminata, la cruda realidad fue imponiéndose. El terreno resultaba desconcertante, con continuas subidas y bajadas que dificultaban la orientación. Los planos que llevaban consigo mostraban muchos puntos de referencia, pero la mayoría eran hondonadas, no relieves. Un montículo o una roca constituían una buena guía; una pequeña depresión, no, puesto que difícilmente se distinguía de docenas de otras similares. No habían caminado ni 200 metros cuando Mitchell, que consultaba los mapas fotográficos sujetos con velcro a los travesaños de la carretilla, ya estaba algo confuso. Mientras Shepard atendía a algunos experimentos, él era el encargado de orientarse, y suponía que habían recorrido casi medio kilómetro. *Antares*, el único objeto familiar cuyo tamaño les proporcionaba una idea de lejanía, iba quedando oculto tras uno u otro relieve.

La carretilla tampoco resultaba cómoda de arrastrar. Bajo la escasa gravedad lunar cada tropiezo con una roca se traducía en un violento rebote. En algunos momentos Shepard decidió caminar detrás para recoger las piezas y accesorios que salían despedidos. Esto y la rigidez de las escafandras les convertían en los paseantes lunares más lentos de todo el programa.

Otro factor de retraso era la necesidad de tomar una serie de medidas por el camino. Cada vez que se quería utilizar el magnetómetro portátil había que instalarlo y nivelarlo sobre su trípode, una tarea bastante tediosa. Además, el cable eléctrico que lo conectaba al panel de mandos (fijo en el MET) era muy rígido y parecía gozar de vida propia. Siempre que Mitchell intentaba bobinarlo en el carrete de recogida, apenas dejaba ir la manivela cuando la cinta provocaba un efecto resorte y volvía a desenrollarse. Al final los astronautas, hartos, decidieron no pe-

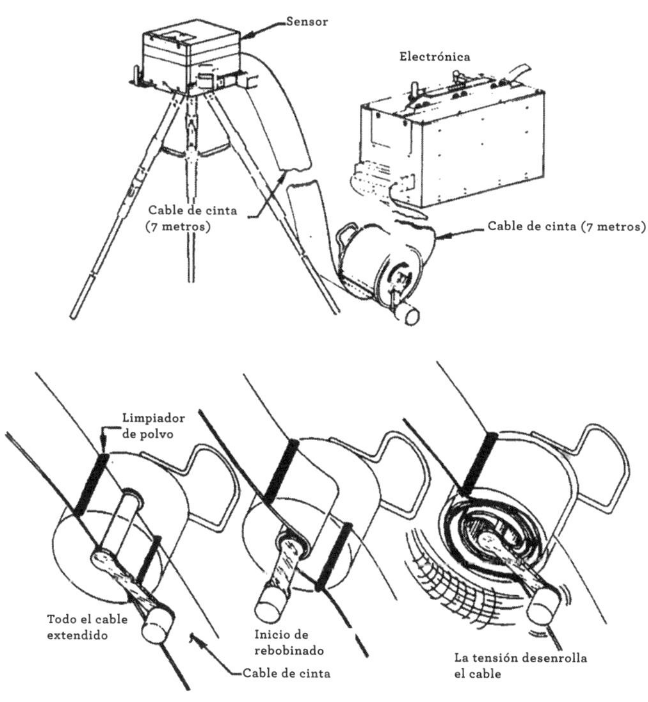

El magnetómetro portátil y su rebelde sistema de enrollado.

lear más con el terco mecanismo y resignarse a llevarlo medio desplegado, colgando de la trasera de la carretilla.

El plan trazado por los geólogos preveía recoger muestras en lugares que *a priori* creían interesantes. Por lo general, asociados con este o aquel accidente o cratercito. Pero lo que en las fotografías orbitales parecía evidente no lo era tanto sobre el terreno. Algunas referencias resultaban imposibles de localizar. De vez en cuando, los astronautas paraban para registrar una panorámica, confiando en que una vez en la Tierra su análisis permitiese establecer con exactitud dónde se habían recogido determinados especímenes.

Sin notarlo, casi desde el principio, su camino se había desviado un poco al sur. Ahora, encontrar el cráter Cono resultaba más complicado. Tan solo la pendiente, que ya era de unos diez grados, confirmaba que iban ganando altura. Alcanzar el borde prometía una vista inolvidable: un agujero circular perfecto, de cerca de 400 metros de diámetro, y a su alrededor la yerma extensión de Fra Mauro. Por primera vez una tripulación del Apollo disfrutaría de un paisaje tan espectacular, no las monótonas llanuras de Tranquillitatis o Procellarum.

Pese a la escasa gravedad lunar, los dos hombres, cargados con escafandra, mochila, cámara, herramientas y el

Mitchell en la estación «C'». Esto es lo más cerca que los astronautas estuvieron del cráter Cono.

saltarín MET, empezaban a acusar el esfuerzo. La respiración forzada y la aceleración de pulsaciones cardíacas alertaban a los médicos de Houston de que aquello no era un simple paseo. En algún momento, para superar un área más cuajada de rocas, Shepard asió el borde posterior de la carretilla y los dos astronautas continuaron la ascensión llevándola en volandas.

Unos minutos más y coronaron un risco que suponían ya el último, solo para descubrir que la irregular planicie continuaba más allá. Sin rastro del cráter. En realidad, estaban muy cerca, pero la extraña topografía lunar había conseguido desorientarles. Y el tiempo se les echaba encima, pese a haber recibido una extensión de media hora.

Las muestras que esperaban encontrar debían ser rocas expulsadas por antiguos impactos. Tanto del cataclismo que formó Mare Imbrium como por fragmentos arrojados desde el propio Cono. Y abundaban por todas partes. En el fondo, no tenía mucha importancia si las recogían de aquí mismo o unos metros más allá. Así que Shepard se dedicó a documentar algunos ejemplares que parecían interesantes (fotografías detalladas, descripción verbal...) mientras Mitchell volvía a desplegar una vez más el magnetómetro portátil.

La roca «Tortuga», así llamada por la curiosa formación que se ve sobre ella.

Otra roca que mereció nombre propio: «La silla de montar».

Sin ellos saberlo, en su caminar hacia el este habían pasado de largo su objetivo. Continuando el ascenso unos pocos metros más en dirección noroeste hubiesen tropezado con él. Parte de la confusión se debía a que esperaban encontrar un borde elevado, fruto del impacto que lo formó; pero Cono era solo una profunda oquedad más en el terreno, difícil de descubrir desde el suelo, en especial con tan poca perspectiva.

Así que, arrastrando una cierta decepción, los dos astronautas emprendieron el camino pendiente abajo. Ahora, con el Sol a la espalda, las sombras de cada bache resultaban invisibles, lo que los obligaba a tener especial cuidado en no dar un paso en falso.

La ruta de retorno era casi paralela a la de llegada. Recogerían tubos testigo de capas profundas y algunas muestras polvorientas, pero pocas rocas. La más espectacular, una de nueve kilos que Shepard echó en la carretilla y que

«Big Bertha» fotografiada en el laboratorio de recepción de muestras, en Houston. El cubo en la esquina inferior documenta su orientación original.

se conocería como «Big Bertha». Ella sola abultaba más que todo el resto. Pararían varias veces más durante el regreso para completar la colección.

Un *green* en Fra Mauro

Cuatro horas y media después de haber empezado su segunda salida al exterior, estaban de regreso al pie del módulo lunar. Los dos astronautas recogieron los elementos que debían devolverles a la Tierra: la lámina de plástico metalizado expuesta al Sol el día anterior para captar las partículas atómicas que constituían el viento solar; 42 kilos de rocas, polvo, tubos en contenedores estancos y los magazines de película. Todo, metido en cajas herméticas fue a acumularse en el escaso espacio de la cabina del *Antares*.

Pero antes de subir la escalerilla por última vez, Shepard quiso darse un capricho. A la vista de la cámara de televisión sacó una cabeza de palo de golf (un hierro 6) y lo sujetó al extremo del mango utilizado para recoger muestras sin agacharse. Luego extrajo del bolsillo un par de pelotas de golf, mientras explicaba a los espectadores —cosa bastante innecesaria— qué eran aquellos artículos, tan incongruentes en la Luna.

Shepard era un golfista impenitente, al igual que Slayton, su jefe inmediato, uno de los pocos que estaba al tanto

EXPERIMENTOS RESTRINGIDOS

Uno de los pocos misterios asociados con el vuelo del Apollo 14 —y quizás el más dura—dero- se refiere a un programa experimental del Departamento de Defensa conocido como CHAPEL BELL. Figuraba entre los objetivos a cumplir pero sus resultados se clasificaron como secretos durante muchos años.

Los astronautas siempre negaron estar el corriente de ese experimento que, por otra parte, no se reflejaba en su plan de vuelo. Por algún tiempo se especuló con que podía estar relacionado con el análisis de los impactos de los S-IVB (las terceras etapas del Saturn V) en la Luna. El estudio de la respuesta sísmica quizás aportaría datos para la detección de explosiones nucleares en la Tierra.

El misterio persistió hasta mediados de 2010, cuando por fin se liberaron algunos documentos militares que explicaban su verdadera naturaleza. CHAPEL BELL resultó ser un programa de estudio sobre radares de largo alcance («más allá de horizonte»). Se trataba de seguir el despegue de un cohete durante los primeros minutos de vuelo para establecer su tamaño aparente al radar, la signatura de su cola de escape o la de los cohetes de separación de etapas y otros parámetros técnicos.

A lo largo de los años se analizaron más de 50 vehículos. Desde misiles pequeños hasta los primeros prototipos del Saturn I, lanzados a principios de los años sesenta. Y también algunos grandes cohetes lunares. No solo el del Apollo 14 sino también las tres misiones posteriores. Al tratarse de un mero seguimiento pasivo, la NASA no tenía ninguna implicación en el experimento; se limitaba a poner el cohete y dejarlo volar.

Una combinación de radares, algunos situados en lugares tan lejanos como Virginia, Georgia o las Bahamas seguía el ascenso del cohete. Aunque no se divulgó el objetivo final de los ensayos, lo más seguro es que se tratase de acumular datos para poder identificar con rapidez el lanzamiento, tamaño y trayectoria de misiles hostiles.

de la travesura (y había dado su consentimiento). Ahora, después de haber hecho historia de la exploración lunar, quería hacerla también en el golf.

Dejó caer una pelota en el suelo y, asiendo el palo con una sola mano, le propinó un inseguro golpe. Falló. Un surtidor de polvo oscuro fue lo único que registró la cámara. El traje espacial no permitía flexiones de cintura ni siquiera agarrar el mango con ambas manos.

Lo volvió a intentar con la segunda bola y, esta vez, sí acertó. Con la sexta parte de gravedad que en la Tierra la pelotita salió disparada mientras Shepard comentaba orgulloso: «Allá va... millas y millas». Era muy optimista, pues en realidad su alcance no llegaría a tanto: 200 o 300 metros a lo sumo. Nada mal para un hierro 6. Quizá, muy en el futuro, algún nuevo explorador de la Luna recupere las dos bolas. Sin duda serán piezas de museo.

Dos vistas desde la cabina. A la izquierda, el MET después de la primera salida; a la derecha, pocos minutos antes de despegar. La orientación de la bandera (ver su sombra) ha cambiado, pero no se debe a ninguna corriente de aire, simplemente los escapes de los motores de posición la han movido. El objeto en el suelo es una de las mochilas de suministro de oxígeno descartada.

El MET abandonado en la Luna. A su lado, caída en el suelo, la cámara fotográfica para primeros planos de rocas. La sombra circular corresponde a la antena de televisión. El objeto cónico que sobresale del marco de la ventanilla es uno de los motores de orientación de *Antares*.

Tras el despegue, los dos exploradores regresaron al encuentro de su compañero siguiendo una trayectoria directa, más rápida que la utilizada en misiones anteriores. Esta vez el mecanismo de amarre funcionó a la primera, y ahora tenían por delante tres días de aburrido retorno a casa. No había mucho que hacer, así que Ed Mitchell se las ingenió durante los períodos de descanso para realizar un experimento propio.

Percepción extrasensorial

Una afición de Mitchell era el estudio de ciertos fenómenos de percepción extrasensorial. Su viaje translunar (tanto de ida como de vuelta) le ofreció una buena ocasión para investigarlos en situaciones extremas. ¿Funcionaría la comunicación telepática entre sujetos separados cientos de miles de kilómetros? Así que sin informar de ello a nadie, ni siquiera a su propio comandante, organizó un pequeño experimento. Asegurándose, eso sí, de establecer unas condiciones que eliminasen en lo posible cualquier coincidencia por azar. Sus credenciales académicas (tenía un doctorado en Astronáutica por el MIT) parecían garantía suficiente.

La NASA nunca hubiese autorizado embarcar un juego de cartas Zener (utilizadas en pruebas de transmisión de pensamiento) por tratarse de material combustible, ni siquiera aunque hubiesen cumplido todas las especificaciones de seguridad. La parapsicología no figuraba entre los experimentos a realizar durante el programa Apollo.

Por eso Mitchell estableció su propio sistema de ensayos. En su kit de preferencias personales incluyó una simple lista de grupos de números aleatorios del 1 al 5. Representaban las cinco ilustraciones estándar para estos experimentos: una estrella, un círculo, un cuadrado, una cruz y unas líneas onduladas. A horas acordadas de antemano con cuatro amigos psíquicos se concentraría en varias combinaciones de signos durante intervalos de 15 segundos, con la esperanza de que su pensamiento atravesase el vacío cósmico hasta llegar a la Tierra. Cada sesión, programada justo antes del período de sueño, solo duraría cosa de seis minutos.

Al principio, Mitchell observó un prudente silencio sobre estas pruebas, pero uno de los médiums, un tal Olaf Johnson de Chicago, fue incapaz de mantener el secreto. A poco de su regreso de la Luna el rumor llegó a un reportero del *New York Times*, quien concertó una entrevista con el astronauta. En la misma reconoció la existencia del experimento y explicaba algunos resultados: 51 aciertos de 200 intentos, una cifra que —con cierto optimismo— consideraba «estadísticamente significativa» asignándoles después una probabilidad de «3.000 a 1».

No estaba claro el significado de esa cifra. Algunos la interpretaron como una «confirmación negativa» del éxito del experimento. Los resultados eran tan malos que no podían deberse solo al azar, tenía que haber algo más. El propio Mitchell defendió esa discutible explicación en un artículo publicado en el *Journal of Parapsicology* (1971) y más tarde en el primero de sus varios libros sobre el tema.

Por desgracia, otro factor arrojaba aún más dudas acerca de la validez de los resultados. Debido al mal tiempo, el Apollo 14 había despegado con cuarenta minutos de retraso, por lo que todas las actividades de a bordo se demoraron en la misma medida. Sin embargo los médiums, que no estaban al corriente, captaron los mensajes mentales de Mitchell en el momento previsto, es decir, antes de ser enviados. Sin saberlo, convirtieron un simple experimento sobre telepatía en uno de precognición.

Después de la Luna

Ningún tripulante del Apollo 14 está ya con nosotros. En 1974 Alan Shepard dejó la NASA y se retiró de la Marina con el grado de vicealmirante, el primer astronauta en alcanzarlo. A partir de ese momento se dedicó a una serie de negocios e inversiones bursátiles e inmobiliarias que le hicieron millonario, también el primero —y casi único— astronauta en conseguirlo. Murió en 1996 de leucemia. Menos de un mes después fallecía Louise, su pareja durante cincuenta y tres años, que había estado a su lado desde la época del Mercury.

Para Edgar Mitchell, el viaje a la Luna representó un impacto espiritual de primer orden. Él se refería a su experiencia como una verdadera epifanía. Se retiró de la NASA en 1972 y al año siguiente fundó el Instituto de Ciencias Noéticas. Dedicado en principio al estudio de la consciencia, pronto amplió sus intereses a la meditación trascendental, sanaciones, telekinesis, hologramas cuánticos y otras especialidades en colaboración con famosos mentalistas, Uri Geller entre ellos. También pasó por épocas conflictivas: tres divorcios, varios libros sobre parapsicología y una serie de declaraciones en las que se mostraba convencido de la existencia de ovnis y extraterrestres. Aseguraba que él mismo había experimentado una curación psíquica a distancia: un cáncer renal (nunca confirmado por biopsia). Murió el 4 de febrero de 2016, el mismo día que se cumplía el 45° aniversario de su aventura en Fra Mauro.

En cuanto a Stuart Roosa, el tercer miembro de la tripulación, fue piloto de reserva en los Apollo 16 y 17. Según el plan de rotaciones de Slayton eso le garantizaba una plaza en alguna de las dos últimas misiones lunares, pero fueron canceladas. Roosa trabajó en el nuevo proyecto del transbordador espacial hasta retirarse de la NASA en 1973. Falleció en 1994, a los sesenta y un años, siendo coronel de la Fuerza Aérea, por lo que tenía derecho a un enterramiento en el cementerio nacional de Arlington. En su lápida figura la imagen de un Saturn V alzando el vuelo.

La lápida en la tumba
de Stuart Roosa, en Arlington.

Apollo 15. Un coche en la Luna

Requisitos de un vehículo lunar

La experiencia del Apollo 14 había puesto de relieve algunas de las dificultades con que se toparían los astronautas en la Luna. No tanto por lo extraño del ambiente sino por las limitaciones de sus equipos. El suministro de oxígeno, por ejemplo, condicionaba su estancia en el exterior a un máximo de cinco horas; menos aún si se deseaba un tranquilizador margen de seguridad.

Los desplazamientos por la superficie no planteaban dificultades pero estaban restringidos a distancias muy cortas. En su segunda salida, Shepard y Mitchell caminaron unos tres kilómetros en cuatro horas, deteniéndose más de una docena de veces. Muy poco tiempo para explorar una zona cuyo estudio en profundidad hubiese exigido semanas.

La NASA era consciente de esos obstáculos. Mientras los astronautas se viesen obligados a caminar, su radio de acción se vería muy limitado, y cada vuelo a la Luna costaba entre 350 y 400 millones de dólares, por lo que se trataba de sacarle el máximo partido. En especial, ahora con tres misiones canceladas a causa de las restricciones presupuestarias.

La agencia ya había previsto la necesidad de facilitar la movilidad de los astronautas aun antes del primer alunizaje. En

Un proyecto que no fructificó: la moto lunar, aquí en pruebas dentro de un avión simulador de baja gravedad.

julio de 1969 solicitó propuestas a una treintena de contratistas para la construcción de un vehículo adecuado.

Las especificaciones eran breves, concentradas en dos páginas de requisitos. Entre ellos, que debía ser un vehículo de cuatro ruedas (habían estudios de modelos con seis y hasta ocho) y tracción eléctrica, y que pudiera transportar a 2 personas, 40 kg de herramientas y 30 kg de muestras, pero su peso en vacío no podía superar los 180 kg.

El pliego de condiciones continuaba exigiendo una autonomía de al menos 4 salidas de 30 km cada una. Su diseño debía ser redundante: que un fallo en cualquiera de sus sistemas no lo inutilizase, y que dos fallos simultáneos no comprometiesen la seguridad de sus ocupantes.

Además, debía poder transportarse a bordo del escaso espacio disponible en una esquina del módulo lunar. Dicho de otra forma, aunque las especificaciones no utilizaban esa palabra, debía ser *plegable*.

Uno de los modelos estudiados por Bendix, provisto de ruedas de flejes flexibles para moverse por terrenos muy accidentados.

De las treinta empresas invitadas solo cuatro respondieron con un proyecto: Bendix, Boeing, Chrysler y Grumman. Bendix era el favorito, pues llevaba años investigando sobre futuros vehículos lunares, diseños de ruedas y movilidad en un ambiente hostil. Había proyectado una gran variedad de modelos, desde uno con propulsión nuclear (un reactor de 650 vatios) hasta pequeñas excavadoras eléctricas.

La primera criba desechó a Chrysler y a Grumman, lo que dejaba la elección entre dos competidores. Cuando se anunció el resultado, a finales de octubre, la oferta económica de Bendix era de 23 millones, y la de Boeing de 19. Para Bendix, que esperaba rentabilizar su innegable experiencia, resultó una tremenda decepción.

La fecha de entrega quedó estipulada en abril de 1971. Nunca se había diseñado un vehículo tripulado en tan corto plazo: 18 meses. La propia NASA, no del todo segura de que pudiera cumplirse, incluyó en el contrato una cláusula draconiana: si Boeing no llegaba a tiempo de embarcarlo en el Apollo 15, no recibiría el pago acordado.

Un prototipo de rueda metálica instalada en un banco de pruebas para medir su desgaste.

Un auto espartano

La experiencia de Boeing en diseño de vehículos terrestres era limitada, aunque para eso contaba con recurrir a su asociado, el gigante de automoción General Motors. Casi desde el primer momento sus ingenieros propusieron utilizar unas ruedas muy distintas a los sofisticados modelos de los prototipos de Bendix.

Detalle de la rueda que muestra su refuerzo interno de titanio. El guardabarros consta de dos piezas, una fija y un segmento deslizante que los astronautas debían desplegar a mano. Hubo que recurrir a esta solución porque la pieza entera no cabía en el reducido espacio disponible.

En la Luna no podrían emplearse neumáticos convencionales, ya que el regolito, muy abrasivo, los destruiría. En su lugar, las cubiertas serían de malla metálica trenzada, con refuerzos para mejorar la tracción, y en su interior una estructura de titanio ayudaría a absorber los impactos de las rocas que encontrase por el camino.

El buje de cada rueda albergaría su propio motor eléctrico con un engranaje reductor de 80 a 1, lo que convertía al coche en un 4 × 4 lunar. Podían funcionar los cuatro a la vez o por parejas: tracción trasera o frontal. La energía procedería de un paquete de baterías no recargables, que debía ser suficiente para garantizar la autonomía exigida.

El vehículo tendría doble sistema de dirección: en las ruedas frontales y en las traseras. Con ambos activos, el radio de giro era de 6 metros. Uno u otro podrían desconec-

Construido para funcionar en la reducida gravedad lunar, el Rover necesitaba de un soporte adicional que lo sostuviese durante las diversas fases de su construcción. El peso de un simple ocupante doblaría el bastidor y aplastaría las ruedas. Los astronautas se entrenaban con un modelo de estructura reforzada y neumáticos convencionales.

tarse en cualquier momento. Esta redundancia respondía a la exigencia de que el fallo de un mecanismo no dejase al coche inutilizado.

Por lo demás, el vehículo, que se conocería como «Rover» o por sus siglas LRV *(Lunar Roving Vehicle)*, era espartano. Se limitaba a un chasis ligero de aluminio, articulado de forma que pudiera plegarse en tres secciones. Las partes frontal y posterior sostenían cada una un par de ruedas, también abatibles gracias a le flexibilidad de sus mecanismos de suspensión.

Para reducir peso, asientos y respaldo estaban construidos con tiras textiles, casi como sillas de playa. Su anchura permitía acomodar a los astronautas equipados con la voluminosa mochila a la espalda. También disponía de unos sencillos cinturones de seguridad, imprescindibles dado el traqueteo que cabía esperar al desplazarse por la irregular superficie de la Luna.

Las baterías ocupaban el tercio delantero del chasis, donde también se encontraban el equipo de comunicaciones, una antena de alta ganancia y el soporte de la cámara de televisión. Esta era la misma que habría retransmitido las imágenes de los dos hombres al bajar la escalerilla e iría instalada en una montura motorizada. Un técnico en Houston era el encargado de moverla en panorámicas horizontales o verticales y accionar el *zoom*, de forma que pudiera seguirse en detalle la actividad de los astronautas.

La antena de sombrilla no se orientaba por sí sola; debía apuntarse a mano hacia la Tierra. Como la cámara de televisión retransmitía a través de ella, solo podían enviarse imágenes a vehículo parado. Las escasas secuencias filmadas en marcha fueron obtenidas en película de 16mm mediante un tomavistas instalado en un soporte junto al cuadro de mandos.

En todo caso, la introducción de televisión en directo representó un avance espectacular. La calidad de imagen era excelente, comparable a la de cualquier emisión comercial. Lejos quedaban las imágenes de unos astronautas casi fantasmales moviéndose a trompicones. Por primera vez, los espectadores pudieron participar de todas las operaciones de recogida de muestras a lo largo de las varias horas que duraba cada expedición.

La parte posterior del vehículo se destinaba al transporte de herramientas y muestras y también para llevar los instrumentos científicos hasta su lugar de emplazamiento. No era más que un centenar de metros pero liberaba a los astronautas de la molesta tarea de acarrearlos a mano.

Entre los dos asientos, una simple palanca en forma de «T» combinaba las funciones de volante, acelerador y freno. Empujándola hacia delante, avanzaba, hacia atrás, frenaba; ladeándola, activaba la dirección a derecha o izquierda; y un botón de seguridad en el tronco de la «T» conectaba la marcha atrás. Cualquiera de los dos astronautas podía hacerse cargo de la conducción, pero ese era trabajo del comandante, que ocupaba el asiento izquierdo.

Instrucciones para el usuario

Frente a los astronautas se encontraba el panel de mandos, dividido en dos partes. La superior, destinada al equipo de navegación. Puesto que la Luna carece de campo magnético, una brújula resultaría inútil. En su lugar, el Rover utilizaba un giróscopo combinado con un cuentavueltas en cada rueda. Un calculador analógico llevaba un registro continuo de la distancia recorrida y en qué dirección. Al menos en su principio básico era casi equivalente a los sistemas inerciales utilizados en los submarinos nucleares.

Antes de empezar a moverse los astronautas debían orientar el sistema con respecto al norte. Utilizaban un sencillo calibrador basado en la sombra que proyectaba un punzón sobre una escala graduada en el borde superior del panel de mandos.

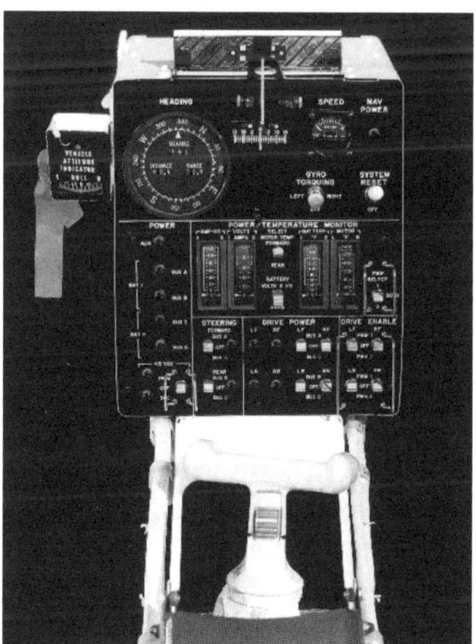

El panel de mandos del Rover. En primer término, la manija que hacía las veces de volante, acelerador y freno.

El instrumento más visible era el indicador de dirección, accionado por el calculador de a bordo. Además de los puntos cardinales incluía tres contadores mecánicos, parecidos a los cuentakilómetros de los automóviles de la época. Uno mostraba el kilometraje total recorrido; los otros, la distancia y el rumbo en línea recta hacia el módulo lunar. Una elemental precaución por si una avería forzaba a los astronautas a regresar a pie.

El resto de controles incluían el velocímetro cuya escala (graduada en km/hora) llegaba a un optimista máximo de 20 km/h, el inclinómetro (de delante atrás) y los mandos de calibración del giróscopo. A la izquierda, otro instrumento similar para medir bamboleos a uno y otro lado. Según especificaciones, el Rover debía ser capaz de superar pendientes de 25 grados y mantenerse estable hasta 45.

Cuatro indicadores en la mitad inferior del panel mostraban el estado de carga y temperatura de las dos baterías y los motores. Bajo ellos, una sencilla combinación de conmutadores permitía elegir qué juego de ruedas se utilizaría en la dirección y en la tracción, o desactivar alguna si era necesario.

Destino: Hadley-Apenninus

El Apollo 15 era la primera misión de «tipo J». En la clasificación de vuelos establecida por la NASA años atrás (ver recuadro en pág. 222) era la más avanzada, la que, por fin, debía liberar todo el potencial de exploración.

Esta vez el objetivo sería una pequeña llanura entre la falda de los montes Apenninus[9] y el barranco Hadley. Un paisaje espectacular, sin duda el más fotogénico de todo el programa, pero también muy difícil de alcanzar. Al encontrarse en una latitud superior obligaría al Apollo 15 a efectuar un cambio de plano orbital, alejándose de las regiones ecuatoriales visitadas hasta entonces. La cordillera formaba parte del borde oriental de Mare Imbrium, y alunizar allí exigiría sobrevolar alguno de los picos más altos de la Luna, para acto seguido ejecutar un descenso muy abrupto.

9. Formalmente, la mayoría de los accidentes geográficos de la Luna reciben nombres latinos. Mare Imbrium, por ejemplo, se traduce como «Mar de las lluvias».

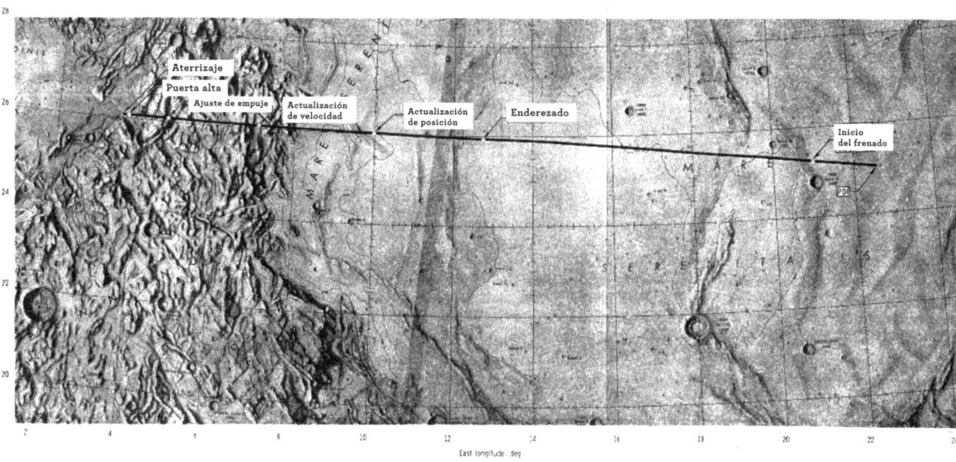

La ruta de aproximación del Apollo 15. El frenado se iniciaba sobre la llanura de Mare Serenitatis, mientras que la maniobra de descenso final ocurría ya superada la cordillera.

Tres miembros de las fuerzas aéreas componían la tripulación: el comandante, David Scott, era un veterano con experiencia en el Gemini 8 y el Apollo 9, mientras que para los otros dos, Alfred Worden (piloto del módulo de mando) y James Irwin (piloto del módulo lunar), sería su primera oportunidad de ir al espacio.

Los nombres escogidos para los dos módulos eran, respectivamente, *Endeavour* y *Falcon*. El primero, en recuerdo de la nave del capitán James Cook en sus viajes por el océano Pacífico; el segundo, una referencia al halcón mascota de la academia de la USAF.

Los módulos lunares destinados a misiones «J» podían llevar más carga y permitían estancias más prolongadas. Solo el Rover con el que los astronautas esperaban alejarse muchos kilómetros de su base suponía casi 200 kg adicionales. Para soportar el peso extra su motor de frenado desarrollaba algo más de potencia, y se había aumentado la capacidad de las baterías eléctricas y de oxígeno, ya que estarían en la Luna durante tres días.

DIEZ ETAPAS PARA EXPLORAR LA LUNA

En septiembre de 1967 se propuso una serie de misiones de exploración lunar progresivamente más complejas. Los 10 niveles, identificados alfabéticamente, eran estos:

Misión tipo A: vuelos de desarrollo de la nave principal, no tripulados. Apollo 4 y 6.

Misión tipo B: vuelo de desarrollo del módulo lunar, no tripulado. Apollo 5.

Misión tipo C: vuelo tripulado de los módulos de mando y servicio, en órbita terrestre. Apollo 7.

Misión tipo C': añadido en el otoño de 1968. Vuelo tripulado de los módulos de mando y servicio en órbita lunar. Apollo 8.

Misión tipo D: ensayo de la nave completa en órbita terrestre. Apollo 9.

Misión tipo E: ensayo de la nave completa en órbita terrestre a gran altura. Cancelado.

Misión tipo F: simulación de una misión completa excepto el alunizaje. Apollo 10.

Misión tipo G: primer alunizaje. Apollo 11.

Misión tipo H: alunizajes de precisión y exploración de la zona más detallada. Estancia: 2 días. Apollo 12, 13 y 14.

Misión tipo I: exploraciones amplias. No realizada.

Misión tipo J: alunizaje con estancia ampliada en la Luna, empleo de vehículo e investigaciones desde órbita. Apollo 15, 16, 17.

También hubo modificaciones en el módulo de servicio de la nave principal. Uno de sus laterales se destinaría a un conjunto de cámaras fotográficas y otros sensores con los que investigar grandes extensiones de terreno mientras giraba en torno a la Luna.

Hacia la Luna

Durante el viaje hacia la Luna no se registraron incidencias. El despegue, absolutamente nominal; la entrada en órbita terrestre, la inserción en trayectoria translunar, la extracción del módulo lunar de su alojamiento... Todas las maniobras se fueron desarrollando conforme a lo previsto en el plan de vuelo.

Cierto que a lo largo de las horas los astronautas se enfrentaron a pequeñas anomalías: un piloto luminoso que parpadeaba sin motivo (al final se localizaría la causa: un hilo suelto de un par de milímetros escasos en el interior de uno de los cientos de conmutadores), una fuga en el depósito de agua potable (tras muchas consultas con dirección de vuelo se solucionó empapándola con una toalla), un cristal roto en uno de los indicadores del panel de mandos del *Falcon*... En este caso, hubo que utilizar un aspirador para capturar los fragmentos. Existía el (remoto) peligro de inhalarlos por accidente.

No es de extrañar que en todas las misiones lunares se registrasen numerosas incidencias de poca importancia. El Saturn V estaba compuesto por más de tres millones de piezas individuales; y el módulo de mando *Endeavour* por dos millones de piezas, 35 km de cable eléctrico y 700 botones, conmutadores e indicadores varios. Aunque todos los componentes habían superado estrictos controles de calidad, un mero análisis estadístico demostraba que a lo largo de un vuelo docenas de ellos fallarían de una u otra forma.

Con cierta periodicidad los astronautas debían verificar su posición y velocidad (lo que en términos técnicos se conocía como «vector de estado»[10]). Utilizaban el sextante de a bordo para tomar una serie de referencias estelares y los cálculos

10. El vector de estado no era más que era un conjunto de siete números: los tres componentes de posición (X, Y, Z), los tres de velocidad y una referencia de tiempo.

los realizaba el ordenador de la nave. En este sentido, el Apollo era autónomo: podía navegar sin ayuda externa.

En parte, esta autonomía era consecuencia de las suspicacias propias de la Guerra Fría, la época durante la cual se proyectó el sistema de navegación. Existía el temor de que la Unión Soviética pudiese interferir en el enlace por radio entre Houston y la nave. Una sospecha infundada, por supuesto, pero que había impulsado el diseño de un equipo capaz de establecer el curso por sus propios medios.

Al mismo tiempo, la red de estaciones de seguimiento recopilaba datos de la trayectoria: posición y velocidad, sobre todo. El tratamiento matemático para definir el rumbo se hacía en el centro de cálculo. Cuando esos resultados parecían más exactos o más fiables que los obtenidos desde la nave, los controladores podían actualizar el vector de estado sin más que enviarle por radio los datos correspondientes. Los astronautas solo tenían que poner al ordenador en modo de escucha. Era una de las pocas ocasiones en que Houston intervenía de forma directa en el funcionamiento de la nave.

Alunizaje

El viaje desde la inserción en trayectoria translunar hasta la entrada en órbita alrededor de la Luna duró poco más de tres días justos. Y los astronautas no perdieron el tiempo: cuatro horas después, el Apollo 15 realizaba la primera maniobra que pondría al LM en rumbo de descenso. La técnica era la misma ensayada en el vuelo anterior: para conservar combustible el frenado se hizo con el motor del módulo de servicio antes de separar ambas naves, y de esta manera el *Falcon* encararía la fase final de aterrizaje con sus depósitos llenos.

La trayectoria de aproximación seguía una pendiente de 25 grados, mucho más pronunciada que en misiones anteriores. Al atravesar la cadena montañosa de los Apenninus en una zona cuyos picos superaban los 3.500 metros, Scott e Irwin los vieron pasar a ambos lados por encima de su nave. La sensación era la de estar pilotando un avión a través de un estrecho valle.

Durante los minutos finales el comandante se esforzó por localizar algún punto de referencia familiar. En los ensayos parecía tarea fácil. El Servicio Geológico del centro de control había preparado una maqueta de yeso de 5 x 5 metros que reflejaba los accidentes del terreno: los dos montes —Hadley y Hadley Delta—, el surco del mismo nombre y las depresiones y cráteres secundarios identificados en las fotos orbitales. Una cámara de televisión motorizada se movía por encima de ella, reproduciendo los movimientos del módulo lunar y enviando las imágenes a unas pantallas en las ventanillas del simulador. La

Una ilustración —previa al vuelo— que reflejaba la orografía de Hadley-Apenninus. Indica también los tres itinerarios de exploración planeados.

sensación era perfecta.

Pero la realidad no resultó tan sencilla, pues aunque los cráteres eran numerosos las condiciones de iluminación solo destacaban en unos pocos como referencia. El modelo de yeso había exagerado mucho su relieve. Además, el *Falcon* seguía un rumbo desviado hacia el sur, y al principio Scott no acertaba a distinguir el sinuoso surco del barranco. Por un momento temió que podían pasarse y aterrizar al otro lado. Un desastre, puesto que les hubiese situado fuera del alcance de todos sus objetivos.

Al nivel de 1.500 metros Irwin empezó a repetir en voz alta las cifras que mostraba la pantalla del ordenador: altura, velocidad de descenso y la referencia donde el predictor del punto de aterrizaje (la escala graduada en la ventanilla izquierda de la nave) preveía que irían a posarse. Scott, por su parte, iba pulsando con un dedo el conmutador que controlaba su velocidad vertical. Cada click la reduciría (o incrementaría) en 30 centímetros por segundo.

Al llegar a los 120 metros el *Falcon* estaba descendiendo a 4 metros por segundo, y el ordenador activó el programa P66 de aterrizaje bajo control manual. Los indicadores marcaban un 9 por ciento de combustible, un margen más que suficiente, puesto que el contacto con el suelo ya era inminente. Los pilotos sabían que estaban entrando en la zona más crítica, ya que de producirse un fallo a tan poca altura no habría tiempo de separar la cabina y remontar el vuelo: de una u otra manera deberían aterrizar.

A los 50 metros el escape del motor empezó a levantar nubes de polvo. Scott, atento solo al paisaje, perdió de vista cualquier relieve del terreno. Estaba descendiendo a menos de medio metro por segundo, la velocidad de un paseante. El indicador de desplazamiento (una pantalla cuadrada a la altura de los ojos del comandante) señalaba una ligera deriva hacia delante y la derecha.

Se iluminó la luz azul en la parte superior del panel, señal de que una de las tres sondas que colgaban de las patas acababa de rozar el suelo. El *Falcon* todavía estaba a más de un metro de altura y Scott pulsó el botón de apagado. Era el procedimiento estándar para evitar que la boca del motor tocase tierra mientras seguía encendido. Un bloqueo de la salida de gases podría dar como resultado una explosión. Y en este viaje la precaución tenía aún más sentido puesto que el faldón de la tobera se había alargado unos centímetros en un intento de conseguir algo más de empuje.

En la débil gravedad lunar la caída a motor parado duró algo más de un segundo y el impacto fue brusco. Los acelerómetros midieron unos 8 km/hora, más del doble que lo registrado en vuelos anteriores. El propio Irwin se sobresaltó, sin poder evitar una exclamación «¡Bam!». Luego comprobaría que el golpe contra el suelo había deformado la tobera. Era un detalle a tener en cuenta, pero irrelevante: ya había cumplido su misión y no volvería a encenderse durante su viaje.

El módulo lunar quedó pisando un par de cráteres: inclinado diez grados hacia atrás y ligeramente ladeado. Sin aire que lo mantuviese en suspensión, el polvo se posó de forma casi instantánea dejando el horizonte despejado. Scott anunció el aterrizaje con una frase en apariencia anodina: «*Falcon* está en la llanura en Hadley». Para unos pocos que estaban en el secreto, la llanura era una oblicua referencia a «The Plain», el campo de desfiles de su *alma mater*, la academia militar de West Point.

El LM permanecería tres días en Hadley, uno más que en vuelos anteriores. Sus mayores reservas de oxígeno permitían vaciar y volver a presurizar la cabina al menos cinco veces: cuatro aperturas al vacío y una más, antes del despegue, para arrojar por la borda todo el material inútil.

La primera salida se hizo a poco del alunizaje, aunque antes de que los astronautas abandonasen su nave el comandante se limitaría a abrir la escotilla del techo y a asomar cabeza y brazos para reconocer el terreno. Con sus 7 metros de altura el *Falcon* ofrecía una atalaya perfecta.

Scott dedicó una media hora a esta tarea. El panorama que se ofrecía a sus ojos era grandioso. A su derecha, la mole del monte Hadley empezaba a recibir los primeros rayos de luz; al otro lado, un poco más bajo pero también imponente, Hadley Delta, en cuya falda podía distinguir

Composición de imágenes que muestran la vista desde las ventanillas del módulo lunar recién aterrizado. A la izquierda, en la ladera del fondo, destaca el cráter Saint George.

el cráter de impacto denominado Saint George. El ángulo de iluminación resaltaba algunos estratos en las regiones más elevadas. A proa, la grieta del surco Hadley formaba un recodo de casi 90 grados.

Concluida esta primera familiarización con la zona, los dos hombres pasarían las siguientes dieciséis horas dentro de la nave. Tras dictar sus impresiones al centro de control, cenaron y disfrutaron de un merecido sueño. Al principio no muy cómodo para Scott; su hamaca estaba tendida de proa a popa y la inclinación del *Falcon* le situaba la cabeza más baja que los pies. Los técnicos de Houston, en broma, se referían al vehículo como «vuestra particular torre de Pisa».

Ruedas en la Luna

Al día siguiente, por fin, ambos astronautas bajaron a la superficie. Con la cámara de televisión ya activada se dedicaron a desplegar el coche. La operación era casi automática. Estirando unas cintas el conjunto se separaba de su alojamiento en la esquina frontal izquierda del módulo lunar. Unos resortes forzaban la apertura del chasis posterior y liberaban las dos ruedas traseras. Mejor no aproximarse porque, impulsadas por los flejes de la suspensión, se desplegaban con mucha fuerza. Entonces basculaba como un puente levadizo con lo que ambas hacían contacto con el suelo. Luego se abría el último tercio del bastidor con sus otras dos ruedas y todo el vehículo descendía hasta quedar horizontal, a punto de marcha.

Solo quedaba abrir los respaldos abatibles, desplegar el panel de mandos y activar el sistema eléctrico. Una de las dos baterías indicaba cero, pero con toda seguridad se trataba de un error de instrumentación. Más molesto resultaba que la dirección frontal no funcionase. Aunque eso no impediría empezar la primera excursión, conduciendo con las ruedas posteriores.

El comandante fue el primero en probarlo. En las simulaciones, el simple peso de su mochila bastaba para mantenerlo hundido en el asiento, pero en la Luna se encontró casi recostado, como en una tumbona. No sin dificultades se abrochó el cinturón de seguridad, cuya longitud era fija, no ajustable.

Habían aterrizado a unos cientos de metros del lugar previsto, así que durante la primera parte del recorrido los astronautas tuvieron dificultades para saber con exactitud dónde se encontraban. Necesitarían un punto de referencia que figurase en sus mapas, pero eso no debería plantear problemas. Conduciendo hacia el oeste llegarían al borde del barranco y luego, al sur, hasta encontrar el pequeño cráter Elbow («el Codo»), donde la grieta ejecutaba un pronunciado giro casi en ángulo recto.

Las reglas de la misión establecían que en caso de que el coche sufriera una avería que lo inmovilizase los astronautas debían poder regresar al módulo lunar a pie. Los nuevos trajes ofrecían unas nueve horas de autonomía, pero con el paso del tiempo las reservas de oxígeno y de agua (para la refrigeración) iban disminuyendo. En consecuencia, la distancia de seguridad era cada vez menor. La mejor estrategia consistía, pues, en llegar lo antes posible al punto más alejado, y a partir de él ir aproximándose al *Falcon*.

La primera salida les llevó hasta el borde del surco Hadley. Algo más de 1 km de anchura y 400 metros de profundidad. Sus pendientes, muy pronunciadas, resultaban impracticables para el Rover o para los mismos astronautas. El fondo, que empezaba a recibir la luz del día, aparecía cuajado de

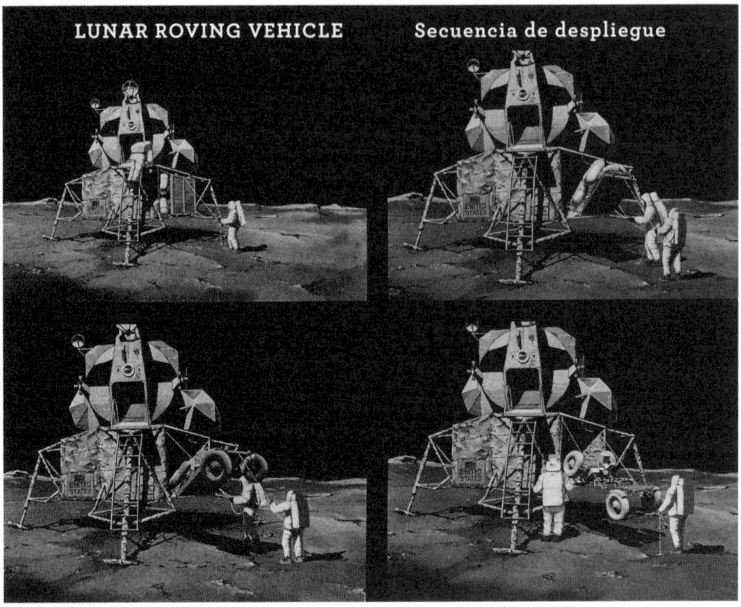

Primeras etapas de la secuencia de despliegue del Rover.

El Rover desciende hasta el suelo y queda en posición de marcha.

enormes bloques de roca, algunos del tamaño de casas.

No sobraba tiempo para disfrutar del paisaje. Un cuarto de hora más y emprendieron camino hacia las estribaciones de la montaña, por debajo del cráter Saint George, en donde recogerían más rocas y también una muestra pro-

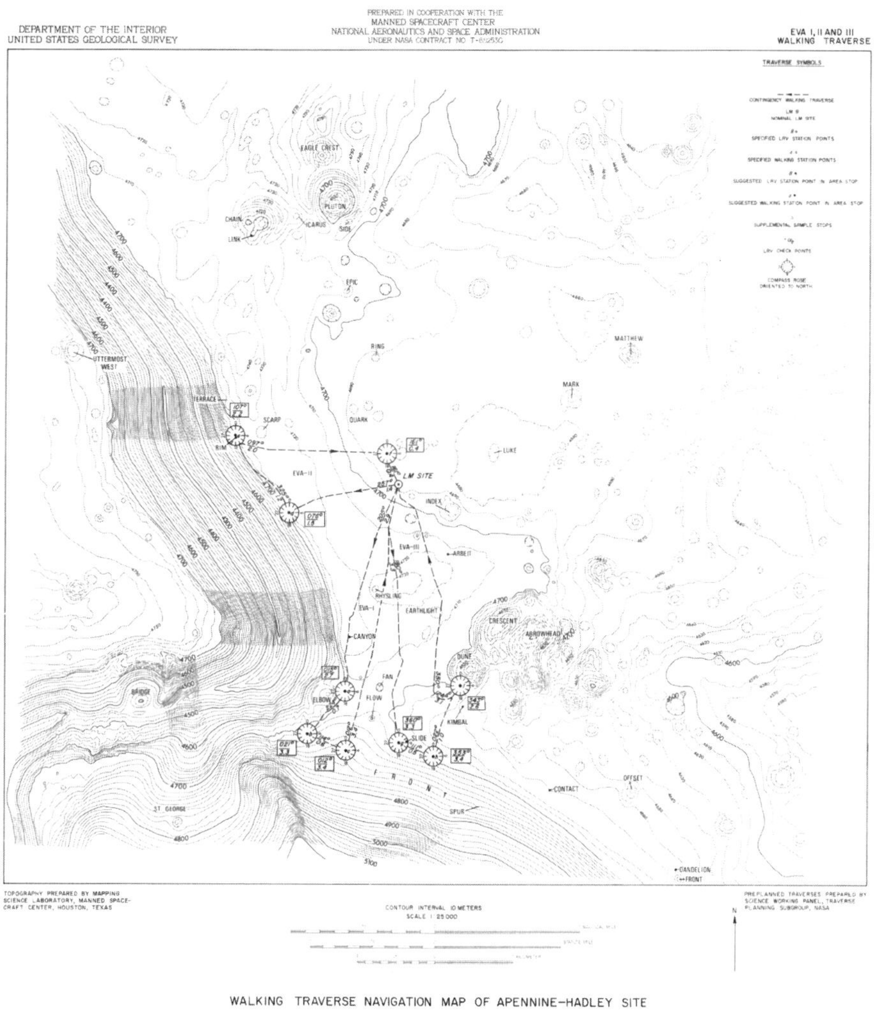

La cartografía de la zona ilustra la gran inclinación de las pendientes del barranco Hadley.

TELEVISIÓN DE CALIDAD EN DIRECTO DESDE LA LUNA

Las imágenes de televisión transmitidas en vuelos anteriores habían supuesto una decepción tras otra. En el Apollo 15, la NASA iba a ensayar un sistema nuevo. Empezando por la cámara, un nuevo diseño de RCA, más sensible y capaz de obtener detalles en zonas de sombra profunda, que se había desarrollado en menos de un año.

Para generar imágenes en color la cámara utilizaba un sistema que podía parecer primitivo: una simple rueda de filtros: rojo, verde y azul, que giraba frente al tubo de imagen. Cada fotograma estaba formado así por tres en blanco y negro que se transmitían a la Tierra en rápida secuencia.

La señal de vídeo se recibía en una de las tres antenas gigantes situadas en California, Madrid o Australia. De allí, por línea terrestre a una estación de enlace con un satélite Intelsat, anclado en órbita sincrónica a 35.000 km sobre el suelo. En menos de un segundo llegaba a otra antena receptora en California y de ahí a Houston. El departamento de vídeo combinaba las tres imágenes monocromas para formar la definitiva, en color, que se enviaba en formato NTSC comercial a las cadenas comerciales.

Por el camino, una serie de equipos auxiliares y filtros electrónicos se encargaban de mantener una buena calidad de la señal, eliminando en lo posible ruidos o deformaciones. El resultado era comparable al que se hubiese obtenido filmando la escena en un estudio.

La rueda de filtros tenía una limitación: no era adecuada para filmar objetos que se moviesen rápidamente. El efecto resultaría muy evidente en la secuencia del despegue, cuando cientos de trozos del aislante térmico salían despedidos en todas direcciones y sus colores chillones no respondían a la realidad. Sencillamente, la rueda no giraba con suficiente rapidez y solo podía registrar uno de los tres tonos de color en cada fragmento.

La nube de fragmentos expulsada en el momento del despegue.

funda, hincando en el suelo un tubo de 2 metros. Además, al igual que hicieran en el resto del recorrido, utilizaron una cámara equipada con teleobjetivo de 500 mm con la que fotografiar detalles lejanos. En la Tierra una lente de esas características hubiese requerido un trípode, pero en la Luna pesaba seis veces menos, así que Irwin no tuvo dificultades en mantenerlo estable.

En línea recta 4 kilómetros los separaban del *Falcon*, que ya era invisible, oculto por las ondulaciones del terreno. El odómetro marcaba algo más de 10 km, puesto que habían seguido un trayecto sinuoso. Llevaban cuatro horas de viaje pero solo una de movimiento real; el resto del tiempo el coche había permanecido aparcado mientras los astronautas inspeccionaban la zona. Ahora era el momento de regresar, porque quedaba un importante trabajo: instalar los experimentos científicos, todavía almacenados a bordo de la nave.

Irwin y el automóvil junto al borde oriental del barranco Hadley.

Siete instrumentos integraban el paquete ALSEP del Apollo 15, la mayoría duplicados de otros ya instalados en vuelos anteriores. Por ejemplo el sismómetro, muy similar a los de Procellarum y Fra Mauro. Entre los tres componían una red de detección capaz no solo de detectar temblores, sino de establecer su origen con gran precisión.

Aunque estrictamente no formaba parte del ALSEP, los astronautas desplegarían también un reflector de rayos láser. Esta vez muy mejorado, ya que ofrecía una superficie triple del que instalaron Armstrong y Aldrin: 300 prismas de cuarzo en lugar de los 100 utilizados hasta entonces. Junto con los de los Apollo 11, 12 y 14, así como los que llevaron los *Lunokhod* rusos, se sigue utilizando aún hoy para realizar medidas muy minuciosas de la distancia Tierra-Luna.

La novedad en cuanto a instrumentación era un dispositivo que mediría el flujo y conductividad térmicos de las capas profundas del suelo. El primero —si es que llegaba a detectarse— podía tener un doble origen: el calor aún presente en su núcleo o la desintegración de átomos radiactivos. Al fin y al cabo, las muestras obtenidas por los Apollo 11 y 12 contenían trazas de uranio, torio y potasio; si esos elementos abundaban también en los estratos inferiores quizá contribuirían de forma significativa a la cifra total. Experimentos similares realizados en la Tierra eran básicos en el estudio del vulcanismo, terremotos y orogenia.

Scott debería utilizar un taladro para practicar en el suelo un agujero de 3 metros e introducir en él unas termosondas muy sensibles. Unas resistencias eléctricas permitirían aplicar pequeñas dosis de calor y medir el gradiente de temperaturas (o sea, las registradas a diferentes profundidades) y, a partir de esos datos, estimar la conductividad térmica del terreno.

Pese a su aparente simplicidad, la implantación del experimento encontró muchas dificultades. Ninguno de los dos taladros llegó ni a la mitad de los 3 metros previstos. Un defectuoso diseño de la barrena le impedía evacuar el material arrancado que se iba acumulando hasta formar una masa casi pétrea. Scott lo intentó todo, incluso desconectar el motor y tratar de extraer la broca atascada a mano o con ayuda de una

Conjunto de instrumentos ALSEP. El objeto más voluminoso es la estación central (al fondo en el centro). A su alrededor, el generador eléctrico (izq.), el medidor de flujo térmico (primer término, con los cables que lo conectan a sus dos sondas), y el espectrómetro de viento solar y el sismómetro (ambos a la derecha).

llave inglesa, pero el engorroso traje espacial no lo ponía fácil; al agacharse para recuperar el cabezal había que luchar contra la presión interna, ya que las perneras flexionadas actuaban como un muelle obligándole a incorporarse de nuevo. Al final, con el tiempo agotándose, optó por dejar la broca embebida en el suelo y probar otra vez en la siguiente salida.

Segunda excursión

Al empezar la segunda jornada el panorama había cambiado. El Sol estaba más alto y el flanco del monte Hadley,

Hacia el final de la primera salida Jim Irwin revisa las bolsas de muestras colgadas en la trasera del Rover. Al fondo, el monte Hadley, de 4.100 metros de altura, que parece que se encuentra cerca pero está a unos 20 km de distancia.

antes en penumbra, presentaba una iluminación uniforme que resaltaba las estrías de su ladera, como si fueran numerosas capas superpuestas en sucesivos episodios. Sin embargo, se encontraba muy lejos, a 20 km de distancia, lejos del alcance de los astronautas, por lo que Scott e Irwin se limitarían a fotografiarlos con su teleobjetivo más potente.

El objetivo de la segunda EVA (Actividad Extra Vehicular) era la base del monte Hadley Delta. Por el camino visitarían un característico grupo de cráteres, esta vez sin aproximarse al barranco. Para agradable sorpresa de los astronautas, al activar el Rover descubrieron que ya funcionaba el sistema de dirección frontal y estaba en perfectas condiciones. No había mucha explicación, pero tampoco era cuestión de ponerse a investigar, así que cargaron en él sus herramientas y arrancaron con rumbo sur.

Las dificultades de Scott en recuperar el taladro obligaban a reservar al menos veinte minutos para intentarlo otra vez al final del paseo. Por el camino pararían tres veces con el objeto de recoger muestras de diferentes orígenes: en la base del macizo Hadley y en el entorno de un par de cráteres. Esta sería la travesía más larga de todas: 12,5 km.

El vehículo LRV *(Lunar Roving Vehicle)* siguió comportándose a la perfección incluso en situaciones extremas, como en pendientes y al atravesar campos de rocas sueltas. En algún momento, al bajar una cuesta, sus ruedas se hundieron casi medio metro en el polvo y derrapó en un espectacular trompo, coreado por los astronautas con risas nerviosas. En otro, pese a tener puesto el freno exhibía una tendencia a resbalar repecho abajo. Irwin, inquieto, lo retuvo agarrándolo del chasis. La débil gravedad permitía alardes de fuerza imposibles en la Tierra.

La roca del Génesis

David Scott examina una roca en la estación 2, en la ladera del monte Hadley Delta.

Ya en camino de retorno, Scott detuvo la marcha cerca de un pequeño cráter, identificado como Spur, en donde se veía un campo de rocas de todos los tamaños. Los dos astronautas habían recibido un intensivo entrenamiento en geología y aquello era un paraíso. Sin alejarse mucho, acumularían casi un centenar de muestras. En particular llamó la atención una de color más claro que podría tratarse de anortosita, una roca ígnea formada en el lento enfriamiento del magma primigenio. La fotografiaron desde varios ángulos, antes y después de recogerla, y pasó a una de las bolsas de lona que llevaban colgando de sus mochilas.

A su llegada a Houston, esa roca recibió el número de identificación 15.415. Los análisis mineralógicos confirmaron que, en efecto, se trataba anortosita, un tipo de feldespato que se creía característico de la corteza primigenia. Su origen se remontaba a más de 4.000 millones de años atrás, tan solo un poco más reciente que la fecha estimada de la formación del Sistema Solar. Era la clase de muestra que los especialistas soñaban con encontrar, una reliquia emparentada con el propio nacimiento de la Luna.

La roca pesaba 269 gramos, y eran muchos los investigadores que solicitaron una muestra. En el primer proceso de corte se fragmentó en una docena de trozos, cada uno con su número de identificación, y de estos nacieron pe-

«La roca del Génesis» en el Laboratorio de Recepción de Muestras.

dazos de segunda y tercera generación. Alguno, de más de 60 gramos, pero la mayoría de diez veces menos de peso o simples montoncitos de polvo. Se repartieron a laboratorios de todo el mundo, aunque con la obligación de devolver a la NASA todos los sobrantes de los análisis.

La muestra 15.415 se convirtió en uno de los hallazgos geológicos más famosos de todo el programa. Su edad le valió el apodo de «la roca del Génesis», aunque meses más tarde el Apollo 16 conseguiría otro ejemplar aún más antiguo.

Los astronautas estuvieron de regreso casi seis horas después de su partida. Scott se acercó al lugar donde había quedado el taladro con la broca clavada en el suelo, pero no hubo forma de arrancarla ni de progresar en la perforación. Así que, al final, los geólogos de Houston aceptaron instalar los termómetros en los agujeros que sí se habían podido hacer, aunque no fuesen todo lo profundos que debieran. El experimento todavía entregaría resultados válidos.

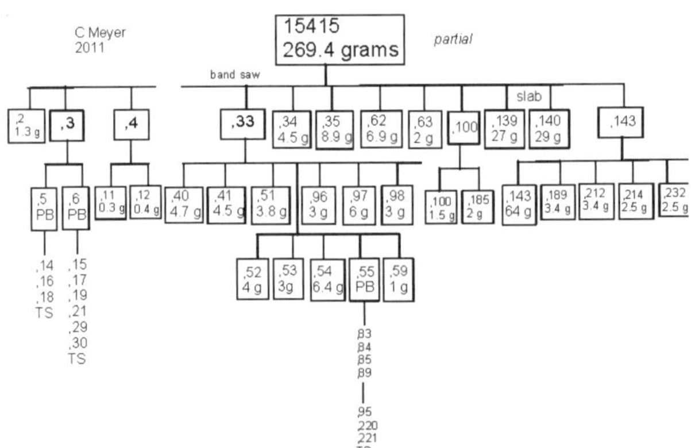

Parte del informe del conservador respecto a la roca 15.415, llamada «la roca del Génesis». Arriba, el esquema de «generaciones» obtenidas por cortes sucesivos con sus correspondientes pesos; abajo, el momento del primer corte en el laboratorio.

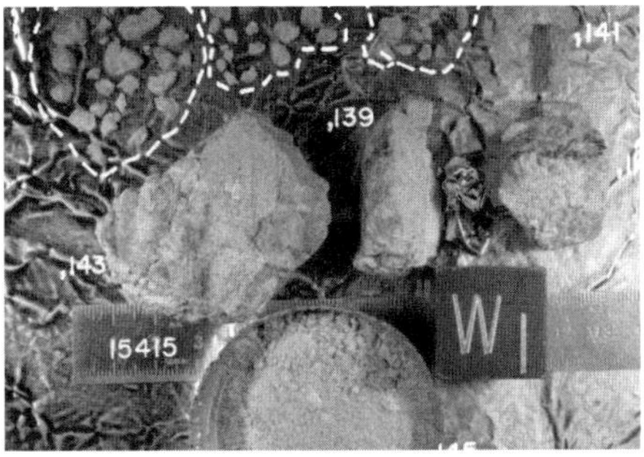

Fragmentos (algunos poco más que grava) recortados de «la roca del Génesis».

Cansado de perder el tiempo, el comandante desconectó la cabeza de la herramienta y se dirigió a otro sitio cercano donde terminar el trabajo: un agujero más, esta vez con la intención de recoger una muestra profunda de las capas del terreno. Serviría de referencia en la interpretación de las lecturas de temperatura que se consiguiesen y también para estudiar el historial geológico de esa zona.

Trabajando con mucho cuidado consiguió perforar hasta casi el nivel adecuado: unos 2,5 metros. El problema vino al tratar de extraer el taladro. Sus segmentos, de 50 cm cada uno y roscados uno a otro, también estaban atascados por el cohesivo regolito. Ante la imposibilidad de separarlos optaron por dejarlos allí mismo e intentarlo de nuevo en la tercera salida. Sería difícil acomodar un tubo tan largo en la reducida cabina del LM.

Quedaban algunas tareas protocolarias: implantar la bandera, por ejemplo, una ceremonia omitida durante la primera salida, quizá por la premura en desplegar el Rover. Los astronautas descubrieron la placa conmemorativa, adosada a la pata frontal del *Falcon*, y la inscripción seguía el mismo esquema utilizado desde el Apollo 12: el nombre de la misión y el módulo lunar, la fecha y las firmas de los tres expedicionarios.

Tercera salida

Como ambos astronautas se temían, la primera tarea prevista en la tercera excursión consistió en recuperar el recalcitrante tubo de sondeo profundo. Era un cambio de planes nada bienvenido. El día anterior Scott había perdido más de media hora peleando con el taladro. Si ahora tropezaba con las mismas dificultades, con toda seguridad no tendrían tiempo para visitar todos los lugares que quedaban en la lista.

A medida que pasaba el tiempo sus temores se hicieron realidad. Scott e Irwin unieron fuerzas para extraer el tubo lleno de muestras de las capas del terreno, e incluso llegaron a utilizar el hombro empujando hacia arriba las manijas del taladro (lo cual, por cierto, acabaría provocando una leve lesión de ligamentos al comandante). En Houston, el monitor de actividad cardíaca superó las 125 pulsaciones por minuto.

Tras muchos intentos al final lo consiguieron. La trasera del Rover ofrecía un par de mordazas, casi como en un banco de trabajo, que permitirían asirlo con firmeza para desenroscar sus cinco secciones. Sin embargo, por un error en el diagrama de montaje, estaban instaladas al revés. En lugar de sujetar se abrían al menor esfuerzo. Una vez más, los dos hombres recurrieron al procedimiento tradicional: mientras uno agarraba el tubo por un lado con las manos su compañero intentaba retorcerlo por el otro.

Tampoco resultó fácil. Los segmentos del tubo estaban agarrotados y el polvo dificultaba aún más el hacerlos girar. En numerosas ocasiones Scott preguntó a Houston si, de verdad, aquel cilindro de tierra y pedruscos merecía todo el esfuerzo —y el tiempo— invertidos. Sin duda que sí, obtuvo por respuesta. Era la muestra estratigráfica más profunda conseguida nunca en la Luna. Una vez analizada revelaría más de cincuenta capas distintas, toda una historia que reflejaba la compleja evolución de la región.

Grand Prix

Tratándose del primer automóvil que circulaba por la Luna los ingenieros estaban muy interesados en ver su comportamiento, forzándolo hasta donde permitía la prudencia. Antes de empezar la tercera excursión Scott debía

David Scott hace equilibrios para recoger el cabezal del taladro. La broca atascada sobresale del suelo. Frente a él, el conjunto de las demás brocas. El instrumento de primer término es el espectrómetro de viento solar, parte del ALSEP.

llevarlo cerca de su velocidad máxima (unos *vertiginosos* 12 km/h), mientras Irwin lo filmaba con una cámara cinematográfica.

Interesaban detalles como su comportamiento al tomar un bache a cierta velocidad, su maniobrabilidad en curvas o la eficacia de los guardabarros para contener la cortina de polvo que levantaría. En el buje de las ruedas iban pintadas unas franjas negras. No era un mero adorno. Analizando la película foto a foto y comparando su giro con el avance real del coche podría estimarse hasta qué punto patinaban en el regolito.

Pero no podría ser. Después de que Scott ejecutase una serie de acelerones y giros bruscos debidamente filmados por Irwin, este descubrió que el contador de película no había avanzado. Omitió retirar un precinto adhesivo del magazine (precinto que, por otra parte, nunca estuvo presente en las simulaciones). Con cierto sentimiento de frustración, los dos ocuparon sus asientos, abrocharon sus respectivos cinturones de seguridad y emprendieron camino hacia el oeste. Su objetivo final sería la orilla del surco Hadley.

Cubrieron un poco más de dos kilómetros en quince minutos antes de llegar a la primera parada. El panel del Rover indicaba una distancia en línea recta al *Falcon* de kilómetro y medio, dentro de los límites de seguridad. La conducción había resultado movida, con el coche subiendo y bajando por suaves hondonadas y cráteres tan erosionados que eran casi indistinguibles hasta caer en ellos.

La luz había cambiado una vez más. Ahora todo el frente de los montes Apenninus estaba iluminado y mostraba un fantástico panorama. En la otra orilla, a lo lejos, podían ver también la ladera occidental del barranco, su próxima parada.

Desde el borde del surco Hadley la vista era espectacular. El fondo, cubierto de rocas que la perspectiva hacía parecer pequeñas aunque, en realidad, eran peñascos enormes. Aquí, la grieta tenía algo más de kilómetro y medio

David Scott repitiendo el experimento de Galileo (imagen de televisión transmitida por la cámara del Rover).

Terminada la demostración, la pluma de halcón descansa sobre el polvo lunar.

de anchura, pero la ausencia de atmósfera permitía ver con toda claridad la pared del otro lado, ahora bañada por el Sol. En ella podían distinguirse numerosas capas o alineamientos de roca, probablemente resultado de sucesivos depósitos de lava. Los astronautas hicieron fotografías con el teleobjetivo de 500 mm para documentarlos en detalle.

El tiempo se había echado encima. Se hubo de cancelar la visita a un grupo de cráteres al norte. Aunque Scott expresó algo de desilusión, lo cierto es que la cosecha de muestras era extraordinaria: 77 kg. Entre ellas, ejemplares de basaltos, resultado del impacto que formó Mare Imbrium 3.800 millones de años atrás y origen de la cordillera de los Apenninus.

También se encontraron algunas rocas cubiertas de cristales verdes, que debían ese color a su riqueza en magnesio. Esa cristalización sugería un rápido enfriamiento de

El Rover, abandonado en su posición final para retransmitir el despegue de la cabina. En su portaherramientas todavía lleva el rastrillo de recogida de muestras. Aunque no se aprecia en la fotografía, el objeto oscuro apoyado en la manija de conducción es un ejemplar de la Biblia.

la lava. Quizá procedían de capas muy profundas (400 o 500 km), arrancadas por el impacto y lanzadas al espacio antes de caer de nuevo en la Luna.

De regreso al *Falcon*, Scott aparcó el Rover frente al compartimento de herramientas, a continuación entró en el campo de visión de la cámara, extrajo una pluma de halcón de su bolsillo de preferencias personales y se dispuso a realizar un experimento clásico. Se había ejecutado por primera vez cuatro siglos antes en Pisa (o quizás es solo una leyenda), y su autor no podía haber soñado que un día se repetiría en la Luna.

«Bien, en mi mano izquierda, tengo una pluma y en mi derecha, un martillo. Y supongo que una de las razones que nos han traído hoy aquí fue que un caballero llamado Galileo, hace mucho tiempo, hizo un significativo descubrimiento acerca de la caída de objetos en campos de gravedad. Qué mejor lugar que en la Luna para confirmar su hallazgo...»

La cámara de televisión instalada en el Rover hizo un *zoom* para mostrar los dos objetos que Scott sostenía en sus ma-

La placa que recuerda a los astronautas fallecidos y delante de ella una figurita de aluminio del «astronauta caído».

nos: un martillo y una pluma. Luego, la pantalla pasó a un plano general justo en el momento en que los soltaba. Como era de esperar, en el vacío, martillo (unos 300 gramos) y pluma (un par de gramos) llegaron al suelo al mismo tiempo.

Ya de regreso, Scott confesaría que no las tenía todas consigo. Hasta tal punto que llevaba en el bolsillo dos plumas (proporcionadas, bien a su pesar, por el halcón mascota de la academia de la Fuerza Aérea); una era para ensayar fuera de cámara. Sobre el principio físico no cabía duda, pero algunos detalles podían falsear la demostración. Por ejemplo, que la pluma quedase pegada al guante debido a la electricidad estática. Si el experimento fallaba a la vista de medio mundo entonces ninguna explicación posterior podría corregir el desaguisado.

Al final, no tuvo ocasión de ensayarlo antes y la demostración se hizo en riguroso directo. Por suerte, todo funcionó como se esperaba. Desde entonces, ese vídeo se ha reproducido millones de veces en escuelas y universidades de los cinco continentes.

Scott e Irwin también ejecutaron una ceremonia insólita: matasellar un centenar de sobres franqueados que habían llevado consigo. Era una carga autorizada por la NASA; no así otros trescientos ocultos en la bolsa de preferencias personales del comandante. Esta acción, en apariencia inocente, tendría desastrosas consecuencias para las carreras de los tres astronautas.

Solo faltaba acabar de recoger muestras y equipos y llevar el coche a una prudente distancia, de forma que su cámara pudiese captar el momento del despegue. Scott

LA COMPLICADA HISTORIA DE LAS BIBLIAS LUNARES

El reverendo John M. Stout era una personalidad sorprendente. Ordenado pastor presbiteriano era también un competente científico: tenía cuatro licenciaturas, dos másters y un doctorado en Lingüística. Su ecléctico currículo incluía actividades como profesor y misionero en Brasil (donde consiguió fotografiar el paso del primer Sputnik), encargado de logística para un contratista de la NASA en Cabo Kennedy durante el programa Gemini, coordinador de proveedores en Houston, capellán de astronautas, fundador de la asociación Apollo Prayer League (APL), que llegaría a contar con más de 40.000 asociados, ingeniero ambientalista en la gestión del desastre del Exxon Valdez y, por fin, misionero nuevamente entre los inuits de Alaska.

Durante su estancia en Houston, Stout conoció al astronauta Ed White, y le transmitió su intención de llevar algún día una Biblia a la Luna. White falleció en el incendio del Apollo 1 y Stout asumió como un objetivo vital el cumplir su proyecto.

Enviar una Biblia de papel a bordo de una nave Apollo era impracticable: demasiado pesada. Fue entonces cuando Stout supo de una nueva técnica de miniaturización puesta a punto por NCR. La primera prueba consistió en concentrar las 1.245 páginas de la Biblia en un microfilm del tamaño de un sello de correos.

Stout se puso en contacto con Alan Bean, quien sería el cuarto hombre en pisar nuestro satélite. Bean aceptó llevar consigo el microfilm, pero un error en el manifiesto de carga hizo que la pieza quedase almacenada a bordo del módulo de mando. No llegó a la Luna, y a su regreso Bean se la quedó como recuerdo.

El segundo intento fue más ambicioso: medio millar de ejemplares en microfilm más uno en papel irían a bordo del Apollo 13. El entonces congresista George H. W. Bush (padre) se encargó de la gestión y de hacer llegar el paquete al comandante de la misión, James Lovell. Como es sabido, el Apollo 13 nunca llegó a la Luna.

Sin desanimarse, Stout y la APL prepararon otro envío para volar en la siguiente misión. Serían trecientas microfichas: un paquete de cien se quedarían orbitando en el módulo de mando y doscientas bajarían a la Luna a bordo del *Antares*. Y además otras doscientas y pico irían como anónimos polizones en la nave nodriza. Un tal Harold Hill, miembro de la Liga y especialista de descontaminación,

Una de las Biblias lunares.

tenía acceso a la cápsula poco antes del despegue, y él escondió allí el paquete de contrabando.

Esta vez, la operación tuvo éxito. Las Biblias fueron y volvieron de la Luna para quedar en propiedad de la APL. Stout repartió muchas, previamente numeradas, a sus asociados, museos y otras organizaciones. Entre los receptores: Bush, Nixon y Spiro Agnew, las viudas de los astronautas del Apollo 1 y algunas celebridades como Bob Hope. Hubo tantas solicitudes que Stout troceó algunos microfilms en grupos de veinte páginas. Él, por su parte, se quedó con algunos ejemplares.

Muchos años después, la historia de las Biblias lunares tuvo un triste final: la pelea legal por la posesión de unos microfilms que no solo habían ido a la Luna sino que estaban acompañados del correspondiente certificado de autenticidad, firmado por Worden. Los litigantes eran, por un lado, Carol Mersh, autora de un libro sobre el asunto, quien aseguraba haberlos recibido como un regalo; del otro los Servicios Sociales de Texas, pleiteando en nombre del hijo y heredero de Stout.

Para entonces, los Stout, ancianos y carentes de recursos, estaban acogidos en una residencia estatal. Al enterarse de que en una subasta pública se ofrecía una de las Biblias (de las que volaron en el Apollo 13) los servicios sociales impugnaron la operación, alegando que los beneficios de su venta debían revertir para el cuidado de los dos ancianos, incapacitados por demencia senil.

A lo largo de los años llegaron al mercado varias Biblias. Las primeras se vendían por unos 10.000 dólares; las últimas alcanzaron los 75.000 dólares. Según esa valoración, la herencia (unos pocos ejemplares, todavía en posesión de los Stout) podía representar más de un millón de dólares.

La disputa entre jurisdicciones de Texas y Oklahoma duró seis años. A mediados de 2017 los servicios sociales retiraron su demanda, ya que John Stout había fallecido el año anterior.

La carrera por dejar físicamente una Biblia en la Luna no terminó con el Apollo 14. David Scott, comandante del Apollo 15, aceptó un encargo similar; pero esta vez no sería una versión miniaturizada sino un libro en papel. Lo dejaría, sin mucha ceremonia, sobre la consola de mandos del Rover, apoyado en la palanca de dirección. Todavía se encuentra allí.

lo aparcó a unos 150 metros. Había cubierto un total de 28 km, con un consumo de energía eléctrica muy inferior a lo previsto: menos de la mitad. En sus baterías todavía quedaba carga para repetir las tres excursiones.

Antes de abandonar el coche y regresar al *Falcon*, Scott depositó sobre la palanca de dirección un ejemplar de la

Biblia. Se quedaría allí como auténtico «primer libro en la Luna» (si exceptuamos todos los manuales técnicos de anteriores Apollos), ya que la versión microfilmada que voló en el Apollo 14 fue devuelta a la Tierra.

Luego, alejándose unos metros hasta un pequeño cráter, depositó en el suelo un homenaje a todos los compañeros que no habían podido vivir esos momentos: una placa metálica con los nombres catorce astronautas fallecidos, tanto estadounidenses como rusos; algunos (como Komarov, del Soyuz 1, o los tres tripulantes del Soyuz 11) en el transcurso de su vuelo; y otros en el incendio del Apollo 1 o en accidentes de aviación. Faltaban dos: Bondarenko y Nelyobov, cuyas historias y circunstancias de su muerte aún no eran conocidas.

Junto a la placa Scott dejó también una figurita de aluminio titulada *Astronauta caído,* obra del escultor belga Paul van Hoeydonck, aunque su autor negó posteriormente que fuese «caído», sino que debía haberse emplazado de pie, en representación de toda la humanidad. Para eso estaba previsto que fuera colocado en un bloque de plexiglás que le proporcionase estabilidad. La NASA vetó la idea por considerar el plástico un riesgo de incendio.

El caso es que van Hoeydonck intentó comercializar después casi un millar de copias, pero solo se vendió un único ejemplar antes de que la NASA presionase para que fueran retiradas, ya que consideraba que violaba su normativa con respecto a la mercantilización de material relacionado con el programa lunar. Quizás es esa única pieza la que salió a subasta en eBay en el año 2015.

En 2019, coincidiendo con el 50° aniversario del Apollo 11, Paul Van Hoeydonck puso a la venta una edición limitada de sus figuras, con su envoltura de resina acrílica, a 590 euros la pieza. Esta vez la NASA no planteó objeciones.

Entretanto, en órbita...

Mientras Scott e Irwin exploraban Hadley-Apenninus, su compañero, Alfred Worden, solo en órbita, estaba muy atareado, más que todos los anteriores pilotos del módulo de mando. Por primera vez tenía a su cargo un conjunto de instrumentos de medición remota mucho más capaces que las meras cámaras fotográficas manuales utilizadas en vuelos previos.

El módulo de servicio estaba dividido en un núcleo y seis compartimentos radiales. El central contenía los mecanismos del motor de maniobra y el helio para presurización, y los otros los ocupaban los depósitos de propergol, células de combustible, tanques de hidrógeno y oxígeno así como otra miríada de equipos auxiliares. La sección 1, vacía en vuelos previos, esta vez iba llena a rebosar con instrumentos científicos con los que realizar observaciones desde la órbita. El panel que los protegía durante el lanzamiento se desprendería cuando llegase el momento de utilizarlos.

De todos ellos, los más voluminosos eran un par de cámaras fotográficas de gran formato. Su diseño aprovechaba la experiencia adquirida con varias generaciones de satélites militares de reconocimiento. Una montaba un teleobjetivo de 600 mm y podía discriminar objetos de solo un metro a alturas orbitales, mientras que la otra tenía menos resolución pero cubría un área muy amplia que diera contexto a la primera.

La cabina del *Falcon* a punto de concluir la maniobra de reunión con el módulo de mando. El objeto en primer término es un punto de luz para iluminar la salida al espacio que más tarde realizaría Worden.

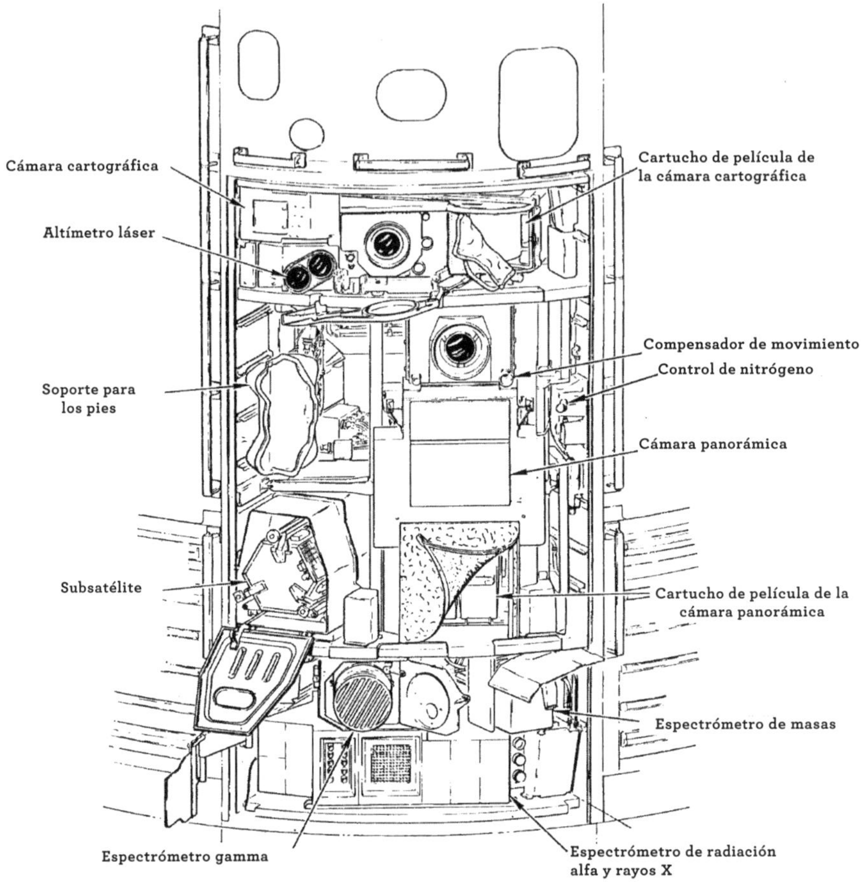

Las cámaras y sensores instalados en el compartimento de instrumentos del módulo de servicio.

La lente de la cámara principal oscilaba a derecha e izquierda, abarcando 150 kilómetros a ambos lados de la traza orbital. Cargaba casi 2.000 metros de película, suficiente para registrar 1.650 imágenes, y cada negativo medía más de un metro de longitud por once centímetros de anchura. Solo el cartucho del film pesaba (en la Tierra) unos 40 kg. En un *único* viaje, ese equipo —derivado de modelos militares— podría fotografiar una décima parte de toda la superficie lunar.

El lugar de aterrizaje del Apollo 15 fotografiado por la cámara métrica. A media altura, cerca del margen derecho, se aprecia muy bien el «codo» del barranco Hadley junto al cual se posó el *Falcon*.

Una tercera cámara apuntaba hacia el espacio. Se trataba de que cada fotografía del terreno fuese acompañada de una del campo estelar. Su análisis permitiría establecer con exactitud la posición y orientación de la nave en el momento de registrar la imagen, y a partir de esos datos refinar las coordenadas de cada cráter, fisura o montículo.

Junto a las cámaras iba instalado un altímetro láser, y con él se completaría el mapa topográfico, añadiéndole una tercera dimensión. El módulo de servicio no era accesible desde la cabina de los astronautas; así que Worden, en su calidad de piloto del módulo de mando, tendría que realizar una salida al exterior durante el viaje de regreso para recoger los cartuchos de película. Sería la primera Actividad

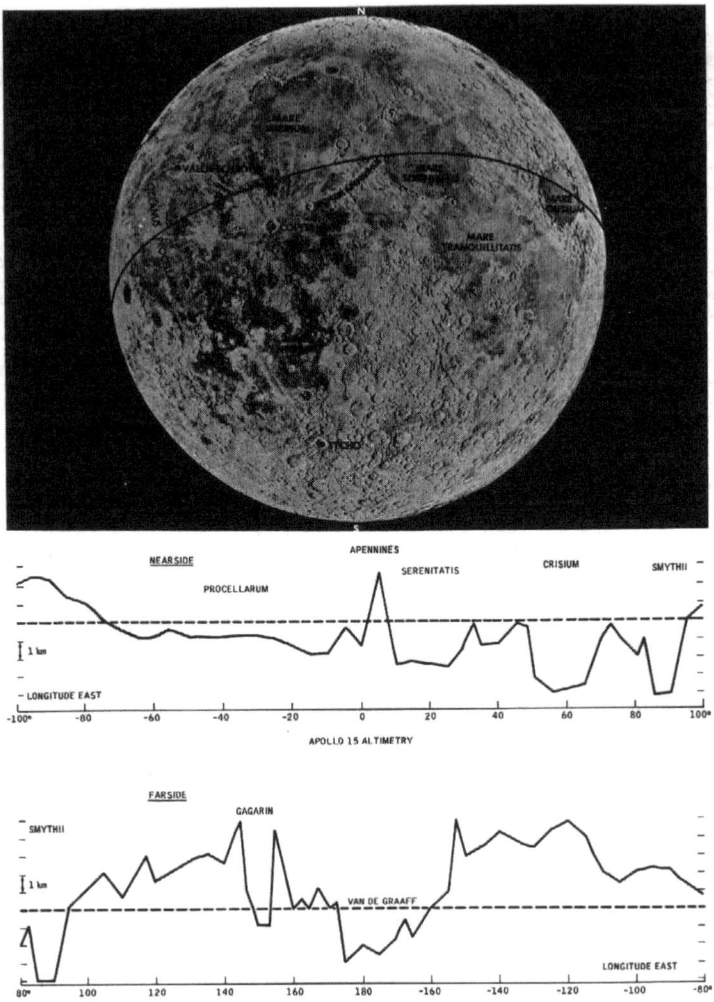

El gráfico muestra la altimetría de la traza orbital del *Endeavour* obtenida mediante el altímetro láser.

Extra Vehicular (EVA) ejecutada a tan gran distancia de la Tierra (si exceptuamos, claro, las caminatas lunares).

Otros sensores instalados a bordo incluían espectrómetros que estudiarían la composición del terreno o las posibles emisiones de trazas de gas. Esto último, en particular, cuando la nave sobrevolase el terminador (la línea divisoria entre día y noche). Se esperaba que el calor del Sol provocase el desprendimiento de mínimas cantidades de elementos volátiles.

Y por último, antes de abandonar la órbita lunar, el Apollo 15 expulsaría un satélite con el que estudiar anomalías gravitatorias o interacciones del plasma solar con la magnetosfera terrestre. Sin embargo, un fallo en su equipo de comunicaciones lo inutilizó al cabo de seis meses de servicio.

Regreso accidentado

Cuando llegó el momento de regresar al encuentro de la nave nodriza, la cámara de televisión instalada en el Rover permitió contemplar en directo el despegue. El embrague de la montura patinaba, así que se optó por mantener un plano fijo: la cabina del *Falcon* saltó hacia arriba y desapareció por el margen superior entre una nube de fragmentos del aislante térmico arrancados por el rebufo del motor.

Para muchos fue una sorpresa la ausencia de fuego y humo a que estaban acostumbrados en el despegue de los cohetes convencionales. Los dos motores del LM (descenso y ascenso) quemaban una mezcla de Aerozina-50 y tetróxido de nitrógeno, compuestos muy tóxicos que arden con llama casi incolora. Además, en el vacío del espacio, los gases se expanden con rapidez, lo cual los hace aún más difíciles de apreciar. En contraste, la primera etapa de un Saturn V utilizaba queroseno, que produce el característico resplandor amarillo.

Tan solo durante un brevísimo instante pudo verse el efecto del escape del motor del *Falcon*: justo al separarse del módulo de aterrizaje los gases impactaron contra su superficie, recubierta de kaptón aislante. Plástico y metal resplandecieron un momento, incandescentes, con un brillo que se apagó tan pronto la cabina hubo ganado un par de metros de altura.

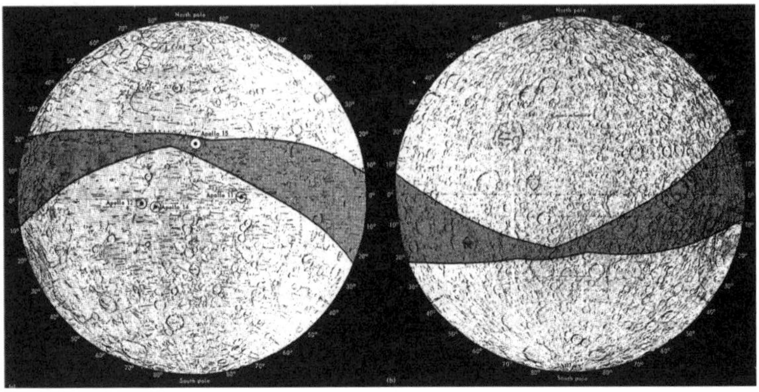

La zona rayada corresponde al terreno investigado por los sensores remotos a bordo del módulo de servicio.

El subsatélite para el estudio de campos y partículas se aleja girando, expulsado desde el compartimento de instrumentos.

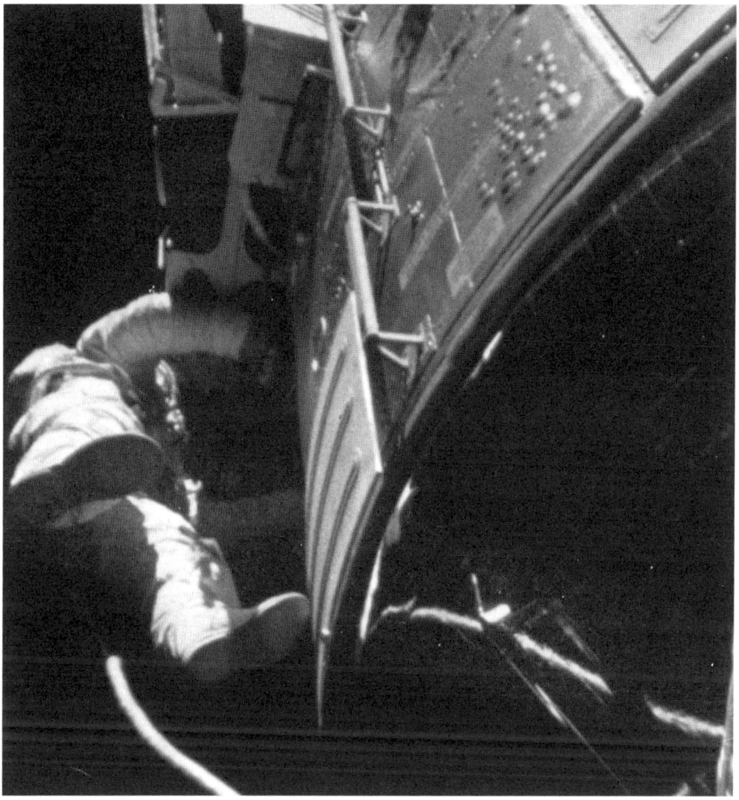

Alfred Worden realiza su salida para recuperar la película y registros de los instrumentos. Era la primera vez que se ejecutaba un paseo espacial durante un viaje de regreso de la Luna.

El resto del viaje de retorno no registró novedades, salvo por la salida de Alfred Worden al espacio para recuperar los cartuchos de película expuesta.

Doscientas noventa y cinco horas después de dejar la Tierra el módulo de mando del Apollo 15 regresó a ella. La reentrada fue normal y el punto de caída ocurrió a menos de 2 km de lo previsto y a 8 km del portaaviones de recuperación. Este último —quizás en un exceso de prudencia— se alejó un poco de la zona exacta para no chocar. A poca distancia curioseaba un barco ruso.

La cápsula del Apollo 15 a punto de impactar en el océano arrastrando una de las tres cúpulas colapsada.

Los paracaídas principales se abrieron con normalidad a 3.000 metros, pero la cápsula quedó oculta por una capa de nubes entre los 2.000 y 1.800 metros. Cuando reapareció se hizo evidente que algo iba mal. Una de las tres grandes campanas estaba deshinchada y no ejercía ningún efecto de frenado. El impacto con el agua sería más brusco, aunque los amortiguadores de los asientos lo absorberían sin dificultades.

Un detallado análisis de treinta páginas aclaró la razón del fallo. Durante los últimos minutos del descenso los motores de orientación de la cápsula se disparaban para quemar todo el combustible remanente, ya que se trataba de evitar riesgos a los buceadores y a los propios astronautas cuando abandonasen la nave, pues los gases eran muy tóxicos.

Cada paracaídas tenía 68 líneas de suspensión. En su parte inferior se reunían en seis bandas textiles, las cuales, a su vez, convergían en un cable metálico del que colgaba la cápsula. Con el bamboleo, el escape de uno de los motores de orientación segó tres bandas del tercer paracaídas. Era más de lo que la cúpula podía compensar: pese a haberse abierto con normalidad se colapsó casi de inmediato. Todo el peso quedaría repartido entre los dos, lo cual quedaba dentro de los márgenes de seguridad.

El asunto de los sobres de contrabando

Desde los primeros vuelos al espacio la mayoría de astronautas habían llevado consigo pequeños objetos de recuerdo, aunque la NASA nunca puso objeciones serias a ese trasiego de *souvenirs*. Era conocido el caso de Virgil Grissom en 1961, quien al saltar de su cápsula *Mercury* que se hundía en el océano Atlántico estuvo a punto de ahogarse arrastrado por el peso de las docenas de monedas de un centavo que guardaba en sus bolsillos.

Fue un conocido de los astronautas, Host Eiermann, quien les transmitió la propuesta de un filatélico llamado Hermann Sieger. Se trataría de llevar a la Luna un centenar de sobres postales franqueados. De regreso, su carácter histórico dispararía, sin duda, su valor comercial. Pero Scott y sus compañeros siempre aseguraron que los consideraban como un mero recuerdo, destinado a amistades y compromisos, no para su venta.

El caso es que aceptaron el encargo de transportar un pequeño cargamento de sobres, y como compensación recibirían unos 7.000 dólares cada uno. Era una cantidad importante, equivalente a tres meses de su sueldo en la Fuerza Aérea. Otros compañeros suyos se habían beneficiado de tratos semejantes, bien fuera en efectivo (por ejemplo, la exclusiva de la revista *Life* ofrecida a los siete primeros astronautas) o en especie (pólizas de seguro de vida). Pero eso era antes, cuando formaban un grupo muy

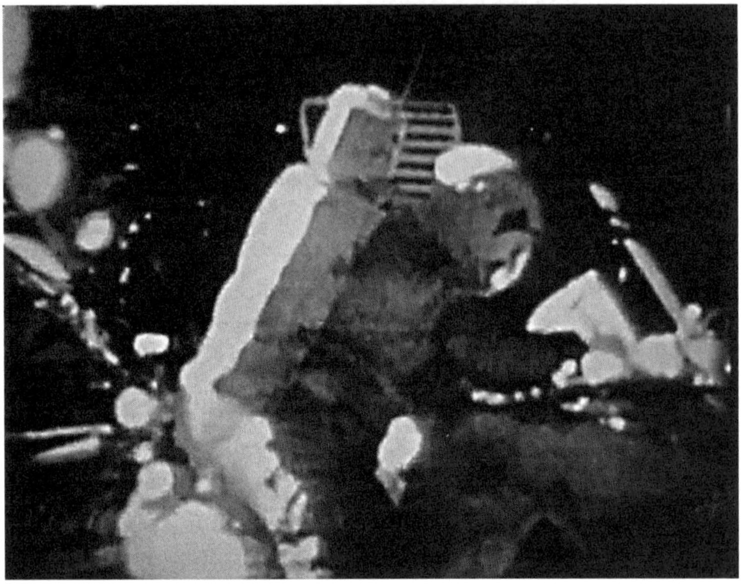

Imagen de televisión que muestra a Scott, casi al final de su última expedición, matasellando unos sobres según un acuerdo previo con el Servicio Postal de Estados Unidos.

reducido y rodeado de un aura heroica. Desde 1967 una norma interna prohibía que personal de la agencia aprovechase su estatus para obtener ingresos extra.

Solo la mitad de los 641 sobres a bordo estaban aprobados por la NASA, mientras que los otros no figuraban en el manifiesto. Además de los cien de Sieger cada astronauta llevaba otros cien más para su uso particular. Llegaron a la Luna en un paquete de casi un kilo de peso, en el bolsillo de preferencias personales de Scott.

De alguna forma, existía el acuerdo tácito de que los sobres de Sieger no se comercializarían hasta pasados varios años, cuando hubiese terminado el Programa Apollo, sin embargo, en noviembre de 1971 su distribución a algunos coleccionistas europeos ya era un hecho.

Todo parecía reducirse a un simple asunto de comercialización aprovechando el tirón de las misiones lunares. Al principio, Slayton, jefe directo de todos los astronautas, apoyó a la tripulación, pero el escándalo subió varios grados cuando los implicados reconocieron haber llevado otros trescientos sobres sin declarar. Recibieron una reprimenda oficial y Slayton (cuyo previo conocimiento del incidente nunca llegó a demostrarse) los excluyó de futuras rotaciones de vuelo.

Scott se retiró de la NASA en 1977 para dedicarse a trabajos relacionados con el sector aeroespacial, y algunos le acarrearían nuevos problemas legales. Worden, que siempre mantuvo su escasa implicación en el asunto de los sobres postales, intentó entrar en política como senador pero no fue elegido. Falleció a causa de un infarto en marzo de 2020, justo cuando se estaban redactando estas líneas.

Irwin abandonó la NASA y se jubiló en la Fuerza Aérea con el empleo de coronel. A partir de ahí dedicaría todos sus esfuerzos a inquietudes espirituales. Estableció la High Flight Foundation, declarándose cristiano renacido y «embajador del Príncipe de la Paz». También organizó varias expediciones al monte Ararat, en Turquía, a la búsqueda de los restos del Arca de Noé. Ya muy mayor, proclamó su convencimiento de que el relato de la creación del Génesis era literalmente cierto.

James Irwin había sufrido una leve anomalía cardíaca durante su vuelo de regreso a la Tierra, pero el episodio no revistió consecuencias. Sin embargo, en años posteriores padecería tres ataques más, el último y definitivo en 1991. De los doce caminantes lunares fue el primero que falleció.

Apollo 16.

Las colinas de Descartes

Los dos primeros Apollo aterrizaron en zonas casi sin relieve; llanuras que resultaron ser ricas en rocas basálticas, originadas por el enfriamiento del magma que inundó grandes regiones de la Luna. Los dos siguientes exploraron comarcas de características geológicas más interesantes, en busca de claves para comprender la historia más antigua de nuestro satélite.

Algunas muestras respondieron a esa expectativa, como «la roca del Génesis» del Apollo 15, por ejemplo, pero la mayoría de las procedentes de Fra Mauro eran relativamente recientes. Tal vez las tierras altas de la Luna ofrecerían oportunidades para investigar su corteza primigenia; al fin y al cabo los mares solo ocupaban un 15 por ciento de la superficie. Del resto casi no había información.

Hacia la zona de Descartes

Estos criterios guiaron la selección del punto de aterrizaje para el Apollo 16. Un primer objetivo era el cráter Alphonsus (llamado así en honor del rey Alfonso X el Sabio), pero algunos selenólogos expresaron su sospecha de que estuviese contaminado por fragmentos eyectados por el impacto de Mare Imbrium. Los ejemplares traídos en las dos misiones anteriores ya incluían muestras de ese

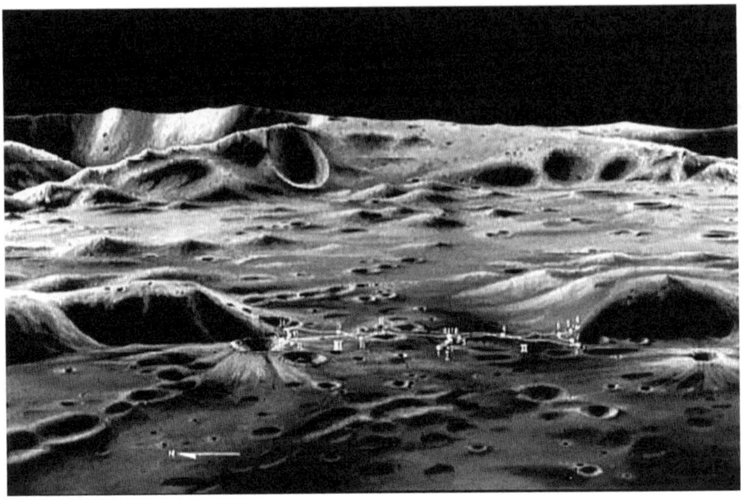

Antes del vuelo la NASA preparó algunas ilustraciones sobre cómo sería el paisaje del macizo de Descartes. Aquí figura con indicación de las tres excursiones proyectadas.

origen; no valía la pena recoger más, que seguramente mostrarían una composición similar.

En consecuencia, la selección se trasladó a otra zona, un poco al sur del ecuador y a unos 15° de longitud este. Si transpusiéramos esas coordenadas a la Tierra corresponderían a un lugar en las sabanas del norte de Angola.

Se trataba de una región de suaves colinas al norte del cráter Descartes. Quizás ahí podrían encontrarse ejemplos de vulcanismo, en especial en la llanura Cayley, que parecía resultado de un formidable flujo de lava. Su origen podía ser anterior al cataclismo de Imbrium, aunque la densidad de cráteres (un indicador de edad) era más o menos la misma.

En la zona, dentro del alcance de los astronautas se veía un par de cráteres jóvenes, de algo menos de 1 km de diámetro. Ambos ofrecían una perforación natural perfecta; tal vez ahí podrían encontrarse fragmentos de roca expulsados de estratos más profundos.

En el macizo de Descartes destacaban dos montañas: Stone y Smoky (nombres no oficiales, elegidos solo a efectos de planear la misión). Con apenas unos cientos de metros de altura no eran ni de lejos comparables a la cordillera visitada por el Apollo 15. Su interés radicaba en que algunos geólogos pensaban que su origen podría ser volcánico.

La tripulación

Como en ocasiones anteriores, la tripulación la componían un veterano y dos astronautas sin experiencia en vuelo espacial. Todos, pilotos militares que durante los meses previos al lanzamiento habían recibido una intensiva formación en geología lunar. Houston esperaba que aunque no fuesen profesionales sí podrían adquirir suficientes conocimientos para interpretar las características del terreno que iban a pisar.

John Young, el comandante, poseía en su historial dos misiones Gemini y una en el Apollo 10, el «ensayo general» para el alunizaje. Le acompañarían en el viaje Thomas Mattingly, quien había perdido su asiento en el Apollo 13 a causa del hipotético contagio de rubeola (que nunca llegó a materializarse), y Charles *Charlie* Duke, que sería el décimo hombre en pisar la Luna y se entrenó como especialista en los sistemas de propulsión del módulo lunar. Por esa razón, Neil Armstrong había pedido que fuese él el CAPCOM durante la maniobra de descenso del Apollo 11. Cuando, tras unos segundos de silencio, se recibió la confirmación del aterrizaje, la espontánea respuesta de Duke —que se haría igualmente famosa— fue: «Tranquillity, os vemos en tierra. Aquí tenéis un montón de gente con la cara morada. Respiramos otra vez».

Prerrogativa de la tripulación era bautizar sus naves. Como siempre, mientras los dos módulos volasen unidos, serían Apollo 16. Una vez separados requerían dos indicativos de llamada: para el módulo de mando, *Casper*, como el fantasmita popularizado en los cómics. Sin una razón específica, quizás entendieron que los trajes blancos que

El dibujo de Casper aparece pegado sobre los zócalos de los oculares del equipo óptico del módulo de mando. Las listas que se ven por encima y debajo contienen datos necesarios en una u otra operación y que resultan difíciles de memorizar. La situada debajo de todo, por ejemplo, contiene los códigos de las estrellas utilizadas para orientar la nave.

vestirían durante el vuelo o las escafandras lunares les daban un aspecto espectral. O un simple recuerdo al *Charlie Brown*, pilotado por Young en el Apollo 10.

En cuanto a la nave de aterrizaje, sería bautizada como *Orión*, la constelación que incluye a Rigel, su estrella más brillante, que era también una de las referencias memorizadas por el ordenador de navegación.

Las travesías hacia la Luna ya se habían convertido en algo casi habitual. Siempre surgían pequeños inconvenientes pero, por lo general, no pasaban de ser meros estorbos. Como el incidente del que Duke informó durante la maniobra de extracción del módulo lunar: parte de la pintura de un lateral se estaba desprendiendo en diminutas virutas, por lo que el molesto «enjambre» les acompañaría todo el viaje.

El segundo día de vuelo Mattingly anunció un bloqueo de la plataforma inercial. Eso obligaba a reorientarla tomando mediciones con el sextante de a bordo, pero los fragmentos flotantes brillaban tanto que se confundían con estrellas reales. Hubo que recurrir al Sol y a la Luna como referencias, un procedimiento menos exacto. Una vez conseguido un primer ajuste grosero, el ordenador ya podía localizar la posición aproximada de otras estrellas para afinar los cálculos. El episodio ilustra bien las consecuencias de un fallo tan trivial como la mera descamación de unas capas de pintura.

Experimentos por el camino

Durante el viaje hacia su destino la tripulación realizó algunos experimentos científicos. Uno de ellos relacionado con un proceso llamado electroforesis: la migración de diferentes sustancias dentro de un líquido bajo la acción de un campo eléctrico. Es un efecto con numerosas aplicaciones prácticas, como, por ejemplo, en ciertos análisis clínicos.

El aparato utilizado era un simple soporte con tres tubos de plástico que contenían partículas de poliestireno de diferentes tipos suspendidas en un medio acuoso. Al conectar sus extremos a un par de electrodos migrarían a uno u otro lado, separándose según su masa y características eléctricas. Sin la influencia de la gravedad el fenómeno debería ser más eficiente. Quizás algún día esas mismas técnicas permitirían fabricar vacunas o medicamentos de gran pureza.

Otro experimento trataría de explicar los misteriosos destellos de luz que a veces veían los astronautas, aunque mantuvieran los ojos cerrados. Se atribuía a la acción de los rayos cósmicos sobre la retina. Dos de los tripulantes llevarían antifaz opaco, y el tercero unos detectores de partículas sujetos alrededor de la cabeza. Cada impacto quedaría registrado con información de la hora, energía y dirección. La idea era comprobar si coincidía con el momento en que alguno de los tres detectaba un nuevo centelleo.

La entrada en órbita selenocéntrica se desarrolló sin incidentes. Young y Duke pasaron al módulo lunar, y tras completar un par de revoluciones (unas cuatro horas) separaron su nave del módulo de mando. Todavía a poca distancia la hicieron girar para que Mattingly revisase que todo estaba en orden, pero no era así, o al menos no a bordo del *Casper*.

Dificultades con el motor

Estaban describiendo una órbita muy excéntrica, con pericintio a solo 15 km de altura. Una vez separados, *Casper* debía encender su motor principal para volver a elevarse hacia una trayectoria casi circular, a un nivel más confortable. Antes, claro, su piloto ejecutaría una serie de comprobaciones de rutina sobre el sistema de propulsión.

El motor del módulo de servicio (SPS: *Service Propulsion System*) era orientable en un margen de cinco grados a derecha e izquierda, arriba y abajo. Eso permitía ajustarlo para que su impulso pasase siempre por el centro de gravedad del vehículo. Este podía variar por muchos motivos: por ejemplo, a medida que se consumía el combustible o por el hecho de que tuviese acoplado o no el LM.

El mecanismo que movía la tobera era un complicado sistema de pistones, engranajes y motores eléctricos. En cambio, el motor en sí prácticamente carecía de piezas móviles, lo cual lo hacía muy fiable. Tenía que serlo, ya que era uno de los poquísimos elementos para el que no existía duplicado, aunque sí lo tenían todos sus circuitos de accionamiento y control. Dada su importancia, las normas de la misión

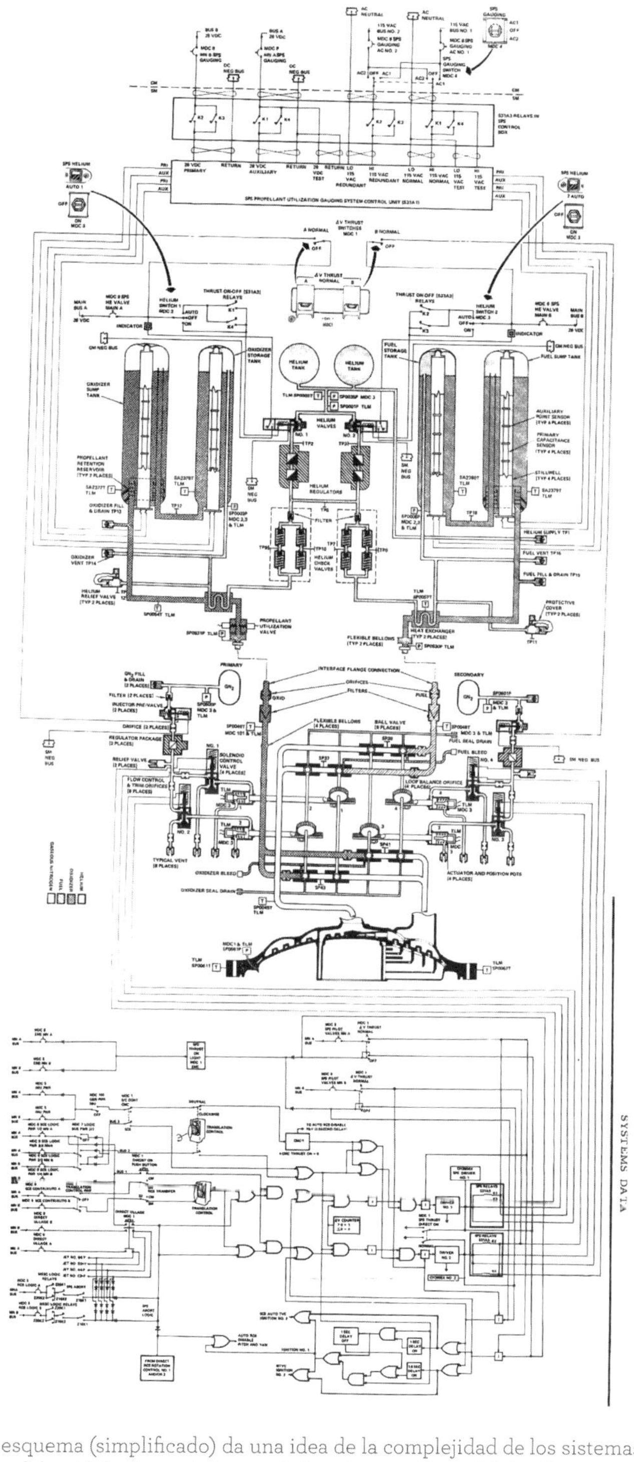

Este esquema (simplificado) da una idea de la complejidad de los sistemas del motor del módulo de servicio, una de las piezas críticas del Apollo.

exigían que el alunizaje solo podría autorizarse si ambos —principal y secundario— estaban en perfecto orden.

Mattingly comprobó el circuito primario, que respondió sin problemas, pero al activar el secundario notó una vibración anormal en la cabina. Uno de los actuadores de guiñada se había vuelto inestable. Estaban sobrevolando la cara oculta sin comunicación directa con el centro de control. En esas condiciones la norma era no encender el motor.

Cuando *Casper* reapareció por el limbo oriental era evidente que algo iba mal: los parámetros de su órbita eran los mismos. No se había efectuado el encendido que debía circularizarla. Mattingly informó del inconveniente en unas pocas palabras que traslucían su preocupación. Si el problema persistía, el procedimiento era tajante: anular el alunizaje, volver a atracar con el *Orión* y regresar a la Tierra.

Poner en marcha el módulo de servicio (SPS) en esas condiciones podría tener graves consecuencias. En el mejor de los casos, si el vector de empuje no estaba bien alineado, la nave quedaría sujeta a una rotación anómala. Eso obligaría a los motores de posición a gastar buena parte de su combustible intentando compensarla. Si el encendido era largo la desestabilizaría por completo.

En todo caso, un fallo en cualquier sistema crítico del SPS automáticamente lo convertía en sospechoso. De ahí que la normativa estableciese utilizar el motor del LM para el impulso de regreso a la Tierra. Eso, si ambas naves seguían unidas; si no, se cancelaría el alunizaje y volverían a ensamblarse. El fantasma del Apollo 13 empezaba a planear sobre los controladores del vuelo.

Con cierto nerviosismo, Houston reconoció que necesitaba tiempo para diagnosticar la avería. *Casper* y *Orión* volaban en formación, pero separándose cada vez más. Ahora estaban distanciados ya algo más de un kilómetro. El alunizaje no se ejecutaría en la tercera órbita, según lo previsto, si es que llegaba a realizarse. Como mucho podría retrasarse un máximo de cinco revoluciones, unas diez horas.

Solo haría falta la mitad de ese tiempo. En las salas de apoyo del centro de control aparecieron docenas de planos y diagramas de los circuitos y mecanismos asociados

El módulo *Casper* visto desde el *Orión* poco después de separarse de este último. Los cráteres del fondo corresponden a la cara oculta de la Luna.

con el módulo de servicio. Se consultó a los ingenieros de North American Rockwell, el fabricante del módulo de servicio, y en especial a uno de los controladores, Larry Canin, reconocido como el mejor experto en los entresijos de aquel motor.

El problema se trazó a un circuito abierto en el mecanismo de orientación. En palabras más simples: había un cable roto en el sistema secundario, aunque por fortuna el primario estaba en orden. En uno de los simuladores se desenchufaron adrede algunos conectores, con lo que consiguieron reproducir la inestabilidad.

Con toda probabilidad no haría falta recurrir al circuito secundario, que funcionaba solo como un seguro para emergencias, aunque si era necesario, aseguró Canin, siempre podría orientarse la tobera utilizando sus motores eléctricos y enclavarla en la posición adecuada; bloquear el embrague mientras durase el encendido evitaría oscilaciones no deseadas. El director de Vuelo y otros representantes de la NASA dieron su aprobación. Entre-

El *Orión,* a contraluz, volando en formación con el módulo de mando.

tanto, Mattingly maniobró aproximando otra vez las dos naves en previsión de que se ordenase un atraque.

En Descartes

Al recibir la autorización, *Casper* se alejó del *Orión* y encendió el motor problemático remontándose hasta la órbita de espera. El módulo lunar, por su parte, inició el frenado cinco kilómetros más alto de lo previsto. Las horas de retraso no solo habían resultado en esa alteración de trayectoria, también los depósitos de helio (el gas utilizado para inyectar propergol en los motores) mostraban una presión demasiado alta, con toda probabilidad debida a un exceso de vaporización. Bien a su pesar, Young se vio obligado a reducirla disparando varias veces los reactores

Otra vista del módulo lunar. El Rover se encuentra almacenado en la esquina a la derecha de la pata que sostiene la escala. En la rendija entreabierta se distinguen las dos banderas pintadas en los guardabarros del vehículo.

de posición. Era malgastar un combustible que podía ser precioso en la última fase del aterrizaje.

A 15.000 metros sobre la Luna el radar altimétrico detectó el suelo y comenzó a enviar datos actualizados al ordenador de a bordo; a los 6.000 metros, Young pudo ver algunos cráteres familiares; y a los 4.000 metros ya tenía identificada la zona de descenso. Bajaban con la nave desviada 20° a la derecha; la antena principal para el enlace con Tierra estaba atascada y ello obligaba a ladearse de forma que las omnidireccionales pudiesen tener una línea de visión directa.

Los astronautas observaron que su rumbo les conducía más de medio kilómetro al norte del punto previsto. Young tecleó en el ordenador la corrección para compensar la

El módulo de mando *Casper* sobre el horizonte lunar justo en el momento en que reaparece tras sobrevolar el lado oculto.

desviación. Casi al mismo tiempo, Duke pudo distinguir la sombra del *Orión* a lo lejos en la llanura, moviéndose hacia ellos a medida que la altura disminuía.

A 60 metros sobre el suelo los gases del escape levantaron nubes de polvo que obstruían la visión. Young había observado pasar un cráter bastante grande directamente bajo su trayectoria así que dio un último impulso de los propulsores para dejarlo atrás. Un momento después se encendía la luz azul de aviso y el *Orión* apagaba el motor y se posaba en la Luna. En sus depósitos quedaba combustible para un minuto y medio más. Una eternidad.

El error en el punto de aterrizaje no llegaba a 300 metros. Al mirar por la ventanilla, el comandante comentó: «Bueno, Houston; no tendremos que caminar mucho para recoger rocas. Estamos entre ellas».

Habían ido a parar a una depresión, tan suave que resultaba difícil de distinguir. Todavía no lo sabían, pero solo un par de metros les separaban de lo que podía haber resultado un grave inconveniente. La pata trasera del Orión descansaba en el borde mismo del cráter que Young había evitado en último momento. La nave mostraba un ángulo de 10° con la vertical, y el soporte frontal apenas se apoya-

La vista de la llanura de Descartes desde la ventanilla del comandante. Los dos motores que se ven a la izquierda forman parte del sistema de control de posición.

¿POR QUÉ CUATRO PATAS?

La decisión sobre el número de patas del LM originó muchas discusiones durante las primeras fases de su diseño. Tres parecían más estables (una mesa de tres patas nunca «cojea»; una de cuatro, sí), pero cuatro ofrecían más resistencia al vuelco, en caso de aterrizar con cierta velocidad horizontal. Aunque el peso en la Luna es seis veces menor que en la Tierra, la masa —y su inercia— siguen siendo las mismas. Además, un módulo con cuatro patas cuadraba más con la distribución de otros equipos, como los cuatro bloques de motores de posición.

También se analizó la opción de cinco patas, aún más estable (véase el diseño de la mayoría de los sillones de oficina con ruedas), pero resultaba tan asimétrico que sus ventajas no compensaban otras dificultades. Al final, el tren de aterrizaje de cuatro soportes resultó el compromiso más aceptable.

El *Orión* en la llanura de Descartes. En primer término el cráter que evitó por pocos metros.

ba en el suelo. Un poco más atrás y la inclinación hubiese alcanzado los 30°. Aun sin provocar un vuelco superaría el límite máximo para un buen despegue: a diferencia del motor de aterrizaje, el de ascenso no era orientable; no está claro que hubiese podido compensar un lanzamiento tan alejado de la vertical.

Experimentos

El problema con el motor del módulo de servicio había trastornado todo el plan. Los astronautas habían pasado un rato muy tenso, así que el control de misión decidió concederles unas horas de descanso. Young durmió como un tronco; Duke, todavía nervioso por los acontecimientos del día, recurrió a una pastilla que le ayudase a conciliar el sueño. Extendió su hamaca de lado a lado de la cabina; enrolló el mono de tubos de refrigeración que vestía bajo la escafandra para utilizarlo de almohada, y cerró los ojos.

Entretanto, el equipo de soporte rehacía el programa de las tres salidas; si es que daba tiempo a completarlas todas, cosa que muchos dudaban. Parte de los recursos del *Orión* se había consumido durante su espera en órbita. En especial, el agua que utilizaban los evaporadores del sistema de refrigeración.

La parte posterior de la cabina muestra algunas láminas de metal deformadas por el rebufo del motor.

La primera salida tendría por objeto instalar los instrumentos científicos y dar un corto paseo para recoger muestras. La zona estaba considerada como posible fuente de minerales de origen volcánico, muy distintos a las brechas recogidas en Fra Mauro y en la falda de los montes Apenninus. Al pisar el suelo, Young exclamó con cierto optimismo «Misterioso Descartes, Apollo 16 va a cambiar tu imagen». Poco imaginaba hasta qué punto.

Duke se reunió con Young a los pocos minutos. Había prisa por empezar un denso programa. Por primera vez la cámara de televisión no mostró la bajada de ninguno de los dos por la escalera. Desplegaron el Rover, descargaron los instrumentos científicos e insertaron el núcleo de plutonio en el generador que los alimentaría durante meses.

El comandante Young (que se identificaba por las bandas rojas en su casco, brazos y piernas) saluda a la bandera mientras salta casi un metro en la baja gravedad lunar.

Esta vez, además de los sensores del ALSEP llevaban con ellos un equipo electrofotográfico de gran tamaño que bien podría considerarse el primer observatorio instalado en la Luna. Equipado con un objetivo telescópico, reunía las funciones de cámara y espectroscopio para el ultravioleta lejano. Es una banda de frecuencias difícil de observar desde satélites en órbita terrestre, ya que la propia luminiscencia de la atmósfera tiende a enmascarar los resultados.

En sus tres salidas, los astronautas deberían orientar la cámara hacia objetivos predefinidos: nebulosas, cúmulos estelares, la Gran Nube de Magallanes, zonas de acumulación de hidrógeno galáctico y también nuestro propio planeta, irreconocible en la banda del ultravioleta. Antes de regresar recuperarían el carrete de película de 35 mm expuesto, pero el instrumento en sí quedaría abandonado.

La cámara/espectroscopio de ultravioleta lejano podía considerarse el primer observatorio astronómico emplazado en la Luna. Aquí se ve, protegida por la sombra del módulo lunar. En sus tres salidas, Young la reorientó en diez ocasiones hacia diferentes objetivos. Una vez apuntada, registraba automáticamente imágenes de más de quinientas estrellas, nebulosas o galaxias.

La mayoría de los experimentos eran duplicados de otros ya instalados en misiones anteriores. Así, el Apollo 16 dejó en la Luna el cuarto sismómetro que completaba la red de detección sísmica, y también, dentro del mismo tipo de estudios, una línea de geófonos que estudiarían las vibraciones del terreno bajo estímulos exteriores.

Esos estímulos serían de dos tipos, como ya se hizo en el Apollo 14: por un lado, Duke iría caminando a lo largo de la cadena de geófonos con una especie de bastón cuyo extremo contenía una veintena de cartuchos explosivos. Apoyándolo en el suelo y detonando uno cada cinco me-

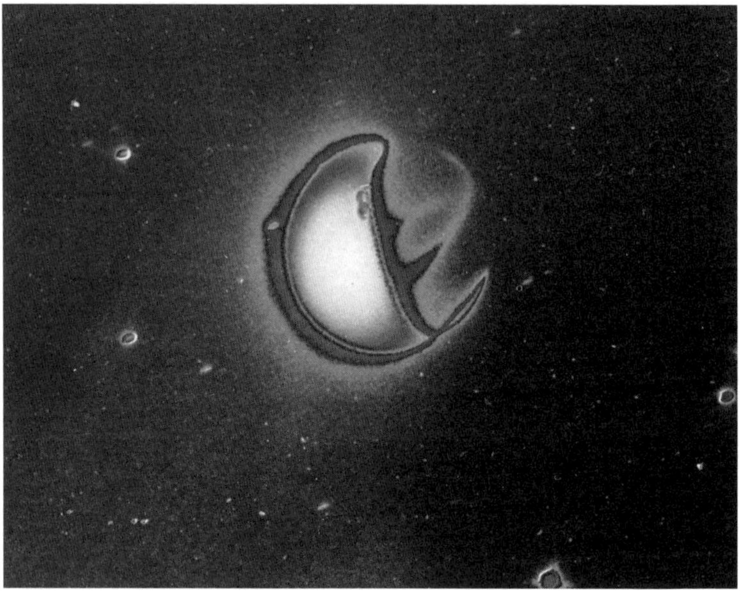

La Tierra fotografiada en la banda de ultravioleta lejano. La imagen original era monocroma, como aparece aquí. Otras versiones se colorean para resaltar los diversos niveles de radiación. Los tonos más claros corresponden a la máxima intensidad; los oscuros, a la mínima. La ionosfera absorbe radiación ultravioleta del Sol y la reenvía al espacio. Por eso el hemisferio iluminado se ve tan brillante. Sobre el lado de noche se aprecian tres bandas brillantes: las dos ecuatoriales que parecen cruzarse corresponden a la llamada Anomalía de Appleton, donde la interacción de la alta atmósfera con el campo magnético del planeta genera intensas emisiones de plasma. La banda inferior es una aurora austral que estaba activa en ese momento sobre la Antártida.

tros podría medirse la velocidad de las ondas sísmicas, que por cierto, resultaría muy inferior a las que se obtenían en la Tierra sobre roca sólida. Esta era una clara indicación de que las capas superiores del terreno estaban muy fragmentadas, producto de millones de años de bombardeo meteorítico.

También se instaló un lanzador de granadas explosivas. No se trataba de que los astronautas estableciesen una línea de defensa contra hipotéticos invasores del espacio, sino de provocar detonaciones a mayores distancias para ser registradas por el sismómetro y los geófonos. La más

Panorama del ALSEP *(Apollo Lunar Surface Experiments Package)*: a la izquierda, el experimento para medir flujo térmico en el terreno; en el centro, a lo lejos, el magnetómetro, y en primer término el generador termoeléctrico; y a la derecha, la estación central y el sismómetro.

El lanzagranadas para pruebas sísmicas. La antena vertical recibirá, en su momento, la orden de disparo. El panel sobre el que se apoya contiene una escala graduada para ayudar a orientarlo.

potente tenía un alcance de un kilómetro. Un dispositivo semejante había quedado en Fra Mauro (Apollo 14), pero al final no fue accionado por temor a que el disparo pudiese dañar otros experimentos.

El mortero se activaría por control remoto un mes después de que los astronautas hubiesen abandonado la zona. Tres de los cuatro proyectiles llegaron a dispararse, pero se desistió de utilizar el cuarto (el de más alcance) cuando el inclinómetro del lanzador se salió de escala. Quizás era un fallo del sensor o en realidad se había movido y podía estar apuntando en cualquier dirección, por ejemplo, hacia los demás experimentos, así que los científicos prefirieron no arriesgarse.

Error humano

Otro experimento consistía en la instalación de unos termómetros con los que medir el flujo térmico y la conductividad del terreno. Era una repetición del que se dejó en Hadley-Apeninus. A diferencia de aquel, esta vez la perforadora era un modelo mejorado, sobre todo en el diseño del taladro que «escupía» el material con más eficacia. Tanto que lo que a Irwin le había llevado varios intentos en días sucesivos Duke lo pudo realizar en cinco minutos.

Llegó hasta los 3 metros de profundidad de forma muy rápida y sin atascos. Duke temió haber aplastado demasiado los estratos de la muestra y prefirió repetir la operación un poco más allá, procurando retener al avance de la broca. Luego, instaló las sondas térmicas y conectó el cable eléctrico a la unidad central. Fue pan comido.

Cada vez más confiado pese al ambiente extraño en el que se movía, Young se aproximó a donde acababa de instalarse la sonda. El casco restringía mucho su visión y quizá por eso no notó que su bota se enredaba con los cables recién tendidos por el suelo. Houston seguía sus evoluciones a través de la cámara de televisión, pero no hubo tiempo de advertirle. La imagen que veían había salido de la Luna un segundo antes; y cualquier grito de aviso tardaría lo mismo en llegarle. De una patada Young se llevó por delante cable y conector.

De haber tenido tiempo quizá hubiese podido reconectarlo, pero Houston no lo estimó así. El experimento quedó inutilizado, ante la desolación de los geólogos que esperaban sus mediciones. En el siguiente —y último— Apollo no había lugar a un tercer intento.

Primer recorrido

Una vez instalado el conjunto de experimentos, Young y Duke cargaron sus herramientas en la trasera del Rover y emprendieron la marcha. Sería una excursión no muy larga, en dirección oeste, para visitar un par de pequeños cráteres donde esperaban encontrar las primeras muestras de rocas ígneas. No fue así. Casi todas las que recogieron resultaron del mismo tipo: brechas, conglomerados de minerales unidos entre sí sin demasiada cohesión, probablemente producto de los impactos que formaron los cráteres.

En el camino de retorno, al aproximarse de nuevo a la zona de instalación del ALSEP, Young disfrutó de un rato de conducción al límite. Entretanto, Duke lo filmaba con la cámara cinematográfica, ya que la de televisión seguía instalada en el propio vehículo. Lanzado a casi 20 km/h, el Rover-2 brincaba de hondonada en hondonada. En algunos momentos, con las cuatro ruedas fuera del suelo. Las cubiertas de hilo de acero trenzado con chevrones de titanio levantaban espectaculares cortinas de polvo. Los cintos de seguridad se habían modificado para sujetar al piloto no por la cintura, sino por encima de sus piernas, y así ofrecían una razonable garantía de no salir despedido con el traqueteo.

Antes de subir a la cabina los astronautas descargaron su cosecha de la primera salida, 20 kg de rocas, entre los que no figuraba ni un solo basalto. Quizás en las dos excursiones que aún quedaban... Cuando cerraron tras de sí la portezuela del *Orión* habían pasado siete horas y cuarto en el exterior, y el odómetro del Rover-2 marcaba 4.200 metros.

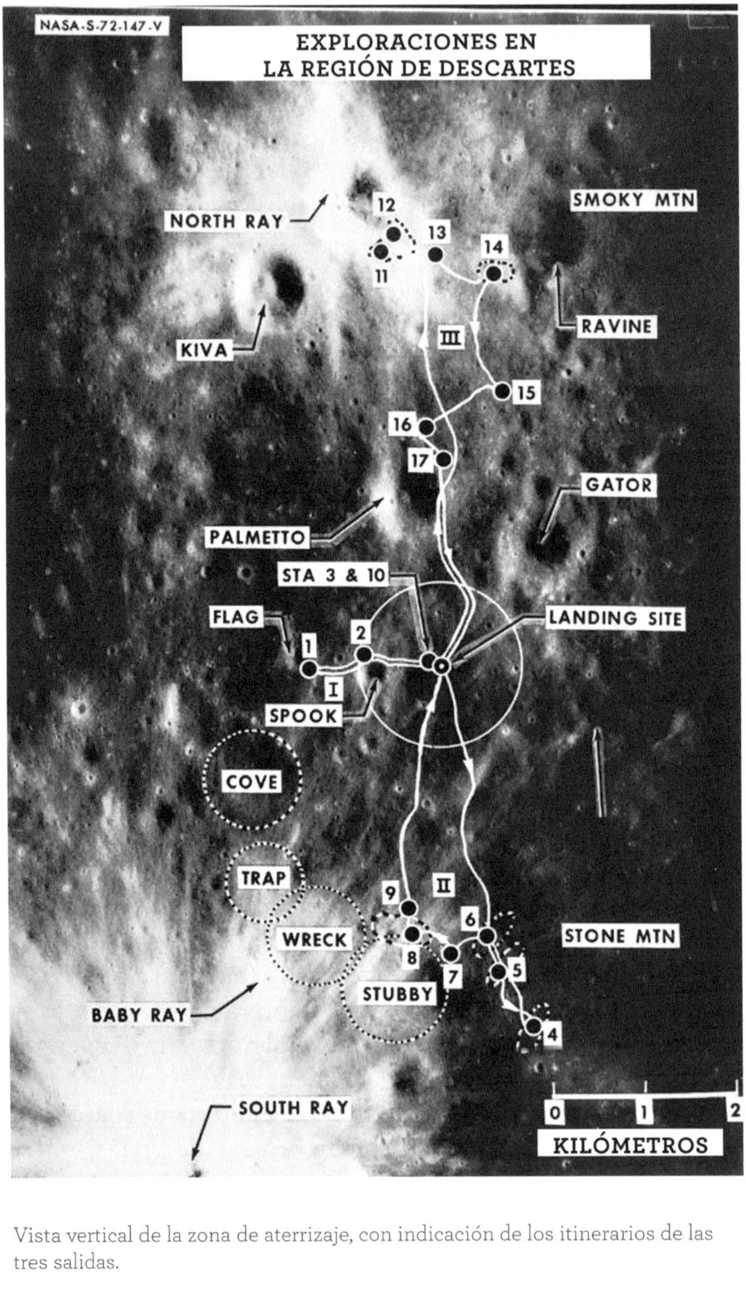

Vista vertical de la zona de aterrizaje, con indicación de los itinerarios de las tres salidas.

El Rover en la empinada ladera de la estación 4 durante la segunda actividad extravehicular. La montaña del fondo a la izquierda a 8 km de distancia es Smoky Mountains. En su flanco se ve el cráter Ravine, que visitarían al día siguiente. La ausencia de atmósfera lo hace aparecer más próximo de lo que está en realidad.

Zumo de naranja

Al analizar el estado de salud de los tripulantes del Apollo 15 los médicos de Houston habían observado un preocupante déficit de electrolitos. En un intento de compensarlo se añadieron a los menús abundantes dosis de zumo de naranja enriquecido con potasio. Y también dentro de las escafandras, en la parte inferior del casco, Young y Duke disponían de una boquilla que les proporcionaba unos sorbos más del mismo producto.

En el Apollo 15, Scott e Irwin también habían utilizado un dispositivo similar, aunque lo llevaban cargado con agua, y a su lado tenían una barrita energética con sabor a frutas para mordisquear algo durante los largos paseos.

Este fotograma extraído de una película de 16 mm muestra a Young conduciendo el Rover casi a su máxima velocidad. Las ruedas levantan nubes de polvo que, en ausencia de aire que lo mantenga en suspensión, caen inmediatamente al suelo. El análisis de esta secuencia demostró que las partículas seguían trayectorias parabólicas perfectas, un efecto imposible de reproducir en la Tierra.

Y justo al frente un par de tapones que les permitía ocluir los orificios nasales y soplar con fuerza por si sentían la necesidad de igualar las presiones en sus oídos. Nadie había podido resolver otro problema: el picor de nariz.

Ya durante el viaje de ida se oyeron quejas de los tres astronautas. El potasio añadido al zumo de naranja le confería un sabor amargo, muy desagradable. El director de Vuelo, *Gene* Kranz, que nunca lo había probado, pidió un vaso con lo mismo que estaban bebiendo en la Luna. Tras un sorbo, hizo una mueca y se limitó a pedir que se lo llevasen a los doctores de la consola biomédica para que ellos también lo disfrutasen. Era repulsivo.

Para colmo, a bordo del *Orión*, Duke había sufrido un percance: parte del jugo se escapó de la boquilla empapando el interior del casco, el visor y hasta el gorro «Snoopy» que sujetaba los auriculares. Y, por supuesto, sus cabellos. Sin posibilidades de una ducha y ni siquiera de un aclarado, tendría que resignarse a llevarlos pringosos durante el resto del viaje. En cuanto al casco, lo enjuagó con toallitas

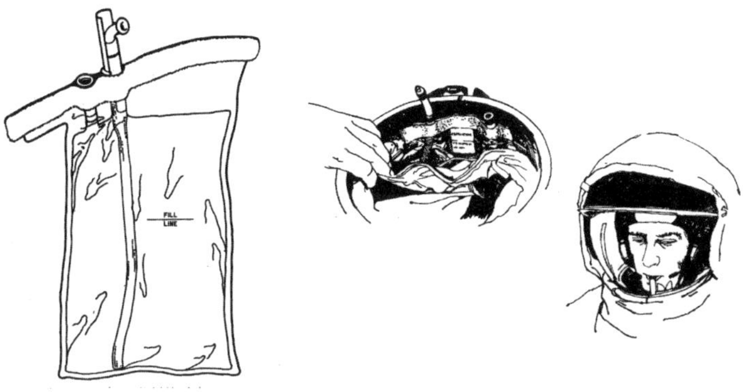

El dispositivo de suministro de bebida durante las salidas.

absorbentes, siempre con la duda de si habría dañado al antiempañante que recubría el plexiglás.

Incluir aquella pócima en el menú no era una buena idea. En un momento en que Young creía tener el micrófono cerrado se le oyó comentar a su colega: «¡No he comido tanto cítrico en veinte años! Y te diré una cosa: en otros doce malditos días no pienso tomar más. ¡Y si me ofrecen más suplemento de potasio con el desayuno, voy a vomitar!... Disfruto una naranja de vez en cuando, de verdad. Pero no hasta el punto de sentirme enterrado en naranjas.»

No le faltaba razón. Todos los menús incluían algún zumo con potasio añadido: naranja, pomelo o una mezcla de ambos. Siempre con el mismo repugnante sabor químico.

Conflicto de competencias

Mientras los dos astronautas cenaban y descansaban, en Houston tenía lugar una discusión entre gestores de la NASA de alto nivel. El retraso en el alunizaje había trastornado tanto los planes que algunos abogaban por cancelar la tercera salida y despegar a la hora programada. En parte, porque la rotación de la Luna estaba desplazando al *Orión* más hacia el este con respecto a la trayectoria que seguía

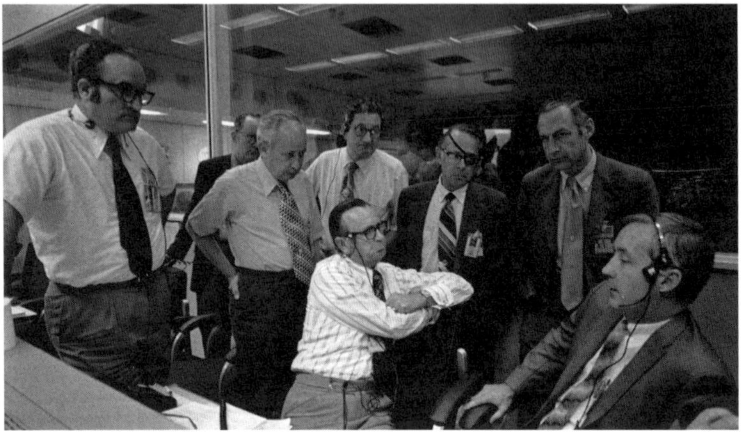

Algunos «pesos pesados» de la NASA discuten la estrategia a seguir frente a los problemas del motor antes del alunizaje. Sentados, Christopher C. Kraft, director del Centro de Vuelos Tripulados de Houston, y James A. McDivitt, de la Oficina del Apollo. De pie, (izq. a dcha.) Rocco A. Petrone, director del programa Apollo en la central de la NASA; John K. Holcomb, director de operaciones; Sigurd A. Sjoberg, director adjunto en Houston; Chester M. Lee, asistente al director de Vuelo; Dale D. Myers, administrador asociado de la NASA para vuelos espaciales tripulados; y Dr. George M. Low, ddministrador adjunto de la NASA.

el módulo de mando. Cuando llegase el momento del reencuentro, Mattingly tendría que realizar una maniobra de cambio de plano orbital que exigiría más impulso de lo previsto, y además el fallo del sistema secundario del SPS continuaba intranquilizando a muchos.

Pero por otra parte, los geólogos sufrirían un golpe muy duro. Perder un tercio de la exploración planeada con tanto cuidado era casi una catástrofe.

Al incorporarse a su turno *Gene* Kranz encontró ya medio diseñadas las instrucciones para acortar la estancia. Era una sorpresa. En su opinión, semejante medida sería contraproducente, porque, entre otras cosas, sobrecargaría de trabajo a los astronautas durante su última salida.

Además, aquella era una decisión que le correspondería a él como director de Vuelo. ¿De dónde venía la orden? Justo desde la cuarta fila de pupitres, a su espalda. Allí

John Young junto al Rover en las cercanías del lugar de aterrizaje. Lleva levantada la visera del casco pero extendidos los dos parasoles laterales. En su muñeca izquierda lleva el librito de instrucciones para cada paso durante la salida. En el frontal del vehículo, por delante de la bandera del fondo, se ve la cámara cinematográfica con que registrar algunas secuencias durante la marcha. La antena parabólica solo podía orientarse a la Tierra con el coche parado. El guardabarros ya ha perdido la pieza de extensión, donde iba dibujada una pequeña bandera.

estaban nada menos que Christopher Kraft, con su ayudante Sig Sjoberg, y el astronauta —recién promovido a general— Jim McDivitt, director de operaciones de alunizaje. Kraft —otra leyenda desde los primeros tiempos del Mercury— acababa de ser nombrado director de todo el Centro de Vuelos espaciales. Él había sido el primer director de Vuelo de la NASA y quien en su día redactara la norma que confería autoridad absoluta a esa figura.

La discusión fue larga y complicada. No era fácil llevar la contraria a Kraft, que en su fuero interno seguía siendo

Los astronautas utilizaban un martillo de geólogo (era una herramienta pesada: 1,3 kg) para obtener fragmentos de las rocas que juzgasen interesantes. Los anteriores astronautas del Apollo 12 se habían quejado de que el que se les había asignado (800 gramos) no era muy efectivo en la gravedad lunar. El rastrillo de la foto se empleaba en la recogida de guijarros sueltos de menor tamaño filtrando el polvo más fino.

un director de Vuelo. Al final, cedió y el Apollo 16 mantuvo sus tres paseos originales.

La segunda expedición les llevó en dirección sur, hacia una elevación de unos 500 metros que identificada como Stone Mountain. El camino era una sucesión de ondulaciones a través de campos de rocas, nada comparable a los imponentes paisajes de Hadley-Appeninus, pero aun así los astronautas apreciaron en él cierta árida belleza.

A lo largo del recorrido pararían en media docena de estaciones. En algunas, Duke utilizaría el penetrómetro, una

Muestra lunar 61.016 «Big Mulley», apodada así en honor a Bill Muehlberger, el geólogo que dirigió las recogidas de rocas en los dos últimos vuelos del Apollo. Con 11,7 kg es la roca lunar de mayor tamaño traída a la Tierra.

herramienta que, al presionarla contra el suelo, registraba su cohesión y dureza a diferentes niveles sobre un tambor giratorio; en otras, el magnetómetro portátil, idéntico al que habían arrastrado Shepard y Mitchell en su carretilla, camino al elusivo cráter Cono. Aquí o allí, cualquier roca que pareciese interesante acabaría en una de las bolsas de muestras, pero también puñados de guijarros recogidos con ayuda de un rastrillo-cesta. Siempre a la espera de encontrar algún ejemplar de origen volcánico, pero la inmensa mayoría continuaban siendo brechas, expulsadas por un impacto o simple resultado de la aglomeración del polvo lunar.

Algunos cráteres presentaban «rayos», las características estructuras estrelladas de color más claro a su alrededor. Ahí los astronautas recogían una muestra radial: diversos ejemplares a distintas distancias del impacto. La teoría indicaba que los más alejados provendrían de capas más profundas, quizá desde el lecho de roca por debajo del regolito, pero ahí también casi todos resultaron brechas. Hasta alguno que al principio Young identificó entusiasmado como de naturaleza ígnea.

En la estación nº 8, a unos 3 km del módulo lunar, Young se aproximó a la parte trasera del Rover con la intención de inspeccionar las bolsas que colgaban allí. Al pasar junto a la trasera del coche tropezó con el frágil guardabarros y desprendió su porción posterior, dejando parte de la rueda al descubierto. La pieza dañada era una simple

Imagen de televisión del momento en que Duke recoge la muestra 61016 «Big Mulley». Sus dimensiones superaban el máximo recomendado que permitía almacenarlas sin aprietos en los contenedores, pero nadie —salvo Duke— se apercibió de ello entonces.

teja de plástico muy ligero; haberla perdido no parecía un gran inconveniente... hasta que los astronautas volvieron a montar en el vehículo.

Nada más reemprender la marcha, una cascada de polvo oscuro salió disparada hacia lo alto para caer sobre los dos astronautas. Las escafandras, ya de por sí muy sucias, quedaron ensombrecidas bajo una fina capa de regolito.

En total, la segunda excursión duró casi siete horas y media, con un recorrido de 11 kilómetros. El Rover respondió muy bien, negociando pendientes próximas a los 20°. En algún momento, en la ladera de Stone Mountain, alcanzaron unos 150 metros por encima del lugar de aterrizaje, una altura muy superior a la conseguida en viajes anteriores.

La tercera salida cubriría una distancia similar hacia el norte, pero en mucho menos tiempo. El retraso en el alunizaje establecía una hora límite para el despegue y esa era una frontera que no podía traspasarse, así que las ocho paradas previstas

Durante su última salida, cerca del cráter Norte, Young recoge una muestra utilizando rastrillo y pinzas de mango largo. En esta imagen se diferencian muy bien la mochila de suministro de oxígeno y el paquete de emergencia sobre ella. Este último podía suministrar oxígeno durante media hora y también compensar las pérdidas de presión si la escafandra sufría un pequeño desgarro. Al fondo (en el centro) se distingue el Rover con su antena apuntando hacia lo alto, empequeñecido junto a una de las rocas.

a lo largo de la ruta quedaron reducidas a solo tres. El objetivo final sería el borde del cráter Norte, de 1 km de diámetro, muy parecido, tanto en tamaño como en morfología, al cráter Barringer en Arizona, que todos los astronautas habían visitado durante su entrenamiento.

En este trayecto se encontrarían algunas rocas de dimensiones más que considerables. Varias merecieron nombre propio, como House Rock, por ejemplo, un conglomerado de piedras que la perspectiva hace parecer pequeña, hasta que los astronautas se van aproximando y la televisión presenta sus figuras cada vez más diminutas en comparación; o Shadow Rock, con un curioso saliente que se proyectaba como

House rock era tan enorme que hizo falta combinar media docena de fotografías para abarcarla en toda su longitud. Mide 30 metros de largo por unos 15 metros de altura. En la izquierda de la imagen se ve parte de la pierna y la bota de un astronauta, lo cual proporciona cierto sentido de escala.

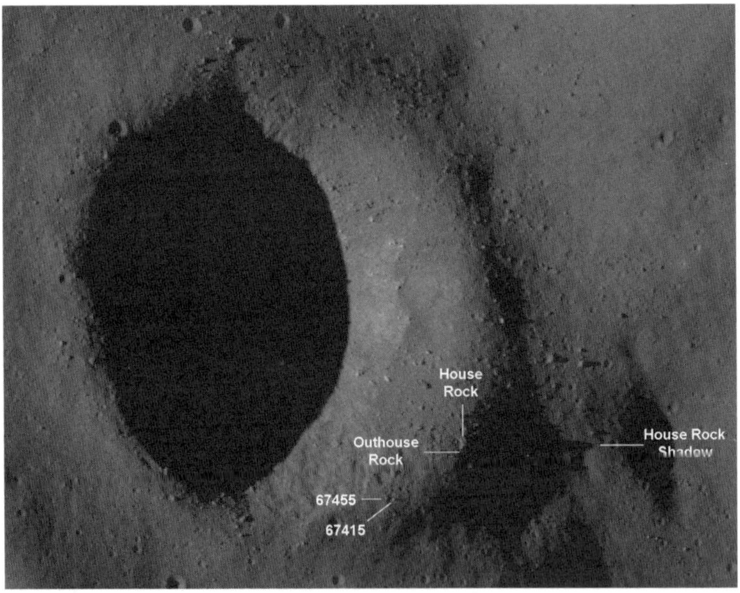

Una fotografía vertical del cráter Norte en cuyo borde se encuentra House Rock. El Sol está muy bajo, lo que hace que la sombra de la roca se alargue muchos metros pendiente abajo. La sonda automática Lunar Reconnaissance Orbiter obtuvo esta imagen en julio de 2009.

Junto a la roca Shadow Rock, Young encara la antena hacia la Tierra. La comparación entre los guardabarros traseros izquierdo y derecho demuestra que este último ha perdido un trozo.

una visera. Duke observa un resquicio en el que con toda probabilidad queda siempre en la sombra y escarba en él en busca de una muestra. «Haces esto en Texas y seguro que sale de debajo una serpiente de cascabel.»

Algunas rocas son tan grandes que podrán identificarse sin dificultades en fotografías orbitales, pero aunque unas pocas presentan diminutos cristales o cambios de color, ninguna es magmática. La datación posterior de la mayoría de muestras situará su origen mucho después del impacto de Mare Imbrium. Tal vez eran restos expulsados por un cataclismo diferente, el que formó Mare Orientale.

En total, el Apollo 16 regresó con 96 kg de muestras, aunque menos del 3 por ciento eran basalto. Cuando Young, al pisar el suelo lunar, anunció que aquel vuelo iba a cambiar la imagen del «misterioso Descartes» no podía suponer que la realidad iba a contradecir todas las hipótesis previas. Se suponía que la región era de origen volcánico, pero las predicciones de los geólogos habían fallado. Allí no había minerales ígneos, o en todo caso no se habían encontrado. Algunos llegarían a responsabilizar a los astronautas, que tal vez no acertaron con las rocas adecuadas. En todo caso, de todo ello se desprendía una

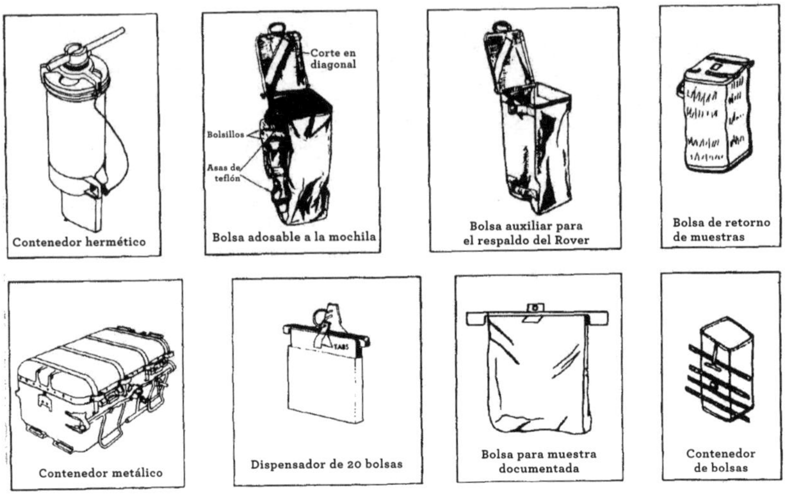

Un catálogo de los diferentes tipos de bolsas y contenedores de muestras utilizados en las últimas misiones Apollo.

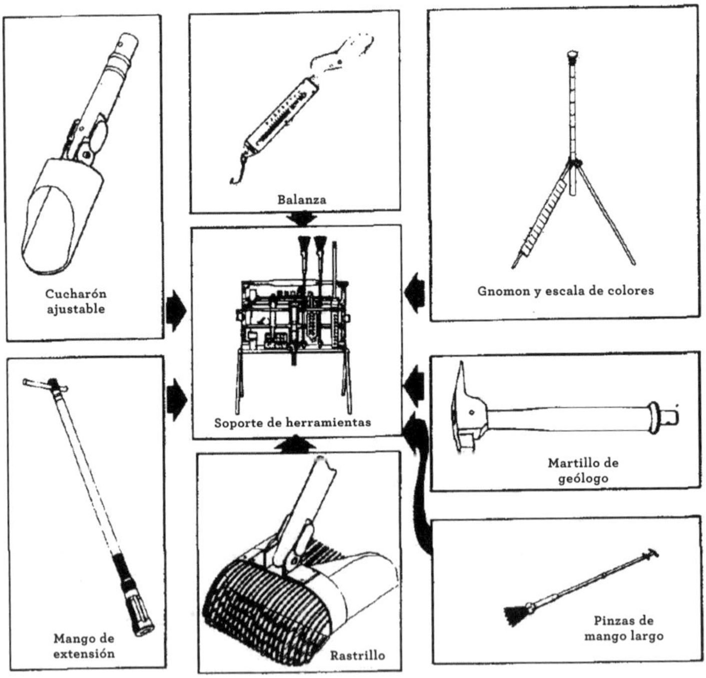

Herramientas utilizadas por los astronautas en sus excursiones.

La fotografía familiar de Charlie Duke sobre el suelo lunar.

lección: pocos conceptos elaborados tomando como ejemplo la evolución de la Tierra eran extrapolables a la Luna.

Llega el momento de preparar el retorno a la Tierra. Young aparca el coche a unos 100 metros de distancia a popa del módulo lunar y Duke cumple una promesa hecha a su hijo pequeño antes del despegue: saca de su bolsillo de preferencias personales una foto familiar protegida por una bolsa de plástico y la deja caer al suelo. Por suerte, queda con la imagen hacia arriba, y en su reverso una anotación que aclaraba: «Esta es la familia del astronauta Charlie Duke...», y añadía a continuación «... del planeta Tierra. Aterrizamos en la Luna en abril de 1972».

El trozo de papel fotográfico permanecerá ahí durante siglos, quizá milenios, junto con las pisadas de los astronautas y las herramientas desechadas, pero la imagen no perdurará. En cosa de pocas horas el calor del Sol y la radiación ultravioleta la ennegrecerán y desharán el plástico, como también se decolorará la bandera que han plantado allí cerca, bien clavada en el regolito para intentar que el escape del motor no la tumbe al despegar.

La vista desde lo alto

Mattingly, a bordo del *Casper*, tenía encomendado un denso programa de experimentos aparte de las rutinarias tareas de navegación y mantenimiento. Por un lado, el módulo de servicio iba equipado con un sistema de cámaras similar al que llevó la misión anterior. Su objetivo principal era obtener imágenes del punto de aterrizaje previsto para al Apollo 17, el valle de Taurus-Littrow, pero también de otros lugares de interés de la Luna, tanto en la cara visible como en la oculta.

Junto a las cámaras se alojaban cuatro instrumentos de medición remota: un espectrómetro de masas y uno de radiación gamma iban instalados en el extremo de sendas pértigas escamoteables de 7 metros. El motor que controlaba su retracción se atascó y dio más de un quebradero de cabeza a Mattingly. Otros dos espectrómetros (de rayos X y de partículas alfa) estaban en el interior del cuerpo de la nave.

Un espectrómetro es un dispositivo que mide la intensidad de determinada radiación en distintas frecuencias o rangos de energía. En el caso del de rayos gamma, podía provenir de varias fuentes: por un lado, revelaría la presencia de elementos radiactivos como el uranio o el torio en la superficie lunar. Estos átomos emiten radiación de alta energía en su proceso de desintegración natural. Otros, el hierro o el titanio, por ejemplo, lo hacen al recibir el impacto de los rayos cósmicos. La Luna, sin atmósfera, siempre está expuesta a ese bombardeo.

Cada elemento produce un espectro de frecuencias característico, y eso es lo que permitía identificarlos; la intensidad de la radiación correspondía a su abundancia. Apollo 15 y 16 iban equipados con el mismo tipo de sensor. Gracias a ello sería posible analizar dos amplias franjas de terreno, justo las que quedaban bajo su traza orbital.

El segundo espectrómetro se basaba en un principio similar, pero esta vez el agente no eran los rayos cósmicos sino los rayos X procedentes del Sol. Este instrumento, claro, solo funcionaba al sobrevolar las zonas de día.

Al incidir sobre algunos elementos ligeros (magnesio, aluminio o silicio) los rayos X provocan fluorescencia, o sea, la emisión de otras radiaciones de distinta frecuen-

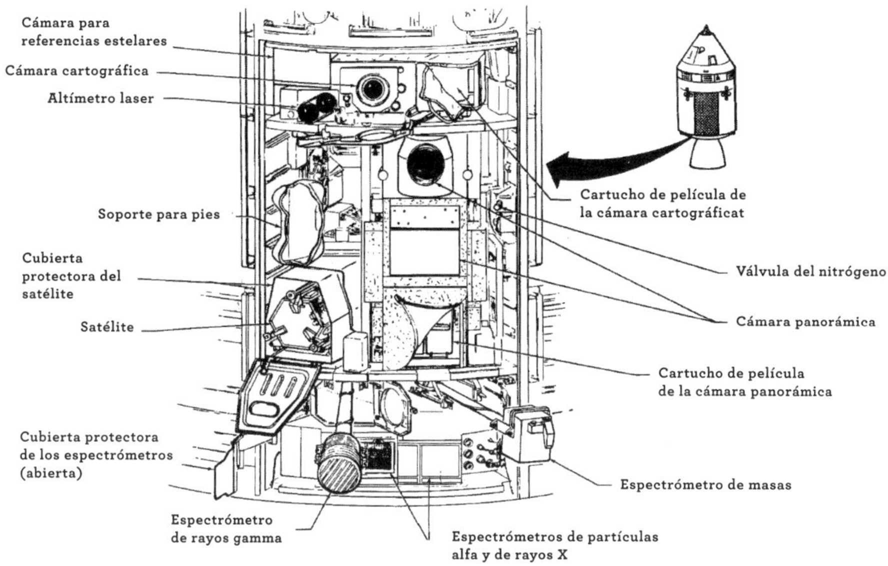

Diagrama de los instrumentos contenidos en el compartimento lateral del módulo de servicio.

cia. Como en la Tierra, el silicio es muy común y abundante en todas las regiones lunares y, por el contrario, el aluminio y el magnesio, no. El espectrómetro no medía sus concentraciones absolutas, sino su mayor o menor proporción en referencia al silicio.

Los resultados vinieron a confirmar algo ya apuntado por el análisis de anteriores muestras. Los mares mostraban abundancia de hierro y menos aluminio, una composición indicativa de su naturaleza basáltica. No solo en los dos ya visitados (Tranquillitatis y Procellarum) sino también en Crisium y Serenitatis. En cambio, las tierras altas, como las que estaba explorando el Apollo 16, la proporción de ambos se invertía. Los minerales más corrientes eran feldespatos y anortosita, esta última formada por flotación sobre el magma primigenio.

Los otros dos espectrómetros (el de masas y el de partículas alfa) servirían para identificar ciertos elementos

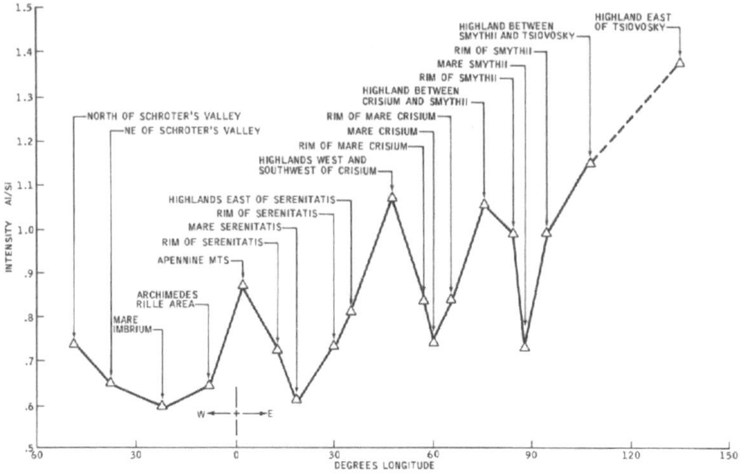

Este gráfico muestra la proporción de aluminio a silicio registrada a lo largo de una órbita casi completa del Apollo 15. Es significativa la coincidencia de los picos de la gráfica con los tierras altas («highlands»), mientras que las llanuras («mares») exhiben valores inferiores.

presentes en la casi nula atmósfera a altura orbital. El primero no detectó otra cosa que gases procedentes de la cápsula misma, con la posible excepción de unas trazas de un isótopo de neón, probablemente de origen solar.

El de partículas alfa, en cambio, pretendía identificar regiones con abundancia de uranio. No de forma directa sino detectando la presencia de dos productos de su desintegración: gas radón-222 y polonio-210. El primero tiene un período de semidesintegración de casi cuatro días. Sería tiempo suficiente para que diminutas cantidades, filtradas a través de las fisuras del terreno, pudiesen alcanzar la altura donde volaban los detectores. El Apollo 15 había descubierto trazas significativas en algún cráter de la cara oculta; el Apollo 16, en el cráter Grimaldi y en la periferia de Mare Fœcunditatis.

Estos equipos eran solo parte de las responsabilidades del piloto del módulo de mando durante su solitaria estancia en órbita. Además, tenía asignados otros trabajos como ensayos de radar, observaciones de la luz zodiacal o la fotografía de la Tierra y la Luna en la banda del ultravioleta. Esta última tarea exigía apuntar su cámara precisamente a través de la ventanilla de la derecha, la única equipada expresamente con cristal de cuarzo que no absorbe esas longitudes de onda.

Vuelta a casa

Antes de emprender el regreso descartaron la cabina del *Casper*. El plan de vuelo preveía lanzarla contra la Luna y que los sismómetros detectasen su impacto. Conociendo su masa y velocidad era una forma práctica de calibrarlos, pero un fallo de última hora en su sistema de estabilización

En un huracán de fragmentos de plástico y aislante el *Orión* despega de la superficie lunar. El motor de ascenso se encendía directamente sobre el hueco central de la sección de aterrizaje, ocupada solo por el motor de descenso, ya inútil. El espacio libre a su alrededor ayudaba a evacuar los gases del escape.

El módulo de mando del *Casper* cae en aguas del Pacífico. Sobre cada cúpula se ve su correspondiente paracaídas piloto, ya deshinchado. Su función era ejecutar el tirón que extraía los paracaídas principales de su alojamiento en la proa de la nave.

lo impidió. Siguió en órbita durante un año más, perdiendo altura paulatinamente debido a perturbaciones gravitatorias hasta estrellarse en algún lugar indeterminado.

La cápsula del Apollo 16 cayó en el Pacífico el 27 de abril de 1972, tras 265 horas (once días) de vuelo. Como ya era costumbre desde el Apollo 14, el helicóptero los recogió sin especiales precauciones: ni trajes de aislamiento biológico, ni cuarentena, ni siquiera mascarillas. Ya estaba claro que las muestras lunares no albergaban ningún germen patógeno. La exposición a los rayos ultravioletas solares y los rayos cósmicos durante milenios constituían un excelente sistema de esterilización.

Tanto Young como Mattingly continuaron asociados con otros proyectos de la NASA durante varios años. Ambos llegaron a pilotar un transbordador dos veces cada uno. Young, en el vuelo inaugural y en el que transportó el primer laboratorio Spacelab; Mattingly, en un vuelo de prueba y más tarde en una misión del Departamento de Defensa que puso en órbita un satélite Magnum de monitorización de comunicaciones sobre la Unión Soviética.

Duke abandonó la NASA en 1976 y se dedicó a otros negocios. Entre ellos, una floreciente empresa de distribución de cerveza. En el terreno personal, una vez regresó de la Luna pasó una época de crisis familiar que podía haber dado al traste con su matrimonio. No fue así, en parte, según sus palabras, gracias a una profunda experiencia espiritual que le convirtió en un cristiano renacido. Durante un tiempo colaboró en la fundación del mismo signo que había puesto en marcha su compañero James Irwin, y después, hasta ya muy mayor, continuó consagrándose a tareas pastorales y ejerciendo su ministerio entre población reclusa.

Con solo treinta y séis años Charlie Duke fue el astronauta más joven que pisó la Luna. En la actualidad —ya bien entrado en los ochenta— le gusta bromear recalcando que aún lo sigue siendo.

Apollo 17.

El final del comienzo

En diciembre de 1972 el Programa Apollo llegaba a su fin, por lo que la última misión sería la 17. Por aquel entonces nadie podía sospecharlo, pero pasaría más de medio siglo sin que ningún otro astronauta —estadounidense, ruso o chino— pisase otra vez la Luna.

La serie de vuelos prevista al principio por la NASA llegaba hasta el Apollo 20, pero los tiempos habían cambiado. Salvo por el paréntesis del drama del Apollo 13, la aventura lunar ya parecía rutina. El país tenía otras prioridades, en especial la desastrosa marcha del conflicto de Vietnam y la oposición que suscitaba en numerosos sectores del país.

Otra Administración de signo muy distinto ocupaba ahora la Casa Blanca. En ella, un presidente, Nixon, que —quizá de forma inconsciente— no acababa de sentirse cómodo con el Programa Apollo. Al fin y al cabo era una idea impulsada por el rival que le venciera en las elecciones de 1960, pero ahora, dos legislaturas después, Nixon había llegado por fin al poder, justo a tiempo para recoger los frutos de aquella empresa histórica. Su firma figuraba en la placa conmemorativa que dejaron los astronautas del Apollo 11. Pero todos sabían quién había inspirado el programa lunar. La bandera plantada por Armstrong en Tranquillitatis era, ante todo, la respuesta del país al compromiso adquirido por Kennedy.

Ahora la aventura terminaba. Había salido muy cara, tanto en vidas humanas (accidentes y el incendio del Apollo 1) como también en recursos. La factura total ascendía a más de 28.000 millones de dólares de la época; unas diez veces más en términos actuales. Más del 2 por ciento del PIB medio del país durante trece años, con picos del 4,5 por ciento, como el que se alcanzó en 1966. En proporción, más de lo invertido en el Proyecto Manhattan para el desarrollo de las armas nucleares. Y aquello había sido en tiempos de guerra.

El Programa Apollo nació en un momento en que la economía del país era boyante. Estados Unidos gozaba de un importante superávit y la empresa lunar fue vista como una oportunidad para impulsar la creación de puestos de trabajo cualificados y explorar nuevas áreas de conocimiento. No en vano llegarían a emplearse en él unos 400.000 ingenieros y técnicos, 20.000 compañías subcontratistas y docenas de universidades.

Un decenio después, al arrancar la década de los setenta, las prioridades económicas del país eran otras. Vietnam costaría a Estados Unidos 60.000 vidas, incontable número de heridos y cerca de 700.000 millones de dólares. Numerosas voces se levantaban reclamando más inversiones en ayudas sanitarias, educativas o en la lucha contra la pobreza y menos gastos que muchos veían como despilfarros difíciles de justificar. Lo cierto es que esa opinión era bastante prevalente entre el público; las encuestas nunca atribuyeron al Programa Apollo un apoyo popular superior al 50 por ciento de los estadounidenses. Ni siquiera en épocas de bonanza.

En 1969 —el año del primer alunizaje— el presupuesto de la NASA ya se redujo a la mitad de lo que se gastó tres años antes, y en sucesivos ejercicios continuaría bajando. El objetivo nacional estaba cumplido. En enero de 1970 la agencia anunció la cancelación del Apollo 20. En septiembre, nuevos recortes forzaron a anular también las misiones 18 y 19.

La producción del Saturn V se detuvo en quince ejemplares, cuando la previsión inicial era de varias docenas. En el programa lunar se gastarían doce. Otro, el destinado al Apollo 20, pondría en órbita el laboratorio Skylab. Los dos restantes no tenían utilidad y acabarían convertidos en piezas de museo.

La última tripulación

El Apollo 17 sería el último viaje a la Luna. Tres de los módulos de mando sobrantes lanzarían a las tripulaciones del Skylab, y otro se utilizaría en una misión conjunta con los rusos, de claro aspecto propagandístico. Pero la nave Apollo era un diseño que pertenecía al pasado. Para entonces, la Administración Nixon ya acariciaba el nuevo proyecto en el que iba a embarcarse la NASA: el transbordador espacial, un concepto que prometía facilitar y abaratar el acceso a la órbita terrestre. Esa decisión marcaría la historia de la astronáutica estadounidense durante los siguientes treinta años.

Siguiendo la costumbre, la tripulación del último Apollo sería la que había servido como suplente tres misiones antes, en la número 14. El papel de comandante recaería en Eugene Cernan, uno de los pocos que ya habían visto muy de cerca la Luna en el Apollo 10, el ensayo general previo al primer alunizaje. Junto a él irían Ronald Evans y Joe Engle, ambos sin experiencia previa en vuelos espaciales. Aunque en el caso de Engle eso era muy discutible: a los mandos del avión-cohete X-15 superó tres veces los 80 km de altura, el límite oficioso del espacio exterior, así que a todos los efectos ya le correspondía el título de astronauta.

Los tres, pilotos militares, habían pasado por un entrenamiento intensivo en mineralogía. Pero no eran profesionales. Si esta iba a ser la última expedición a la Luna, los expertos asociados al programa y hasta la Academia Nacional de Ciencias presionaron para incluir a un científico profesional. Desde 1965 la NASA disponía de seis candidatos con impecables credenciales académicas: físicos, médicos... Entre ellos, Harrison *Jack* Schmitt, un geólogo ya asignado al Apollo 18. El único problema es que nunca habría un Apollo 18.

DÓNDE EMPIEZA EL ESPACIO

No hay consenso en dónde situar el límite del espacio exterior. La Fuerza Aérea de Estados Unidos la establece en 50 millas (unos 80 km) sobre el suelo. Hay una razón física: a esa altura la densidad del aire es tan baja que una aeronave solo conseguiría sustentación volando más rápido que la velocidad orbital (unos 8 km/seg).

La NASA y la Federación Aeronáutica Internacional ponen la frontera un poco más alta: 100 km. Aunque esta cifra pudiera ser revisada próximamente, ya que en algunos casos la agencia norteamericana aceptó el valor de 80 km para adjudicar el título de astronauta a pilotos que superaron ese límite a bordo del avión cohete X-15.

En todo caso, el rozamiento atmosférico impide que ningún satélite se mantenga en órbita por debajo de los 150 km.

Pese a ciertas objeciones por parte de Slayton, Joe Engle quedó apeado de la misión y Jack Schmitt ocupó su puesto. Sería el único hombre de ciencia que pisaría la Luna.

Taurus-Littrow

La decisión sobre dónde realizar el desembarco no fue fácil. Había varios candidatos en lista de espera: los cráteres Alphonsus, Gassendi o Lichenberg. Durante un breve período también se consideraron lugares tan espectaculares como Copernicus o Tycho, aunque este último resultaba difícil de alcanzar por restricciones orbitales.

La tripulación del Apollo 17. Sentado en el Rover el comandante Gene Cernan; de pie, Jack Schmitt (izq.) y Ron Evans (dcha.). El Rover de la foto es un modelo de entrenamiento reforzado y con neumáticos de goma para uso en gravedad terrestre.

Al final, la elección recayó en un estrecho valle al sur del cráter Littrow, en pleno macizo de los montes de Taurus. Estos señalan la orilla sudoriental de Mare Serenitatis y su origen se debía, con toda probabilidad, al «rebote» del impacto que formó ese mar. Basándose en fotografías de otras misiones, en la región podían encontrarse flujos de lava, vestigios de erupciones piroclásticas, rocas eyectadas desde otros cráteres lejanos y, con suerte, hasta alguna fisura por donde escapase gas de las profundidades.

Allí se posaría el *Challenger*, el nombre del último módulo lunar (LM). El mismo que se asignaría años más tarde a uno de los transbordadores espaciales de la NASA[11]. El módulo

11. El transbordador Challenger se destruyó al despegar en enero de 1986; su gemelo Columbia, cuyo nombre coincidía con el del módulo de mando del Apollo 11, también se perdió durante la maniobra de reentrada, en febrero de 2003.

de mando, por su parte, sería el más patriótico *América*. La principal novedad en esta ocasión radicaba en la hora, ya que la ventana de lanzamiento se abría a las 21:53 horas. Era la primera y única vez que un Saturn V volaría de noche.

Espectáculo nocturno

Se había reforzado la ya de por sí estricta seguridad en el Centro Kennedy, pues aún estaba reciente el recuerdo de tres meses atrás, cuando el grupo terrorista palestino Septiembre Negro llevó a cabo la matanza de once atletas israelíes en los Juegos Olímpicos de Múnich de 1972. La posibilidad de un atentado durante el lanzamiento parecía muy remota pero, aun así, se aumentaron los controles. Nadie quería imaginar las consecuencias que tendría un disparo de rifle bien dirigido mientras despegaba el Saturn V.

Durante los últimos 30 segundos de la cuenta atrás el controlador automático detectó un fallo en la señal que ordenaba la presurización de la tercera etapa. Siguiendo el procedimiento establecido, desactivó una serie de sistemas y movió la pasarela de acceso a la cápsula volviéndola a colocar al alcance de los astronautas, por si tenían que abandonarla. En total fueron dos horas de retraso que desplazaron el despegue a poco después de la medianoche.

Aunque no graves, estas incidencias siempre tenían al menos una repercusión. Como la Tierra seguía girando, la entrada en la órbita adecuada exigía recalcular de nuevo el azimut, es decir, el ángulo inicial de la trayectoria con respecto al norte.

El cálculo era un trabajo a cargo del centro de computación de Kennedy. El resultado se transmitía a los astronautas para que introdujesen la correspondiente corrección en el ordenador de a bordo. Este, a su vez, informaría del cambio a la plataforma inercial, asegurando que al despegue su orientación sería la correcta.

El anuncio del último disparo hacia la Luna había atraído muchedumbres. 42.000 invitados con acceso a las instalaciones de la base y más de un millón de visitantes acampados a la orilla del Banana River, el mejor lugar desde donde contemplar el despegue. En parte porque era el último y en

Un fotograma del lanzamiento en el que se aprecian las ondas de presión acústica.[12]

parte por disfrutar de la inédita visión de un cohete gigante alzándose frente al firmamento oscuro. Y el espectáculo no defraudó. Nueve segundos antes del «cero» las llamaradas de los escapes iluminaron la plataforma mientras los cinco motores aumentaban su potencia. Luego, con mucha lentitud, el Saturn V fue ganando altura. Durante casi medio minuto su cola de fuego alumbró toda el área de lanzamiento como una colosal antorcha.

El sonido tardó en alcanzar la tribuna de espectadores junto al edificio de montaje. El retumbar empezó a oírse casi 10 segundos después del despegue, cuando el cohete ya había superado la altura de la torre. No se sintió como un trueno continuo sino como un característico petardeo de los escapes de una motocicleta mal ajustada. Era un efecto de la enorme potencia desencadenada: a pie del cohete se medían más de 200 decibelios, una energía capaz de fundir el asfalto de la carretera. El aire no podía soportar una com-

12. Ver https://tinyurl.com/y788ksdx

Larga exposición que muestra el ascenso del Saturn V.

presión tan brutal. Así resultaba aquella monstruosa cacofonía. Por primera y única vez los focos que iluminaban la plataforma a contraluz permitieron ver físicamente las ondas de presión acústica durante el ascenso.

A más de 100 metros sobre la plataforma los tripulantes notaron la violenta vibración del cohete y un estruendo que llegaba a sus oídos pese a los cascos y auriculares. Durante el lanzamiento la cápsula iba cubierta por una envoltura cónica de fibra de vidrio y corcho que solo dejaba libres dos de las cinco ventanillas: una junto al asiento del comandante y otra, el ojo de buey, en la escotilla de acceso. Por ellas los astronautas vislumbraron de reojo el anaranjado resplandor de las llamas que, a medida que iban ganando altura, dejó paso a la oscuridad del cielo. El brillo del despegue pudo verse en Miami, 300 km al sur de Cabo Cañaveral. Horas después, en Nueva York, algunos barómetros muy sensibles detectarían la llegada de

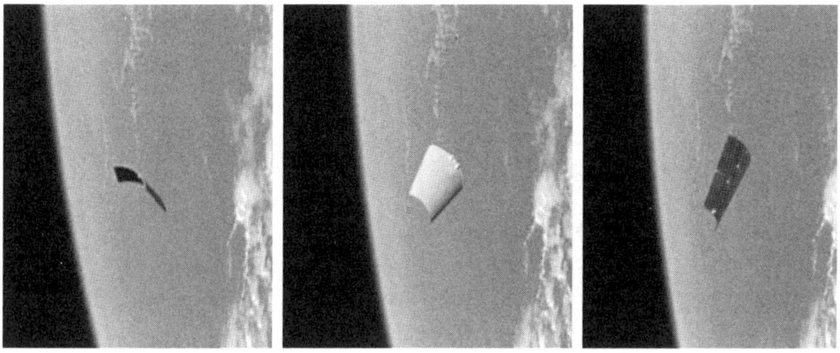

Uno de los paneles protectores del módulo lunar se aleja flotando.

las ondas de presión, ya tan amortiguadas que no pasaban de ser un inaudible susurro.

No hubo sobresaltos durante el resto del vuelo: un par de órbitas a la Tierra para comprobar equipos, inserción en trayectoria translunar, transposición y extracción del módulo lunar, abandono de la tercera etapa en ruta de colisión con la Luna... Operaciones que formaban parte del programa habitual.

Ya en camino hacia la Luna, a unos 50.000 km de altura, Evans tomó una secuencia de cuatro fotografías de la Tierra, que aparecía como un disco iluminado en su totalidad. Son casi idénticas (salvo por la cuarta, que quedó cortada en su borde inferior). Muestran con fantástica claridad África, la isla de Madagascar, la península Arábiga, el océano Índico y parte de la Antártida. La primera de ellas —quizá más nítida— se considera la más reproducida de la historia; más aún que la icónica imagen de Aldrin mirando a la cámara con el reflejo de Armstrong en su visor.

La rutina de un viaje al espacio

El viaje hacia la Luna resultó uno de los más tranquilos de todo el programa, sin registrar incidentes. Al aproximarse a los 250.000 km sobre la Tierra dentro de la más absoluta normalidad el encargado de narrar el progreso de la misión (*Public Affairs Oficer*) no pudo resistirse a comentar:

La Tierra fotografiada desde 50.000 kilómetros de distancia. El encuadre original de la fotografía era como se observa, sensiblemente descentrada.

«No recuerdo haber visto nunca dos páginas del plan de vuelo tan en blanco como estas».

Que no surgiesen problemas no quiere decir que los astronautas gozasen de muchos ratos libres. A intervalos debían comprobar el alineamiento de la plataforma inercial, que con el tiempo iba acumulando pequeñas derivas. También, purgar de contaminantes las células de combustible que generaban energía eléctrica y mantener la orientación de la nave, que iba girando a razón de una vez cada veinte minutos. Era la forma de distribuir el calor del Sol. Verificar que las antenas omnidireccionales se iban relevando en el enlace con la Tierra a medida que el *América* rotaba. Vigilar las presiones de la cabina y los depósitos criogénicos, el glicol del circuito de refrigeración, los sistemas pirotécnicos y el nivel de recarga de baterías (solo el *Challenger* llevaba siete), utilizar las diferentes cámaras y tipos de película disponibles, ejecutar unos pocos expe-

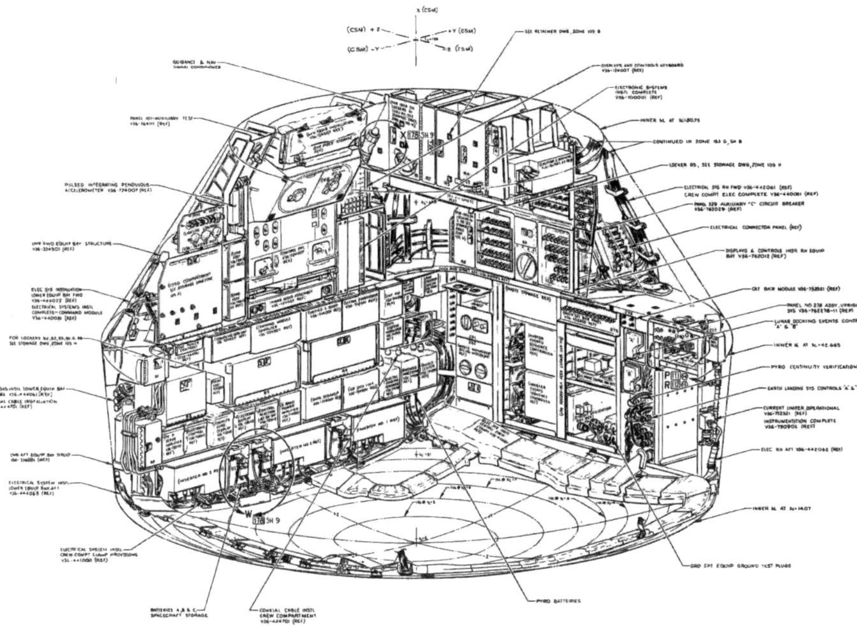

Distribución de los numerosos compartimentos de almacenaje en el módulo de mando. Centenares de rincones donde extraviar cualquier objeto.

rimentos científicos en condiciones de ingravidez, atender a sus propias necesidades de comida, sueño y aseo personal, y conservar un orden estricto en su cubículo, abarrotado con docenas de dispositivos, instrumentos y sus respectivos compartimentos de almacenaje.

Esta última tarea no siempre resultaría fácil. Durante el viaje de ida, Evans extravió sus tijeras. En ingravidez se habían alejado flotando y desaparecieron de la vista. El problema no era trivial, puesto que eran las que empleaba para abrir los paquetes de comida. Sus compañeros disponían de otras, pero si bajaban a la Luna llevándoselas (ellos también las necesitarían a bordo del módulo lunar) le esperaba un ayuno forzoso o al menos una dieta poco variada hasta su regreso.

Antes de separar las dos naves, Cernan y Schmitt accedieron a prestarle una de las suyas. Las tijeras aparecerían el último día de vuelo, atascadas en un rincón de la cápsula. Las encontró por casualidad Schmitt, quien cometió

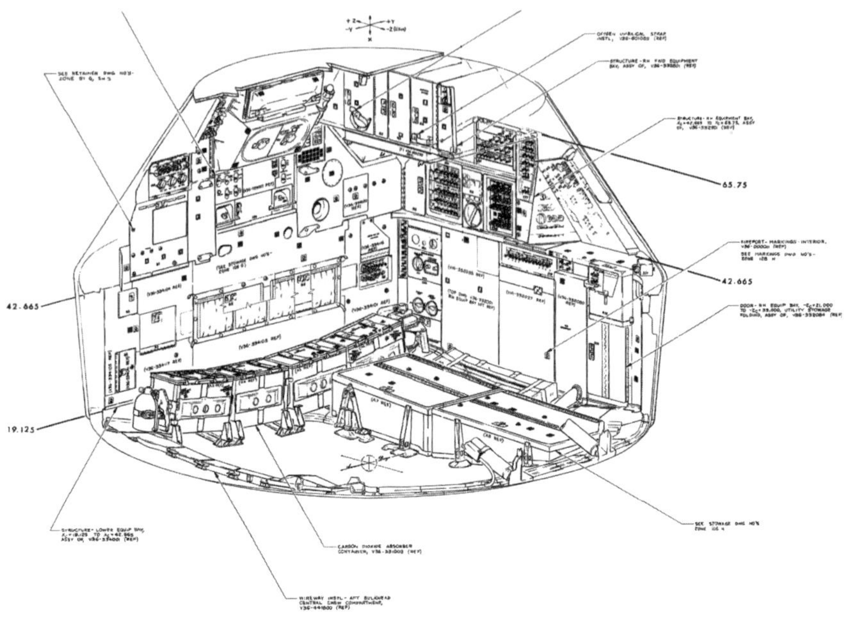

Aspecto interior del módulo de mando con los paneles de cobertura instalados.

la travesura de conservarlas sin mencionarlo a nadie. Se las devolvería, por fin, en la enfermería del portaaviones, cuando ya no tuvieran ninguna utilidad.

El único experimento del que no tenían que preocuparse en absoluto era un grupo de cinco ratones. Ni siquiera los verían, encerrados como iban en unos tubos individuales; sus nombres: *Fe, Fi, Fo, Fum* y *Phooey*. Siendo animales procedentes del desierto californiano, requerían muy poca agua. Les bastaba con unas cuantas semillas. Cada uno llevaba implantado en el cráneo un detector de rayos cósmicos con el que registrar el impacto de partículas subatómicas y el posible daño cerebral asociado.

De los cinco animalitos cuatro sobrevivieron (no se determinó la causa de la muerte del quinto). Los detectores de radiación registraron ochenta trazas de partículas, pero las autopsias no mostraron ninguna alteración cerebral ni visual en los animales, así que el experimento no arrojó resultados concluyentes.

Llegada

Poco antes de entrar en órbita lunar, el Apollo 17 largó la cubierta del compartimento lateral donde se alojaban cámaras y equipos de medición remota. Era una operación de rutina que también habían realizado los dos vuelos anteriores.

Estaban ya muy cerca de su objetivo, aunque era la segunda vez que Cernan viajaba hacia la Luna. La rapidez con que esta iba creciendo y llenando las ventanillas no dejaba de sorprenderle, y también la intranquilizadora sensación de ir a impactar contra ella. Al fin y al cabo su trayectoria pasaría a solo 45 km por delante del borde de avance del satélite.

Cinco horas después, el Apollo 17 desaparecía tras el limbo de la Luna y sobrevolaba la cara oculta. Allí encendía el motor principal durante poco más de seis minutos lo que le ponía en su órbita inicial 60 km sobre el suelo.

Permanecerían en ella cuatro horas escasas y después ajustarían el perilunio al nivel habitual de 15.000 me-

El valle de Taurus-Littrow. Casi en el centro de la imagen puede distinguirse el módulo de mando América.

tros. En esa nueva trayectoria pasarían las quince horas siguientes, durante las que sobrevolarían varias veces el punto de destino en Taurus-Littrow estudiándolo más en detalle. Terminado ese trabajo y realizadas las comprobaciones finales, Cernan y Evans entraron en el *Challenger*, cerraron la escotilla y desconectaron ambas naves. Empezaba el último alunizaje del Programa Apollo.

Aterrizaje

El software de alunizaje había alcanzado un grado de madurez definitivo. Las anteriores misiones permitieron ir puliendo detalles y corrigiendo imperfecciones, pero desde el Apollo 15 se utilizaba la misma versión del programa, ya estabilizada bajo el nombre LUMINAIRE 102. Más de cien versiones y revisiones del código hasta llegar aquí.

El alunizaje progresaría en tres fases, controlada cada una por un juego de instrucciones diferente. Era el grupo de programas «sesenta»: P63, P64 y P66. También existía un grupo «setenta», más numeroso, pero que todo el mundo esperaba no tener que utilizar nunca: eran los que deberían encargarse de las rutinas de escape si algo iba mal.

El programa P63 ejecutaba la principal fase de frenado: primero, un impulso de los motores de maniobra durante poco más de 7 segundos que asentaba el combustible en el fondo de los depósitos. Solo estaban llenos en sus tres cuartas partes; el resto era helio a alta presión. Cuando se abriesen las válvulas de admisión el gas forzaría la entrada de los propergoles (cantidades iguales de Aerozina-50 y tetróxido de nitrógeno) en la cámara de combustión y su inmediato encendido por simple contacto.

Durante la fase de frenado la nave iba en posición tumbada con respecto al suelo, el motor principal orientado a contramarcha, el tren de aterrizaje dirigido hacia delante y los astronautas mirando a lo alto. Al encender el propulsor sería la primera vez en muchas horas que sus piernas experimentasen una sensación parecida a la pesadez de la gravedad.

Esta etapa —la más larga— duraría nueve minutos y medio. En ese tiempo se anulaba casi toda la velocidad orbi-

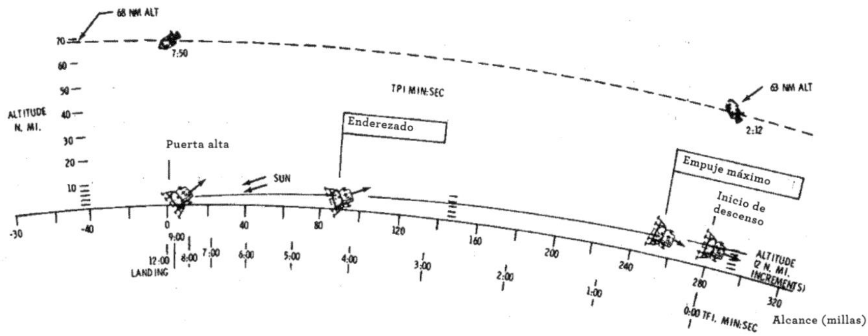

Evento	Min:Seg	V (m/s)	V vert. (m/s)	Altura (m)
Inicio de descenso	0:00	1697	-20	17.200
Máximo empuje	0:26	1689	-19	16.700
Reducción de empuje	7:20	366	-27	7.847
«High gate»	9:20	95	-53	2.486
«Low gate»	10:40	25	-8	215
Alunizaje	12:00	0	-1	2

Posiciones relativas de ambas naves durante el descenso a la Luna.

tal (unos 1.500 metros por segundo) y también se reducía de forma drástica la altura de vuelo.

Al alcanzar el nivel de 2.000 metros el ordenador de a bordo pasaba el control al siguiente programa, el P64 o fase de aproximación. El *Challenger* se enderezaba poco a poco de forma que las ventanillas frontales mostrasen por primera vez el paisaje hacia el que se dirigía. Al mismo tiempo, se ladeaba unos grados permitiendo que la antena del radar altimétrico, situada en la base de la nave junto a la falda del motor, viese el suelo.

El radar de descenso emitía cuatro haces de pulsos a la vez: uno permitía calcular la altura y tres la velocidad. Estos aprovechaban el efecto Doppler, el cambio de frecuencia que experimentan las ondas reflejadas según la rapidez de aproximación al suelo.

El comandante tenía a su disposición tres indicadores principales: el horizonte artificial, una esfera que parecía girar cada vez que cambiaba la orientación de la nave (en realidad la plataforma inercial estaba fija con respecto a las estrellas, era todo el vehículo quien rotaba a su alrededor). A su derecha, en el panel de mandos, un par de escalas graduadas verticales

RADAR DE ATERRIZAJE
CONFIGURACIÓN DE HACES
Y POSICIÓN DE ANTENA

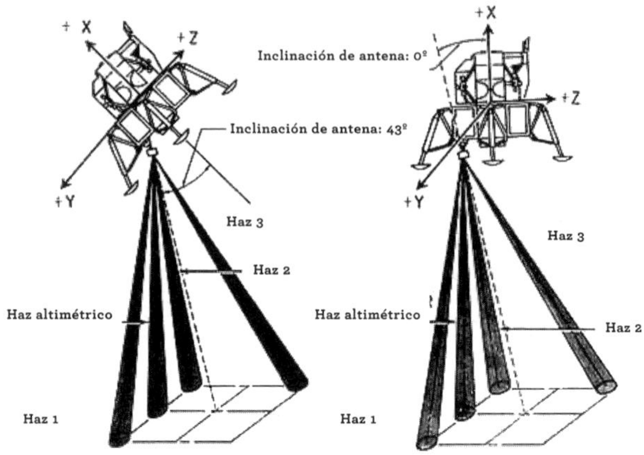

Las dos posiciones de funcionamiento del radar altimétrico.

que se movían arriba y abajo mostrando altura y velocidad de descenso según lecturas del radar. Y, por fin, las pantallas numéricas del ordenador, aunque rara vez las miraba; era Schmitt el encargado de vigilarlas mientras Cernan se concentraba en el exterior.

El copiloto no disfrutaba del paisaje. Su trabajo consistía en mantener la vista fija en los niveles de combustible y en los indicadores de los dos ordenadores, el principal y el de reserva (este, encargado solo de calcular posibles trayectorias de escape por si algo fuese mal), por lo que se perdió un espectáculo único. Otras tripulaciones habían aterrizado con la Tierra casi en el cénit, difícil de ver a través de las pequeñas ventanas del LM; pero el valle de Taurus-Littrow estaba tan al norte y al este que el planeta, en fase menguante, sí que aparecía en las ventanillas recortándose sobre el horizonte, aunque en pleno descenso no era momento para tomar ninguna fotografía.

A unos 100 metros sobre el suelo tomaba el control el último de los tres programas de alunizaje: P66. Su misión era mantener el motor principal al empuje que le permi-

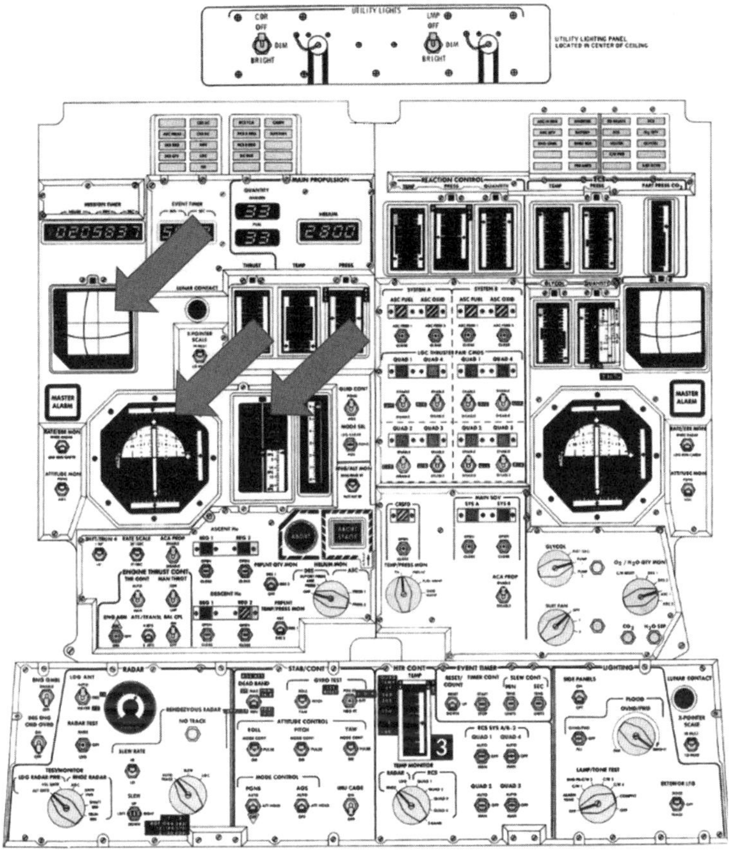

El panel de mandos del módulo lunar. La mitad izquierda corresponde al comandante con las tres principales ayudas al aterrizaje: los punteros de velocidad horizontal, el horizonte artificial y los indicadores de altura y velocidad vertical. Estos controles están duplicados a la derecha, de forma que queden también al alcance del piloto del LM.

tiese ir descendiendo con suavidad. Entretanto, el comandante ajustaba su trayectoria en busca de un lugar adecuado donde posarse. Debía hacerlo, dentro de lo posible, en vertical, sin velocidad horizontal. Un indicador cuadrado en el panel de mandos le ayudaría: en él se cruzaban dos líneas perpendiculares; una indicaba movimiento lateral y otra el frontal. Lo ideal era que ambas quedasen preci-

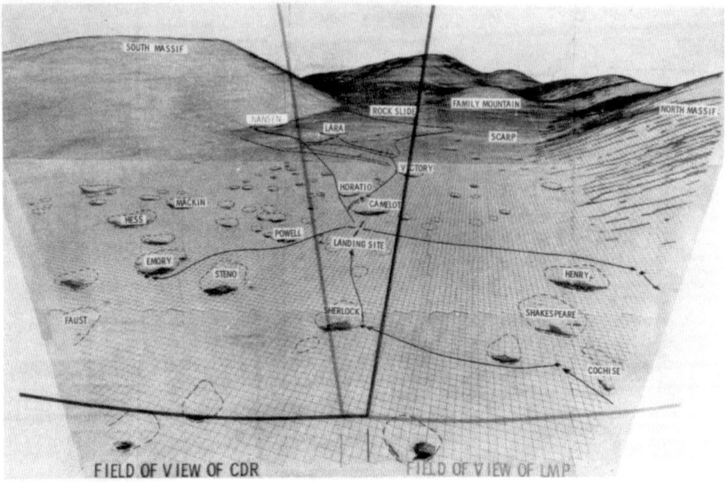

Simulación de la vista durante el descenso. Se indican los campos de visión desde ambas ventanillas del módulo lunar.

samente en el centro de la pantalla: velocidad cero en las dos direcciones. Aunque el tren de aterrizaje podía soportar tomas de tierra desplazándose hasta a 5 km/hora.

Durante estos segundos ya se había consumido buena parte del combustible. El vehículo era mucho más ligero. Y en la exigua gravedad lunar solo hacía falta un modesto empuje que permitiera ir perdiendo altura con suavidad. Del orden de una tonelada, alrededor del 20 por ciento del máximo que podía desarrollar el motor.

Eso y el hecho de que en el vacío los gases de escape se dispersaban casi al instante era la razón de que ningún Apollo hubiese creado un cráter bajo su tobera. La presión que ejercían no era suficiente para excavar; tan solo para desplazar el polvo suelto en todas direcciones.

El aterrizaje del Apollo 17 siguió la pauta ensayada docenas de veces en el simulador. Cernan distinguió pronto uno de los cráteres más característicos entre los muchos que tapizaban el fondo del valle. Lo habían bautizado como Camelot. La mayoría tenía nombres sugeridos por Jack Schmitt en un estudio preparatorio de meses atrás. Unos (Faust, Nemo o Sherlock), con resonancias literarias; otros (Nansen, Lewis), recordando a exploradores famosos; otros más (Punk, Poppie, Barjea), sobrenombres cariñosos de algunos familiares, y no faltaba Rudolph, el reno de nariz fosforescente que guiaba el trineo de Santa Claus.

Entretanto, desde la órbita, el solitario Evans trataba de localizar al *Challenger* a través del sextante. No era fácil debido a su velocidad orbital, pero los programas de navegación ayudaban mucho en la tarea. Era un ejercicio de seguimiento ya realizado en vuelos anteriores para establecer con exactitud el punto de aterrizaje.

Cernan condujo su nave a 200 metros del punto previsto. Fue el segundo alunizaje más suave del programa (por detrás del Apollo 11, que apagó el motor cuando ya llevaba algunos instantes en el suelo). En los depósitos quedaban 600 kg de combustible, que hubieran permitido dos minutos más de vuelo. Su primera frase era un eco de la que pronunciase Armstrong: «OK, Houston. El *Challenger* ha aterrizado».

Iba a ser un día largo. Más de veinte horas de trabajo debido al obligado reajuste de horarios por el retraso del lanzamiento. Como precaución, la noche antes del alunizaje los astronautas habían disfrutado de un rato extra de sueño. No se contemplaba período de descanso previo a la primera salida.

Como en las dos misiones anteriores, el Apollo 17 tenía previstas tres excursiones. La primera, hacia el oeste, una zona de numerosos cráteres agrupados en cuyas proximidades se instalaría el paquete de instrumentos científicos. La segunda sería hacia el sur, hasta alcanzar la falda del macizo sur; la tercera y última hacia el norte del valle donde se alzaba otro promontorio. En todas utilizarían el Rover, al que Cernan llamaba «Chitty Chitty, Boeing Boeing», una síntesis entre el coche protagonista del musical y el nombre del fabricante.

Esta vez no habría cámara de televisión que mostrase el momento en que los astronautas pisaban el suelo (tampoco la hubo en el Apollo 16). El público se había acostumbrado y la escena ya no interesaba demasiado, aparte de que la calidad de imagen era siempre muy mala ya que aterrizaban con el Sol a la espalda y la portezuela quedaba

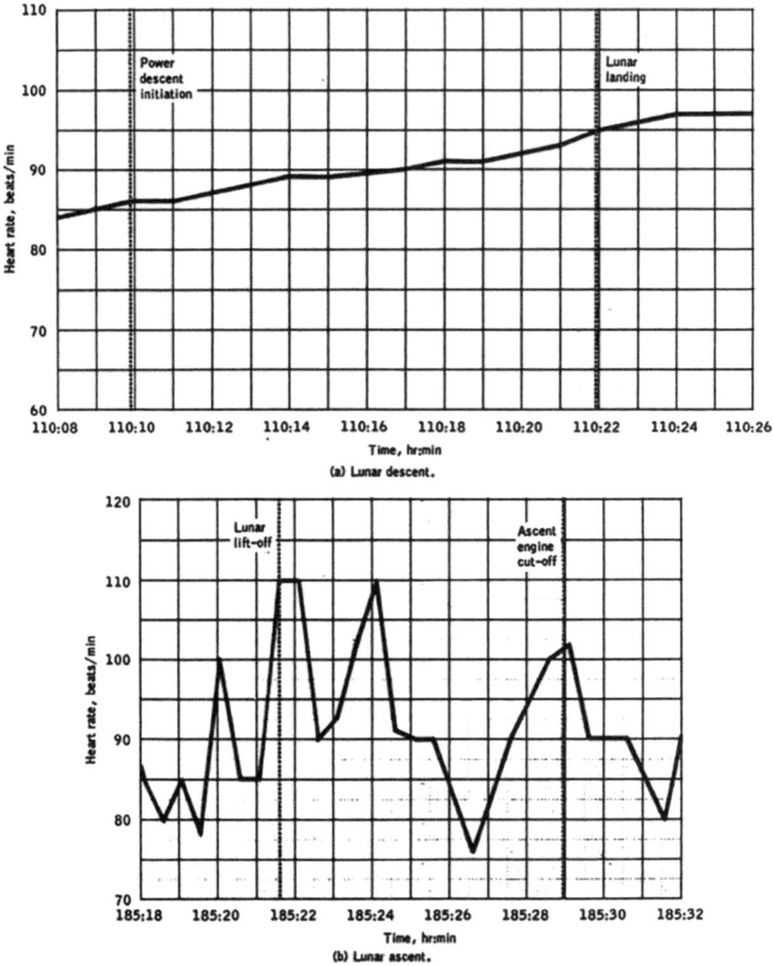

Registros de pulsaciones cardíacas del comandante Cernan durante el aterrizaje (arriba) y el despegue desde la Luna (abajo).

en sombra. Así que el tomavistas ya no se guardaba en el pupitre abatible junto a la escalerilla, ahora viajaba almacenado en el compartimento del Rover. No podría funcionar hasta que lo instalasen en su soporte en la consola de mandos del coche y lo conectasen a la antena parabólica.

El soporte de la bandera señala a la Tierra. A sugerencia de Schmitt llevaron a la Luna la bandera que había presidido la sala del Centro de Control de Houston durante todos los vuelos del programa.

Cernan prueba la dirección en las cuatro ruedas del Rover recién desplegado. Todavía no se han cargado en él las herramientas, la cámara de televisión ni la antena parabólica.

Novedades en el último ALSEP

En la primera salida los dos astronautas instalarían el último ALSEP *(Apollo Lunar Surface Experiments Package)*, esta vez con numerosos instrumentos nuevos: uno tenía por objeto medir la naturaleza de pequeñas partículas que cayesen sobre la Luna, tanto de origen exterior (residuos de cometas o polvo interplanetario) como fragmentos expulsados por el impacto de meteoritos. Llevaba tres sensores orientados en diferentes direcciones, y cuando un grano sólido chocase con ellos se vaporizaría en una nube de plasma; este, al ser conductor, podría detectarse durante un breve instante mediante un circuito eléctrico adecuado. De todas formas, en el más optimista de los casos, no se esperaba que eso ocurriese más de una vez al día.

Los delicados detectores eran muy sensibles a las nubes de polvo que sin duda levantarían los astronautas, y por

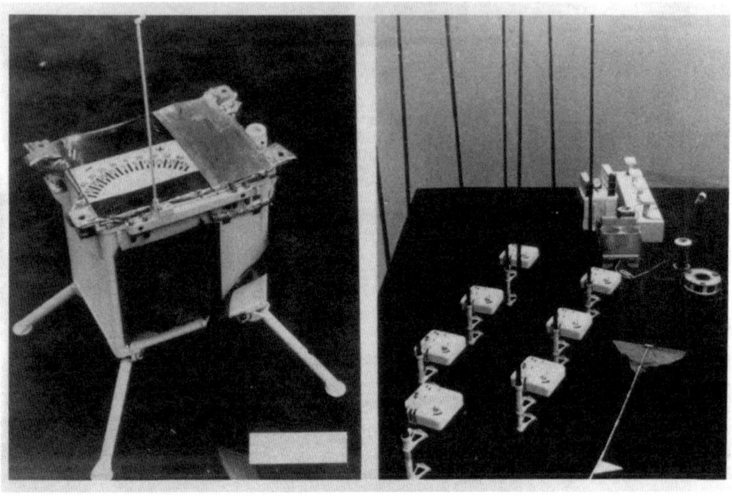

Dos de los nuevos instrumentos a instalar en la Luna: el detector de microimpactos y material eyectado (izq) y las cargas explosivas del experimento sísmico con sus antenas desplegadas (dcha.). En el primero, la sombra del puntero proyectada sobre la escala graduada permitía orientarlo adecuadamente.

ello iban protegidos por unas cubiertas que se abrirían por control remoto después de su partida, aunque no sin dificultades. El análisis de la temperatura interna sugería que el frío de la noche lunar había atascado una en posición cerrada, lo cual inutilizaba al menos parte de los sensores; pero para sorpresa general, cuando el Sol volvió a caldearla durante el segundo día se liberó por sí sola.

Midiendo la gravedad en nuestro satélite

Nuevos en la Luna serían dos gravímetros, uno fijo y otro portátil que llevarían en el Rover. Eran dos equipos muy sensibles destinados a medir variaciones en el valor de la aceleración gravitatoria lunar. El primero podía registrar cambios de una parte en cien mil millones. Su objetivo era observar alteraciones que pudieran deberse al paso de una onda gravitacional. No en vano su principal promotor era Joseph Weber, uno de los pioneros en ese abstruso campo.

Años atrás, Weber había diseñado las primeras antenas gravitacionales. Eran cilindros de aluminio de varias toneladas con una frecuencia de resonancia tal que una onda de esa naturaleza induciría en ellos casi imperceptibles vibraciones. El principio era válido, pero su sensibilidad todavía era insuficiente. Nunca hubo una detección clara.

La teoría aseguraba que la Luna podría comportarse de la misma forma. La llegada de una onda gravitacional provocaría dos tipos de deformaciones en ella: una, simétrica, similar a una respiración, en la cual todos los puntos del satélite se moverían alternativamente como si se hinchase y deshinchase; otra, «de balón de rugby», haría que el eje polar se alargase mientras el ecuador se encogía y viceversa. La sensibilidad del gravímetro, pese a ser muy alta, solo le permitiría detectar esta última, si es que llegaba a producirse.

De todos los experimentos realizados durante el Programa Apollo este era el único que —de tener éxito— hubiese garantizado un premio Nobel de Física a sus investigadores. De tener éxito.

La llegada de una perturbación gravitacional afectaría también a nuestro planeta. Por desgracia, el movimiento de la atmósfera, los océanos y los temblores del suelo producen tanto ruido sísmico que dificulta mucho su detección. Sin embargo, la observación de un evento casi simultáneo en Tierra y Luna (teniendo en cuanta el retardo de poco más de un segundo debido a los 400.000 km que las separan) sugeriría el paso de una onda gravitacional. Ese criterio de coincidencia temporal es el que aplican hoy con éxito los observatorios especializados emplazados en Estados Unidos, Italia y Japón.

Por desgracia, el gravímetro fijo no funcionó como se esperaba. Al instalarlo, su mecanismo de bloqueo (la protección contra las vibraciones del viaje) no se liberó del todo. Se atribuyó el fallo a un error de diseño, que no había evaluado bien el efecto de la gravedad lunar, muy inferior a la terrestre. Durante su construcción se ensayó repetidas veces, pero solo en posición horizontal, sin tener en cuenta que podía asentarse inclinado debido a las irregularidades el terreno. ¿Por qué no se hicieron

El ALSEP instalado en la Luna. En primer término, el gravímetro con su parasol desplegable que lo protege del calor; la estación central es la caja dorada de la que sobresale una antena; a su lado, el generador isotópico; el cable que se ve a la izquierda es parte del sistema de geófonos; al fondo, el módulo lunar. El ALSEP se emplazaba muy lejos de la nave para evitar el polvo que levantaría el despegue.

pruebas más exhaustivas, tratando de simular condiciones reales? A preguntas de Jack Schmitt antes del lanzamiento el propio Weber lo justificó con una sorprendente explicación: realizarlas hubiese exigido el acceso a una documentación que el fabricante consideraba secreto industrial o información militar restringida.

Al final se consiguió recalibrar el gravímetro por control remoto a base de añadir masas al brazo sensor. Cuando menos, pudieron obtenerse algunos resultados aceptables desde el punto de vista sismológico. Nunca detectó nada parecido a una onda gravitacional pero sí permitió

CÓMO FUNCIONA UN GRAVÍMETRO

Un gravímetro es un dispositivo capaz de pesar con grandísima precisión.

Existen varios tipos. El que formaba parte del ALSEP era una variante del modelo LaCoste & Romberg, utilizado en trabajos de geodesia: un peso en el extremo de un soporte, sostenido por un muelle exquisitamente calibrado. Una vez ajustado en su posición de equilibrio, pequeñas variaciones en el campo gravitatorio de la Luna lo desplazaba más o menos venciendo la resistencia del resorte. Un sistema electrónico muy sensible detectaba esos movimientos.

El gravímetro portátil respondía a un principio distinto. Se basaba en medir la diferencia de frecuencia de vibración entre dos láminas metálicas unidas a un par de masas. Dicha frecuencia depende del valor de «g» y también de la tensión a que estén sometidas.

El equipo tenía que ajustarse en posición vertical perfecta. Con una desviación menor de 3 minutos de arco. Un sistema de péndulos y cojinetes se encargaba de ello. Cuando el valor de la gravedad aumentaba, la primera masa tensionaba más el filamento superior, al tiempo que la segunda relajaba el inferior. Las frecuencias de resonancia de ambos variaban y su diferencia permitía detectar el cambio en el valor de «g».

Durante mucho tiempo esta tecnología había sido un secreto militar. Entre otras aplicaciones se utilizaba a bordo de sumergibles nucleares. Hasta el punto de que los equipos embarcados en el Apollo 17 todavía estaban sometidos a ciertas limitaciones de acceso.

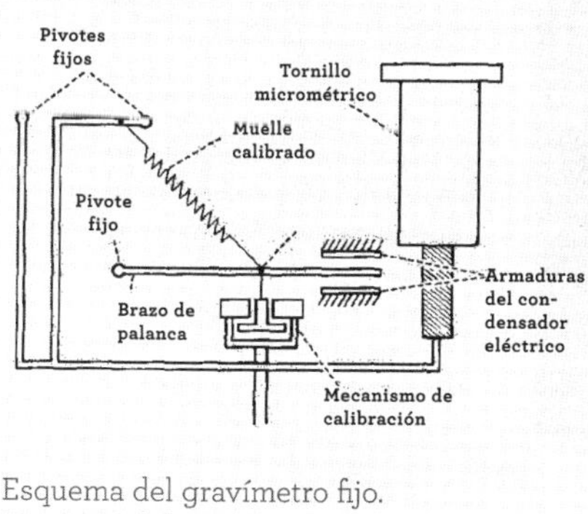

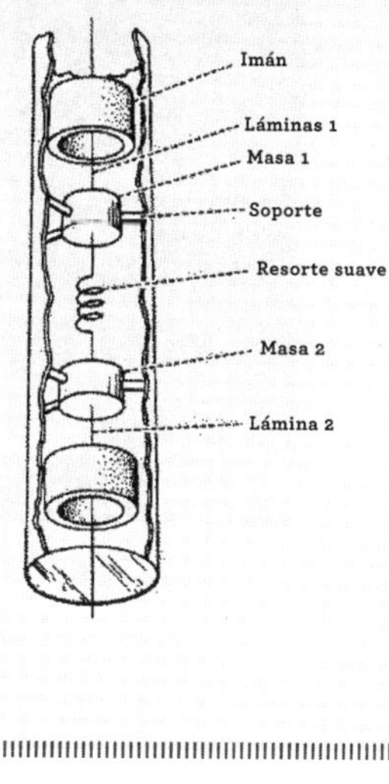

Esquema del gravímetro fijo.
Esquema del mecanismo del gravímetro de láminas vibrantes.

comprobar las mínimas deformaciones de la corteza debido a las fuerzas de marea inducidas por nuestro planeta.

En cuanto al gravímetro portátil, se utilizaría en diversas mediciones a lo largo de las tres excursiones. Los valores que registrase dependerían tanto de la altura del terreno (es decir, de su distancia al centro de la Luna) como de la densidad y materiales del subsuelo o la influencia de las montañas cercanas. Una forma muy precisa de conocer la composición de las capas profundas. En la Tierra, técnicas semejantes se emplean, por ejemplo, en prospecciones petrolíferas.

El Apollo 17 no instalaría otro sismómetro. Los cuatro ya activos (el del Apollo 11 había enmudecido muchos meses atrás) bastaban para detectar y triangular la posición de pequeños temblores, fueran naturales o resultado de la caída de meteoritos.

Sí que realizaría otro tipo de estudios sísmicos. El ALSEP incluía cuatro geófonos que debían colocarse en el suelo formando una «T» cuyos brazos medían unos 90 metros. Esta disposición resultaba más efectiva que la simple cadena de sensores en línea recta instalados en las misiones 14 y 16.

El gravímetro portátil sin su carcasa. La esfera central contiene el sensor y la unidad giroscópica de estabilización. En la parte superior, los botones para manejarlo y el indicador numérico donde se leían los resultados.

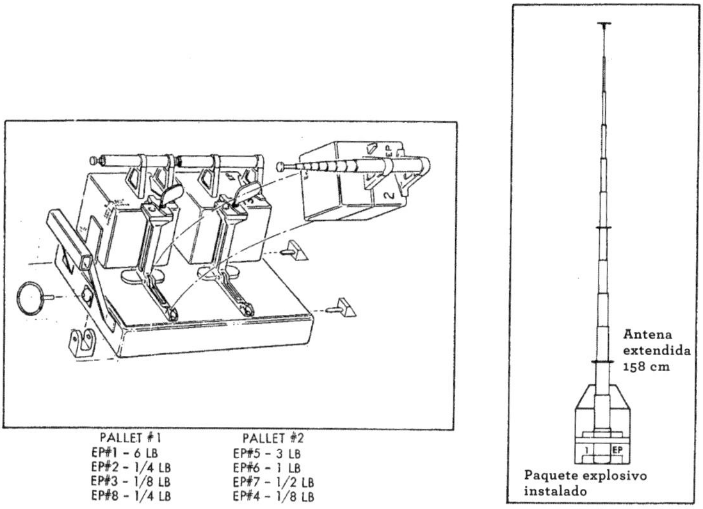

Las cargas para el experimento sísmico se transportaban en dos palets ajustados al espacio disponible en el Rover. En el margen inferior se muestran los pesos de explosivo HED en cada una.

Los científicos no pensaban esperar pacientemente a que ocurriese un temblor en la Luna. Para provocarlos el Apollo 17 llevaba ocho paquetes explosivos. Sus cargas iban desde unos modestos 50 gramos a más de 2 kg. Los astronautas deberían colocarlos bastante alejados: el más próximo, a un centenar de metros; el más lejano, a 2 km. Reseñar que esto suponía transportar unas cuantas bombas en el Rover durante buena parte de la travesía.

Se habían adoptado muchas precauciones. Al instalar cada paquete era necesario retirar no una ni dos sino hasta tres anillas de seguridad. Esa acción ponía en marcha un temporizador interno que activaría el detonador transcurridas al menos noventa horas. Solo entonces, cuando los astronautas ya hubiesen abandonando la Luna, Houston enviaría las correspondientes señales para hacerlos estallar.

Las vibraciones se extenderían por el subsuelo, reflejándose o refractándose según el tipo de minerales que encontrasen en su camino. Los geófonos permitirían medir los tiempos de llegada de los ecos desde profundidades de hasta 3 km.

La impalpable atmósfera lunar

El conjunto de instrumentos incluía un detector de composición de la atmósfera lunar. También este experimento era nuevo. Su objetivo, registrar la presencia de vestigios de gases en concentraciones ínfimas: un trillón de veces (un 1 con dieciocho ceros detrás) menos que en la Tierra.

En resumen, se trataba de un espectrómetro de masas en miniatura, un dispositivo que ioniza las moléculas de gases y, mediante un potente imán, les obliga a seguir una trayectoria curvada. Según su peso atómico, la desviación es mayor o menor y así iban a parar a uno u otro de los tres detectores del aparato.

Registró numerosos elementos, en especial trazas de helio, neón y argón. El helio, mucho más abundante durante la noche; los otros gases, en cambio, exhibían un comportamiento inverso. La explicación quizás estaba en el hecho de que, aun en temperaturas bajísimas, el helio no se congela mientras que el calor del día lo moviliza, permitiéndole escapar al espacio. De noche el terreno absorbe otros elementos (argón, nitrógeno, oxígeno y monóxido de carbono, por ejemplo) y los libera al amanecer, como resultado del progresivo calentamiento del suelo.

En todo caso, a efectos prácticos la atmósfera lunar equivale a un vacío absoluto: menos de cien mil átomos por centímetro cúbico. Aunque mucho más denso que el viento solar que, salvo en circunstancias de intensas tormentas, no llega a 5 por cm^3. ¡Y aun con esa bajísima densidad es el responsable de curvar las colas de los cometas a lo largo de millones de kilómetros!

Por último, Schmitt repetiría el experimento ya realizado en los dos viajes anteriores para medir el flujo térmico desde el interior de la Luna. El del Apollo 15 había funcionado con limitaciones, puesto que los termómetros no pudieron colocarse a la profundidad deseada. Jim Irwin encontró serios inconvenientes con el taladro y, sin embargo, Duke, del Apollo 16, lo hizo sin ninguna dificultad... hasta que su compañero arrancó el conector eléctrico de una patada. Ahora se intentaría una vez más. La última oportunidad.

Además, el taladro permitiría extraer algún testigo profundo e insertar en el agujero un experimento más: una sonda de neutrones. En las muestras recogidas en vuelos anteriores se había observado un curioso fenómeno: los rayos cósmicos provocaban reacciones en el suelo que incrementaban su contenido en elementos radiactivos; en muy poca cantidad, pero suficiente para interferir con las delicadas técnicas de datación empleadas en el laboratorio.

El objeto de la sonda de neutrones era comprobar hasta qué profundidad la lluvia de radiación afectaba a los minerales del subsuelo. Contenía unas muestras de plástico celulósico y boro emplazadas a diferentes niveles bajo la superficie. En ellas quedarían trazas de las reacciones nucleares inducidas por el viento solar o los rayos cósmicos. Permanecería enterrada los tres días de la misión, y luego los astronautas la recogerían y la traerían de regreso a la Tierra para analizarla.

Primer paseo lunar

Una vez instalado el conjunto de instrumentos quedaba poco tiempo para explorar el terreno en la primera salida, aun contando con ayuda del Rover. Por cierto, que en esta excursión también se registró un percance con el guardabarros: Cernan llevaba su martillo de geólogo en el bolsillo de la pierna derecha. Debería haber estado en el compartimento lateral de la mochila pero ahí le resultaba más cómodo. Fue un error. Al pasar junto a la rueda posterior el pico de la herramienta se enganchó con una de las extensiones del protector y la arrancó. Intentó engancharla de nuevo con cinta adhesiva, pero la suciedad acumulada ofrecía mal agarre. Y una vez más, los astronautas se vieron sometidos a una ducha de polvo lunar cada vez que ponían en marcha su automóvil.

En esta excursión el objetivo sería el pequeño cráter Steno a cosa de un kilómetro hacia el sur. Schmitt había escogido ese nombre en homenaje a Nicolaus Steno, mé-

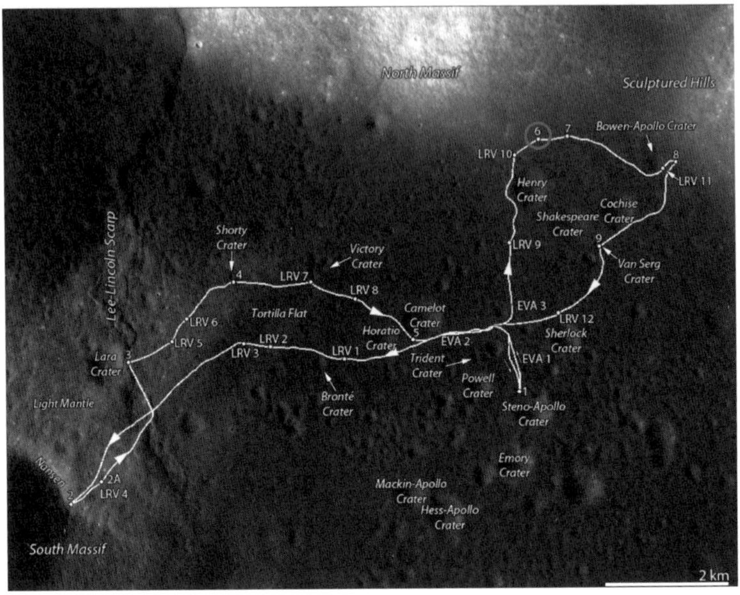

El valle de Taurus-Littrow con los tres recorridos de los astronautas. Se aprecian bien los cambios de coloración en diversas partes del terreno.

dico y anatomista danés del siglo XVII, considerado el fundador de la Geología científica. Además, es uno de los pocos geólogos —quizás el único— que figura como beato en el santoral romano.

Pese a su pequeño tamaño, el cráter era profundo y los astronautas confiaban en recolectar allí muestras expulsadas desde el subsuelo o poder fotografiar los estratos. Por el camino utilizarían un par de veces el gravímetro portátil, colocarían una de las cargas explosivas y harían una lectura de las propiedades eléctricas del terreno.

Para esta, antes de emprender el camino, habían instalado un emisor de ondas electromagnéticas a diferentes frecuencias, equipado con unas largas antenas (35 metros). Su radiación debería penetrar en el suelo y rebotar en las capas profundas o en sus discontinuidades. Una antena móvil en el Rover —otra primicia— la captaría desde kilómetros de distancia. Su atenuación o retardo

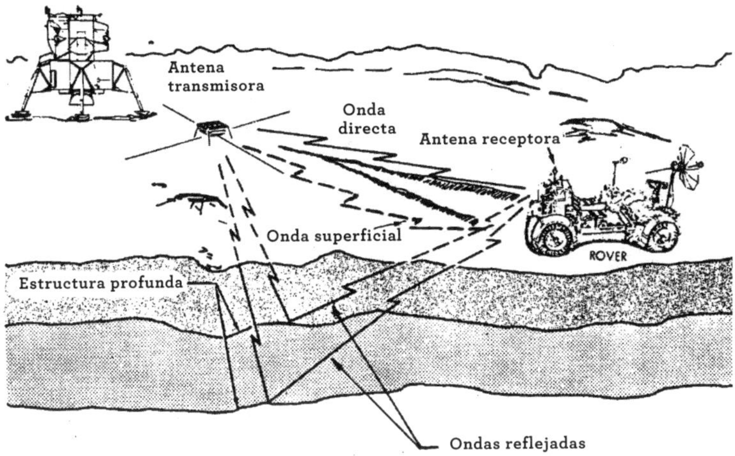

Esquema del experimento que medía las propiedades eléctricas de la superficie.

prometía dar información valiosa sobre la estructura del subsuelo.

Durante toda la excursión los dos astronautas se dedicaron con entusiasmo a recoger muestras. En gran medida ejemplares de gabro, una roca ígnea rica en sílice, y también paletadas de grava y polvo. El terreno que pisaban, muy oscuro, parecía el resultado de antiguas oleadas de lava entremezcladas con los finos granos del regolito.

En anteriores vuelos los astronautas habían dejado pasar muestras atractivas solo por no detener el coche y apearse, una operación que siempre hacía perder tiempo. Esta vez, Schmitt llevaba consigo una cazoleta de mango largo que le permitía recoger rocas al vuelo.

Cernan y Schmitt durmieron bastante bien en su primera noche en la Luna. Sonó diana por la mañana, al estruendo de la *Cabalgata de las valquirias*. Algunos controladores tenían especial habilidad en elegir música adecuada para despertar. En realidad, la «mañana» no era sino una convención establecida por el horario del plan de vuelo. En Taurus-Littrow la luz del día duraría casi dos semanas más. La noche solo llegaba

Jack Schmitt recogiendo muestras con el rastrillo durante su primera salida. La posición del Sol y las sombras parecen contradictorias porque se trata de un panorama casi circular.

El recogedor con mango largo permitía recoger una muestra interesante sin apearse del Rover.

al *Challenger* al correr las cortinillas opacas de las ventanillas. Con respecto a la jornada anterior, el Sol había ganado altura sobre el horizonte de forma apreciable, hacía más calor y las sombras se acortaban.

Hacia el oeste

Aprovechando las horas de descanso de los dos astronautas, los técnicos de Houston habían estado buscando una solución al guardabarros roto. La mera cinta adhesiva no aguantaría otros dos viajes. Siguiendo sus instrucciones, Cernan improvisó un apaño a base de mapas plastificados, más cinta y unas grapas que sostenían los puntos de luz en la cabina del *Challenger*. Les ahorraría la lluvia de polvo durante los casi treinta kilómetros que aún les quedaban por recorrer en los próximos dos días.

El segundo itinerario preveía un largo periplo en dirección oeste, hasta las estribaciones del Macizo Sur. En total serían unos 20 km, aunque la máxima distancia en línea recta no llegaría a los 8 km. En caso de avería, los astronautas debían poder regresar a pie al módulo lunar.

Por el camino encontrarían amplia variedad de terrenos. Las fotografías orbitales mostraban allí una zona mucho más clara, como si se tratase del resultado de una avalancha que hubiese cubierto parte del fondo oscuro del valle. También tendrían que negociar una escarpadura y sortear extensiones de rocas sueltas de gran tamaño. Decididamente, esta no era una región plana al estilo de Tranquillitatis o Procellarum, donde habían aterrizado los primeros astronautas.

El tramo de ida se hizo con rapidez, casi sin paradas. Había que alcanzar lo antes posible el punto más alejado —el cráter Nansen, en la ladera de la montaña— si querían disponer de la máxima cantidad de oxígeno y agua en las

El arreglo del guardabarros: mapas plastificados, pinzas y cinta aislante.

Jack Schmitt caminando por las cercanías del cráter Camelot. La montaña del fondo es el Macizo Sur. Gran parte de su ladera está oculta bajo el horizonte.

mochilas. El regreso se haría con más tranquilidad, deteniéndose junto al borde de algunas depresiones interesantes o a la sombra de enormes bloques de roca desperdigados aquí y allá. Todos, localizados de antemano en las fotografías orbitales, así que los dos exploradores tenían una idea bastante exacta de lo que iban a encontrar. Pero el Macizo, con sus 2.600 metros de altura, resultaba impresionante a medida que se aproximaban.

La cámara de televisión incorporada al Rover no podía utilizarse a menos que estuviesen parados y con la antena encarada a la Tierra. Mientras Cernan conducía, Schmitt iba tomando foto tras foto del terreno con la Hasselblad colgada de su pechera, en un intento de documentar todo el recorrido lo mejor posible. Tenían sobrado material sensible. El resultado fueron docenas de imágenes casi idénticas una a la otra como fotogramas sucesivos de una película, pero con poco interés artístico. La grandeza del paisaje solo se apreciaría cuando pudieran echar pie al suelo y registrar panoramas completos.

En Houston, el equipo de geólogos seguía en detalle las evoluciones de Cernan y Schmitt gracias a la cámara de televisión de control remoto. No solo eso, sino que aprovechaban cualquier momento para darles indicaciones sobre qué muestra recoger o cómo describir el terreno que pisaban.

Exploraron la zona durante algo más de una hora. Había tal abundancia de rocas de gran tamaño que era difícil elegir una. Un fragmento de unos 30 gramos (la muestra

72417), recogido en ese lugar, resultaría ser el ejemplar más antiguo: 4.470 millones de años; contemporáneo de la formación de nuestro planeta.

Ya en el camino de retorno fueron cubriendo etapas, por lo general asociadas con algún cráter. La estación nº 3 era el cráter Lara; la nº 4, Shorty..., con alguna parada intermedia si aparecía un ejemplar interesante. Fue justo al pasar junto a una roca próxima a Shorty cuando Schmitt hizo el descubrimiento del día: «¡¡¡Hey, ahí hay suelo naranja!!!».

El Rover estacionado en la pendiente de la estación nº 2, el punto más alejado del módulo lunar.

La muestra 72417, una de las más antiguas —si no la que más— de las recogidas durante el Programa Apollo. Se dató en unos 4.470 millones de años.

Schmitt dudó antes de arriesgar una opinión, pero al final se atrevió: «Si alguna vez algo pareció una fumarola, es esto...». Si aquella impresión era cierta podía tratarse de un vestigio de vulcanismo arcaico. Una de las hipótesis que intentaban confirmar con la exploración en Taurus-Littrow.

Análisis posteriores demostraron que la presencia de diminutas esferas de material vítreo era la causa del color naranja. Su origen pudiera ser volcánico: alguna bocanada de lava expulsada desde las fisuras del suelo que se enfrió rápidamente, pero de eso hace unos 3.600 millones de años. En contraste con otros ejemplos de basalto, este exhibe una alta concentración en óxidos de hierro, titanio y —más difícil de explicar— zinc.

Schmitt y el Rover junto al cráter Shorty.

Exultantes, Cernan y Schmitt completaron su circuito con una breve visita (unos escasos 45 minutos) al borde del cráter Camelot. Era el mayor de la zona, con cerca de 200 metros de diámetro. Al final, después de haber recorrido 20 km y permanecido fuera de su nave más de siete horas y media, estaban de regreso en el *Challenger*.

Tercera salida

La tercera expedición llevaría a Cernan y Schmitt hacia el norte, camino al macizo del mismo nombre. Sería una ruta más corta que el del día anterior. Los astronautas no se alejarían tanto de su nave y, en consecuencia, se relajarían las limitaciones impuestas por su capacidad para regresar a pie.

El itinerario incluía cinco visitas a otros tantos lugares considerados interesantes por una u otra razón. La mayoría cráteres, pero también una ladera de la montaña en donde aparecían numerosas rocas de gran tamaño. Algunas habían rodado pendiente abajo dejando un clarísimo surco tras ellas. Si provenían de los niveles altos, tal vez su composición fuese diferente de las del valle. Con un poco de suerte quizá serían representativas de la corteza original, antes de que la lava la cubriese.

En las distintas paradas, tanto uno como otro continuaron recogiendo muestras sin disimular su entusiasmo. Schmitt era un profesional que veía cumplido el sueño de su vida; Cernan, por su parte, había recibido un entrenamiento intensivo en Geología antes de embarcarse en

este viaje, lo cual le situaba casi a la altura de su compañero. Cada roca «leída» representaba una oportunidad de descubrir otra página de la historia de aquel mundo.

En un par de paradas depositaron las dos cargas explosivas que les quedaban. Houston enviaría la orden de detonación cuando ellos ya estuviesen rumbo a la Tierra. También fueron registrando las propiedades eléctricas del terreno y realizando medidas con el gravímetro, a veces sin desembarcarlo del Rover, y otras dejándolo en el suelo.

El gravímetro era un instrumento incómodo de manejar. Tardaba minutos en completar una medición y el astronauta debía inclinarse en una posición muy inestable. Tanto que el peso de la mochila (sobrecargada, además, con las bolsas de muestras) podía hacerle caer de bruces. La rigidez del traje tampoco ayudaba. Cernan desarrolló una técnica a base de flexionar una rodilla y estirar la pierna contraria hasta llegar a duras penas a la botonera del aparato.

Gracias a las lecturas gravimétricas realizadas en diferentes puntos del valle (combinadas con las de los demás instrumentos) se pudo determinar el espesor del basalto del subsuelo: alrededor de 1 km de profundidad. Según los indicios, formada por dos capas superpuestas, cada una testigo de una inundación de lava.

Estación 6

La parada al pie del Macizo Norte ofrecería más vistas espectaculares. Por todas partes se veían bloques de roca de todos los tamaños, algunos enormes. En niveles altos de la ladera, fuera del alcance de los astronautas, destacaban las trazas de los que habían rodado centenares de metros pendiente abajo.

En un mundo sin viento ni agua, y con escasísima actividad sísmica, resultaba difícil imaginar qué fuerza los había desestabilizado y hecho caer. La explicación más probable era el temblor de la caída de un cometa o un meteorito de grandes dimensiones. Tal vez uno muy reciente, como el que originó el cráter Tycho, pero este, cuyos

Instrucciones de manual sobre cómo NO utilizar el gravímetro. El peso de la mochila podía desequilibrar al astronauta.

rayos de material eyectado se extienden por media cara de la Luna como los gajos de una naranja, está a 600 km de distancia. Eso da una idea del cataclismo que debió suponer aquel impacto.

Todavía pararían en la base de otra elevación montañosa y junto a un par de cráteres. Schmitt subió al borde de uno de ellos —el cráter Van Serg— y pudo comprobar la devastación en su fondo y laderas. Fragmentos de rocas esparcidos en todas direcciones y un característico montículo central producido en el rebote del terreno. Un impacto directo, sin duda.

Ya de regreso en el LM, Schmitt y Cernan descargaron las muestras acumuladas en el Rover. Les sorprendió comprobar que el soporte trasero se había abierto durante el camino y habían perdido una pala y el rastrillo. Por suerte, las cajas, bolsas de rocas y testigos de recogida profunda seguían allí.

Durante la última hora y media de su estancia en la Luna ambos astronautas se dedicaron a organizar todo el material que debía regresar con ellos. No solo los 103 kg de rocas sino también los registros de algunos instrumentos, los captadores de viento solar que habían desplegado junto al *Challenger*, la sonda de neutrones, y sin olvidar los quince magazines de película fotográfica utilizados en las tres excursiones.

Casi al final del tiempo, Cernan dedicó unos segundos a un breve discurso conmemorativo, pues al fin y al cabo este era el último viaje a la Luna. Ilustrando sus palabras, su compañero Schmitt le pasó una de las rocas que acababa de recoger. El comandante aprovechó su naturaleza —una brecha, conglomerado de numerosos fragmentos embebidos en el mismo sustrato— para trazar un paralelismo con la diversidad de personas en el planeta y el ideal de un destino común. Una ceremonia tal vez sugerida de antemano por algún directivo de la NASA.

Salvo que la roca no era una brecha, era un basalto.

El ejemplar en cuestión recibiría el número 70215 y pesaba un poco más de 8 kg, lo que la convertía en una de las mayores recolectadas en los seis viajes. Era tan grande

Schmitt caminando junto a Tracy Rock (así bautizada por la hija de Cernan). La montaña que se ve tras el Rover es el Macizo Norte. A la izquierda, las estribaciones orientales del Macizo Sur. En el detalle ampliado a duras penas se distingue el módulo lunar, el bulto a media altura junto al margen izquierdo.

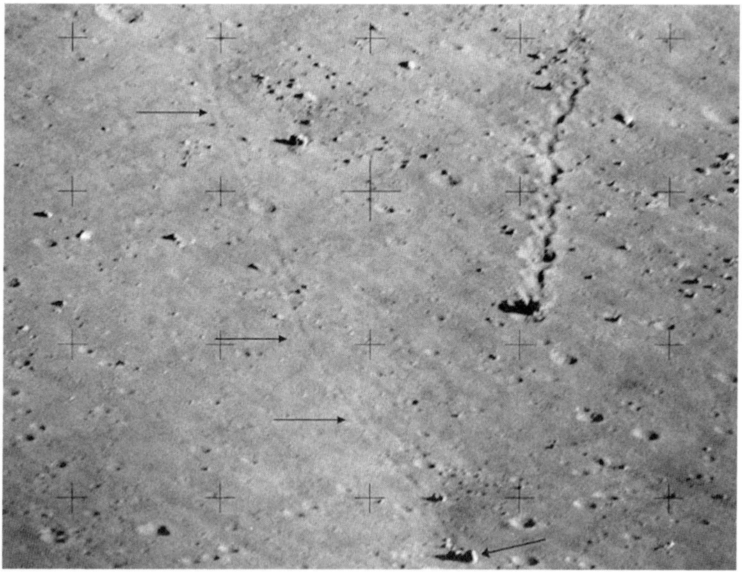

Surcos dejados por grandes bloques de roca al rodar pendiente abajo.

que, una vez en Houston, pudo cortarse en docenas de trozos más pequeños y aún sobró una buena cantidad para futuros análisis. La NASA cedió gran parte a centros de todo el mundo. En el Museo Nacional del Aire y el Espacio en Washington hay un fragmento que el público puede tocar, siempre bajo la discreta mirada de un vigilante de seguridad. Y otro en el despacho Oval de la Casa Blanca.

El Rover quedó estacionado a unos 100 metros por detrás del módulo lunar. En un último experimento, Cernan dejó su cámara Hasselblad entre los dos asientos, con el objetivo de 500 mm apuntando hacia lo alto. Quizás en un futuro remoto alguien visitaría de nuevo el valle y podría recogerla para estudiar la degradación del cristal por efecto de la radiación y los cambios de temperatura.

Schmitt fue el primero en subir la escalerilla, y luego lo haría Gene Cernan, que así merecería el título de «último hombre en la Luna». En la pata frontal del *Challenger* quedaba una placa conmemorativa, similar a la que habían

El Rover estacionado en su lugar definitivo.

dejado Neil Armstrong y Buzz Aldrin en Mare Tranquillitatis tres años y medio antes.

Despegue

La última actividad extravehicular se había prolongado durante siete horas y media. Tras unos comentarios con el equipo de geología, los dos astronautas conectaron sus escafandras al sistema de control ambiental de la nave y se desprendieron de las dos mochilas. Cumplida su misión, ahora ya solo eran peso muerto, así que serían arrojadas al exterior. Retuvieron, eso sí, los equipos de suministro de emergencia (la caja más pequeña situada sobre cada mochila). En caso de necesidad ofrecían 30 minutos adicionales de oxígeno y mantener la presión del traje si sufría alguna fuga. Aún podían ser necesarias.

Luego, cenaron y disfrutaron de unas horas de sueño. Aunque estaban despiertos quince minutos antes de lo previsto, Houston les envió de todas formas la música

Un martillo de geólogo vuela sobre el valle lanzado por un entusiasta Harrison Schmitt al término de su última actividad extravehicular. Se estima que alcanzó más de 100 metros de distancia. Esta fotografía se ha esgrimido en numerosas ocasiones como «prueba irrefutable» del avistamiento de ovnis en la Luna.

programada para ese último toque de diana: los compases iniciales del *Así habló Zaratustra* de Strauss, que Kubrick había popularizado en su *2001: Una odisea del espacio*.

La preparación del despegue llevaría varias horas, pero no antes de que Cernan y Schmitt hubiesen desayunado: hamburguesas y salchichas en paquetes listos para comer; no quedaban huevos revueltos, que habían formado parte de la cena anterior, ni tampoco jugos de fruta o té. La despensa del *Challenger* estaba casi vacía.

Numerosos manuales y fichas almacenadas a bordo detallaban las operaciones previas al lanzamiento. Había que activar la unidad inercial y alinearla, preparar el radar de encuentro, comprobar las antenas y los sistemas de co-

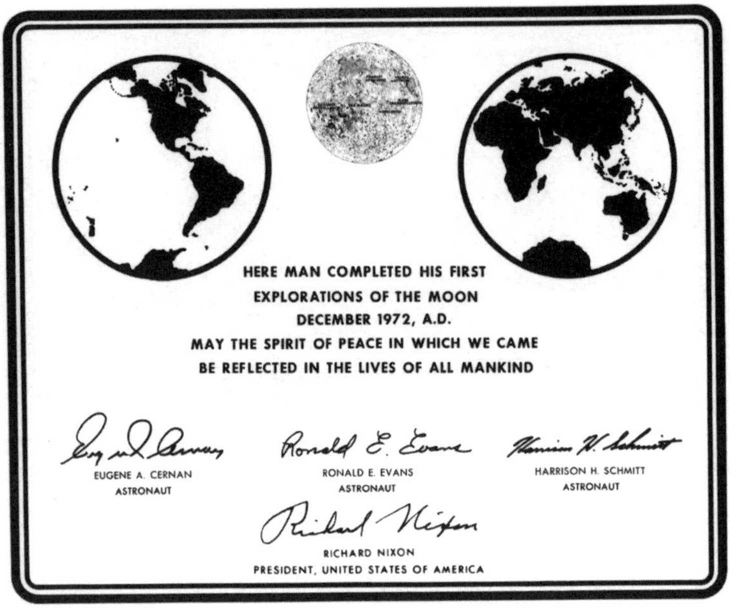

La placa conmemorativa del Apollo 17 y el final de la exploración lunar.

municación, y dejar los ordenadores a punto para recibir los datos de trayectoria actualizados.

Dentro de la cabina, por pura comodidad, los dos habían prescindido de sus escafandras. Durante el despegue deberían vestirlas otra vez. Antes, atenderían a sus necesidades fisiológicas: orinar y expulsar el líquido al exterior. En sus tres días en la Luna ninguno de los dos había sentido urgencia de defecar —ventajas de la dieta baja en residuos—, y todos los restos de comida, envoltorios, toallas... irían a una bolsa de desperdicios que se arrojaría por la borda. El plan de vuelo preveía abandonar también los pesados cubrebotas lunares, pero los dos astronautas decidieron conservarlos como recuerdo.

Ajustarse las escafandras supuso otra media hora de contorsiones en la estrechez del *Challenger*; conectaron las mangueras del traje al equipo de mantenimiento vital, en el lateral de la cabina; se colocaron casco y guantes encajándolos con un ligero giro de los anillos metálicos correspondientes; y tras unos minutos comprobando su estanqueidad abrieron la escotilla una vez más y arrojaron la última bolsa de basura.

Houston dictó los parámetros a introducir en el sistema de guiado que les permitiría recuperar rumbo en caso de que algo fuese mal; una serie de números que indicaban desde la hora exacta de despegue hasta el peso de la nave y la orientación de la plataforma inercial. Luego harían una última comprobación de las docenas de conmutadores que controlaban diferentes equipos y ajustarían las válvulas haciendo que los motores de posición se alimentasen, por el momento, de los depósitos del propulsor principal. Era una forma de conservar su propio combustible para la fase final del encuentro con el *América*.

Entretanto, el módulo de mando estaba a punto de pasar por la vertical del valle. El *Challenger* haría un ascenso direc-

El atestado interior del módulo lunar. Los cascos y escafandras situados sobre la cubierta del motor de ascenso. Encima, la escotilla de conexión al módulo de mando. La banda (roja) identifica el casco del comandante. La carga electrostática del polvo lunar hace que se adhiera a los pliegues del tejido.

to para completar el atraque en la primera órbita. A bordo, Ron Evans podía reclamar el título del hombre más solitario del mundo durante los tres últimos días. Eso sí, con multitud de tareas asignadas, desde mantener la orientación de su nave hasta monitorizar las cámaras e instrumentos de detección instalados en un lateral del módulo de servicio.

Solo quedan dos minutos hasta el despegue y Schmitt pone a cero su cronómetro de muñeca; una precaución más por si falla la secuencia automática y ha de controlar a ojo la duración del encendido. Cernan activa el interruptor general que alimenta los circuitos de lanzamiento y se encienden un par de pilotos luminosos en su panel de instrumentos. Confirman que los sistemas explosivos que liberan la cabina están listos. Casi al mismo tiempo, detonan otras cargas que abren los conductos de helio. Este se inyecta en los depósitos de propergol, cuya presión sube hasta doce atmósferas. Solo un último juego de válvulas los separa de la cámara de combustión. No puede haber fallos: están cuadruplicadas, de forma que si alguna no se abre (o cierra) siempre habrá un camino alternativo. En cuanto liberen el paso, los dos líquidos entrarán a la vez en el motor, el Challenger despegará y habrá terminado la última exploración a la Luna.

El comandante sugiere a su compañero: «Echa una última mirada al valle; al menos hasta que lleguemos a órbita». Schmitt está preparando la cámara que filmará el despegue desde su ventanilla y la pondrá en marcha cuando solo falten 30 segundos.

El ordenador arranca las rutinas de cálculo de trayectoria. Cada 2 segundos recalcularán posición y velocidad de la cápsula en función del impulso y la aceleración. A diferencia del motor de descenso el de elevación no es ajustable —desarrolla todo su empuje, tonelada y media, desde el momento del encendido—. En la baja gravedad lunar la cabina del *Challenger* con su carga pesa menos de la mitad de esa cifra y en 7 minutos debería alcanzar la órbita.

Pasa la marca de 10 segundos. En el Rover la cámara de televisión está encendida y transmitiendo. En Houston, Ed Fendell, el ingeniero que la maneja, ordena una pa-

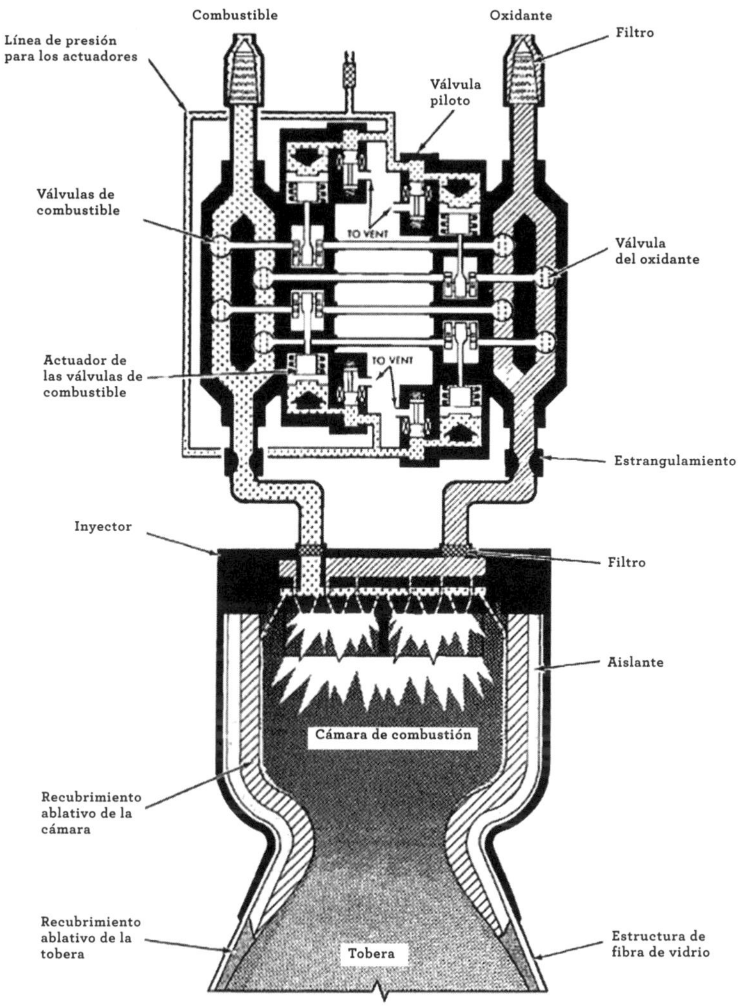

Esquema de la alimentación del motor de ascenso. Se aprecian las válvulas de admisión de propergol, distribuidas para más seguridad en dos circuitos serie-paralelo.

norámica hacia arriba casi 2 segundos antes del instante previsto para el despegue. Es lo que tardará la señal en llegar a la Luna. Si el sincronismo es exacto la cámara se moverá siguiendo los primeros metros del ascenso.

Y SI TODO FALLA…

Todos los equipos del módulo lunar estaban diseñados con un altísimo grado de redundancia. El motor de ascenso solo tenía dos piezas imposibles de duplicar: el inyector de combustible y la propia tobera. Pero eran elementos sólidos, muy simples y que difícilmente podrían fallar.

Pero ¿qué hacer si, pese a todo, el despegue no se producía? El manual de emergencias dedicaba unas cuantas páginas a analizar y resolver cualquier posible avería. La última y más drástica contemplaba que simplemente el motor no arrancase.

También en ese caso existía una alternativa. El comandante debería recoger un par de cables de conexión almacenados en uno de los compartimentos de la cabina. Eran exactamente como los cables utilizados para poner en marcha un automóvil al que se le ha agotado la batería.

Ante todo, los astronautas deberían determinar cuál de sus escafandras tenía menos fugas de presión. El agraciado conectaría uno de los paquetes de oxígeno de emergencia que habían conservado, abriría la escotilla, saldría al exterior y conduciría al Rover hasta aparcarlo junto al módulo lunar. Luego, utilizando el vehículo y el compartimento MESA como peldaños de una improvisada escalera, debería alcanzar un lateral del LM, cortar parte del aislante térmico y la plancha de Inconel (aleación de níquel-cromo muy resistente) para tener acceso a las baterías y enganchar las pinzas de los cables a los bornes. El otro astronauta, mientras tanto, habría hecho lo propio en el conector de la cabina que activaba los sistemas pirotécnicos.

Terminado su trabajo, el primer astronauta volvería al interior (sin cerrar la puerta, puesto que por ella salían los cables de emergencia). Después, el comandante accionaría el interruptor que enviaba corriente directamente por los cables a los bulones explosivos y las válvulas de combustible. Todos detonarían casi a la vez y el combustible entraría por fin en el motor. No hacía falta mecanismo de ignición; el encendido era inmediato.

La cabina, liberada a pura fuerza bruta, debería elevarse arrastrando tras de sí el cable (que, presumiblemente, se habría arrancado de la batería por el mero tirón). Con la puerta todavía abierta, los astronautas disfrutarían de lo que ellos llamaban «un viaje en descapotable». No la cerrarían hasta estar en órbita.

Cernan pulsa el botón «ABORT STAGE». Es de mayor tamaño que los demás, está protegido por una tapa de seguridad y rodeado de un rayado de advertencia negro y amarillo. Unas pequeñas cargas separan los conectores eléctricos que sujetan la cabina a la sección de descenso. Detonan los cuatro pernos que las mantenían unidas y su estampido resuena en el interior, pero los dos hombres, con su casco puesto, ni lo notan. Otras guillotinas explosivas siegan los mazos de cables y tuberías. El comandante mueve el conmutador de armado del motor a su posición de «ASCENT». En el ordenador destella un «99» intermitente. Es la forma que tiene la máquina de solicitar la conformidad. Schmitt presiona la tecla «PROCEED»; el último juego de válvulas se abre y una oleada de propergol corrosivo inunda la cámara de combustión. Ignición. La mitad superior del *Challenger* con sus ocupantes a bordo sale disparada hacia lo alto.

Basic Date 26 September 1971

Change Date ______

Page 5.__-36

LM 3240A

CREW-MAN	PNL	PROCEDURES
		5.4.25 LOSS OF ED SUB-SYSTEM
		1. Perform Subsystems Configuration for EVA preparation
CDR		2. Perform PLSS/EVCS Electrical Checkout, One-Man EVA
LMP		3. Connect to LMO2, COMM and H2O Place gas connector plugs in PGA PGA DIVERTER vlv - HORIZONTAL
		4. Final Subsystems Configuration for Egress
LMP	16	CB ECS:LGS PUMP - Close LGC - Cold, As required
	16	CB ECS: CABIN REPRESS vlv - Close (Verify) SUIT FLOW CONT - Open SUIT GAS DIVERTER vlv - PULL EGRESS (Verify) CABIN GAS RETAIN vlv - EGRESS (Verify) SUIT CIRCUIT RELIEF vlv - AUTO (Verify) Reverse O2 hoses, R/R and B/B Don helmets and gloves
LMP		5. Perform ARS/PGA Pressure Integrity Check
		6. Unstow ED Adapter Cable (20 ft) from LCG's in the lower left-hand mid section
	16	7. Secure P166/167 to the hand hold between PNL's 12 and 14
		8. Secure scissors and connector coupling pliers via tethers to PGA D-ring and velcro to either side of RCU
		9. Attach P428 of ED Adapter Cable on PGA glove under velcro cover
		10. Perform Cabin Depressurization
		11. Remove the beta body from connector P428
		12. Exit cabin, descent ladder to surface, stow ED Adapter Cable, and approach parked LRV; or, descend ladder to last rung and navigate across seconder [illegible] to left side of QUAD IV, after cutting MESA support strap - disregard steps 13 through 16

LM 3240A

CREW-MAN	PNL	PROCEDURES	CREW-MAN
		5.4.25 LOSS OF ED SUB-SYSTEM (cont)	
		13. Drive LRV and park adjacent to left hand side of MESA	
		14. At MESA fold back blankets, away from left hand side	
		CAUTION Crewman must not stand on verticle members of the SRC support structure.	
		15. Climb onto LRV from left hand seat and then onto left hand side of MESA	LMP
		16. Climb up MESA and stand on inboard area of MESA using the top of QUAD IV as support	
		CAUTION Inconel is very sharp at the edges and can cut into the PGA. Close scissors after use.	
		17. Holding onto the top of QUAD IV with the right hand, tear away at the Inconel and thermal blankets on the left hand side with the scissors, by starting at the 5 inch taped opening in the left hand side of the Inconel blanket, exposing the ED relay box	LMP
		18. Verify access clear of the Inconel blanket to the ED relay box	
		CAUTION The front corner connector must not be demated.	LMP
		NOTE Connector coupling pliers can be utilized if required	

LM 324

Las páginas del manual de emergencias que indican cómo solventar un fallo de los ED *(Explosive Devices)* utilizando los cables eléctricos de emergencia. El punto 8 indica dónde conectar las pinzas. El 15 recomienda utilizar el Rover como escalón, y los 16-18 cómo utilizar las tijeras para cortar la chapa de Inconel. Una nota advierte contra los bordes de metal cortantes y aconseja: «Cierre las tijeras después de su uso».

Desde 100 metros de distancia la cámara del Rover transmite la imagen de un fogonazo de fragmentos de plástico aislante que vuelan en todas direcciones. Luego, empieza un suave movimiento vertical siguiendo la cabina a medida que gana altura. No hay llamaradas ni humo; tan solo el brillo de la combustión en el interior de la tobera. En menos de un minuto el resplandor desaparece frente al negro del espacio.

En las dos misiones anteriores solo se vio el despegue a cámara fija: en el Apollo 15 por un fallo del embrague del motor de movimiento vertical; y en el 16 porque los astronautas dejaron el coche estacionado demasiado cerca del módulo lunar, lo cual imposibilitaba seguir un ascenso tan rápido. Ahora, al tercer intento, el espectáculo ha resultado perfecto.

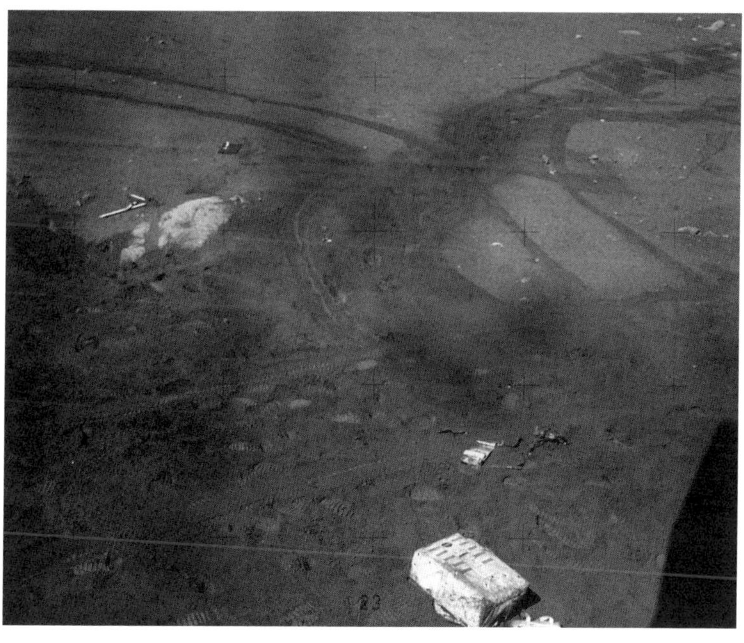

La vista desde el *Challenger* poco antes del despegue. En primer término, una mochila de suministro de oxígeno y numerosas herramientas y accesorios abandonados. El terreno removido por las pisadas o las ruedas del automóvil aparece más oscuro que el resto.

Momento del despegue de la cabina del Challenger retransmitido en directo por la cámara del Rover. La llama del escape, incolora, es invisible.

Final

El Apollo 17 regresó a Tierra sin mayores complicaciones. A medio camino, como en otras ocasiones, el piloto del módulo de mando realizó una salida al espacio para recoger los carretes de fotografías y demás datos registrados mientras orbitaba alrededor de la Luna. Y también se detonaron los explosivos que habían dejado en el valle de Taurus-Littrow. La estación central del ALSEP mantendría el contacto con Houston durante casi cinco años más.

Tras casi tres días de viaje, la cápsula con sus ocupantes cayó en el Pacífico, a kilómetro y medio del punto previsto. El *América* quedó flotando en posición erguida y los balones inflables que lo debían enderezar ni siquiera fueron necesarios. En cosa de una hora el helicóptero los depositaría en la cubierta del portaaviones *USS Ticonderoga*. Ronald Evans sentía que regresaba a un lugar familiar: siete años antes, como piloto naval, había estado destinado en este barco.

En Houston el momento se vivió con una mezcla de orgullo y nostalgia. Era el final de una época. Se había he-

La cabina del *Challenger* durante la maniobra de atraque. Es muy evidente la asimetría de sus dos depósitos de propergol (uno a cada lado). Tenía por objeto equilibrar la diferencia de densidad de uno y otro.

El módulo de mando *América* durante su reunión con el módulo lunar. A proa, el mecanismo de amarre extendido. En el costado abierto pueden verse los instrumentos para estudios remotos de la superficie lunar.

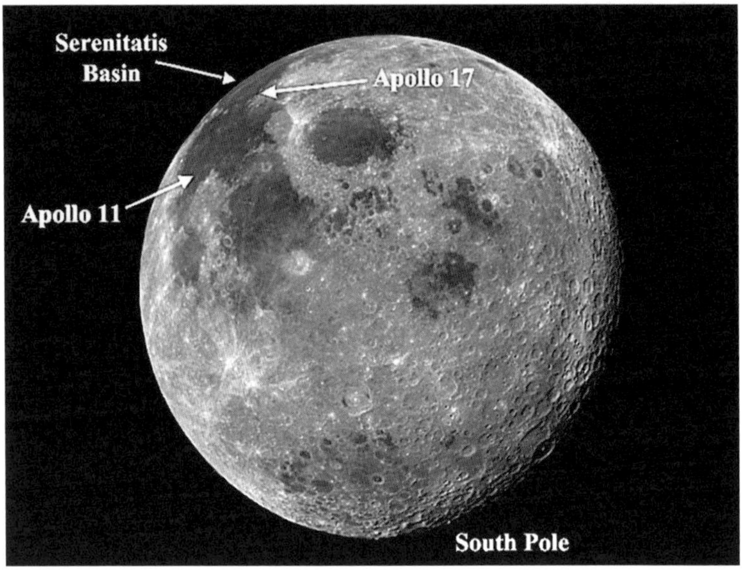

Una excelente foto de la Luna tomada al emprender viaje de regreso. Gran parte corresponde a la cara oculta. Se indican también los lugares de aterrizaje de los Apollo 11 y 17.

cho historia, pero el panorama era anticlimático. Las cápsulas Apollo aún volarían en cuatro ocasiones más: tres dentro del programa Skylab y una en la misión conjunta Apollo-Soyuz. En el futuro aguardaban retos tan atrayentes como el transbordador espacial, la colaboración en el programa de laboratorios orbitales rusos y, en última instancia, la Estación Espacial Internacional. Pero ya no sería lo mismo. En los decenios por venir ningún astronauta iría más allá de la órbita baja. En medio siglo nadie más volvería a pisar la Luna.

Evans regresa al módulo de mando llevando uno de los cartuchos de película expuesta por las cámaras del módulo de servicio, aunque utiliza el casco del comandante (identificable por la franja roja). A la espalda lleva uno de los equipos suministradores de oxígeno de emergencia, utilizado también en los paseos lunares. Los asideros le permitían desplazarse sin dificultades. La lámina blanca de primer término a la izquierda es parte de los radiadores del sistema de control ambiental.

La herencia científica de las misiones Apollo

En conjunto, las seis expediciones que aterrizaron en la Luna trajeron consigo 382 kg de rocas, 3 testigos profundos (obtenidos a más de 2 metros bajo la superficie) y casi 6.500 fotografías. Las muestras son representativas de unos 2.000 emplazamientos diferentes.

También dejaron allí docenas de sensores y dispositivos que transmitieron información durante ocho años. Se estima que el peso de todo el equipo científico instalado en la Luna (una cincuentena de instrumentos, entre ALSEP y experimentos accesorios) supera las 2 toneladas.

Solo doce hombres anduvieron por la Luna. Realizaron catorce excursiones —nueve, con el apoyo de un vehículo autónomo— con un total acumulado de unos 95 km en unas 80 horas de permanencia en el exterior. Ciertamente, no mucho si se considera que nuestro satélite ofrece una superficie similar a la de África. Con esta perspectiva, hablar de la conquista de la Luna parece un tanto atrevido.

Muchas veces ignorada, gran parte de los estudios de la Luna se realizaron sin pisar el suelo. Mientras dos astronautas exploraban el terreno, su compañero llevaba a cabo un programa de observaciones desde la órbita. Durante las primeras misiones, poco más se hizo que fotografiar zonas de interés en preparación de futuros desembarcos, pero en los Apollo 15, 16 y 17 se dispuso ya de sensores remotos capaces de escudriñar en detalle centenares de kilómetros cuadrados. Gracias a ellos empezó a conocerse la composición química de amplias extensiones, tanto en su cara visible como en la oculta.

Pese a que los datos tienen ya más de medio siglo, siguen analizándose aplicando tecnologías más modernas. Eso es así, en particular, por lo que respecta a los estudios sísmicos y de emisión térmica en el subsuelo. Hoy el consenso es que la Luna sí posee un pequeño núcleo sólido, rodeado por una zona semilíquida. Los terremotos son poco frecuentes, puesto que no existen placas tectónicas en movimiento similares a las de la Tierra. Son más bien el resultado de las mareas que nuestro planeta induce sobre la masa del satélite, el estrés del terreno al pasar de la noche al día y causas externas como la caída de meteoritos o el derrumbe de laderas de algún cráter.

La historia remota de nuestro satélite

La datación de las muestras lunares ha permitido establecer el momento de formación de la Luna en unos 4.500 millones de años atrás. La composición de sus minerales es compatible con la hipótesis más generalizada sobre su origen: un impacto de otro cuerpo de gran tamaño contra la Tierra, que expulsó al espacio enormes cantidades de material de las capas exteriores y medias, pero sin apenas llegar a afectar al núcleo.

Con el paso de los milenios, los escombros arrojados al espacio fueron coalesciendo en una masa ígnea que iría enfriándose poco a poco. Así se formó una primera costra superficial, que ocultaba bajo ella un océano de magma.

Poco después, hace unos 4.300 millones de años, la joven Luna sufrió un impacto devastador cerca de su polo sur. Dio origen a lo que hoy conocemos como la Cuenca Aitken, uno de los mayores cráteres observados en todo el Sistema Solar. Entre 4.100 y 3.800 millones de años atrás la Luna sufrió un gran bombardeo meteorítico que dejó su huella en forma de los principales cráteres y llanuras hoy visibles. Los últimos en originarse fueron probablemente Mare Nectaris y, posteriormente, Imbrium y Orientale.

Durante los 2.800 millones de años siguientes la Luna pasó por sucesivos períodos de vulcanismo. Así lo confirman las muestras profundas del terreno, en las que se distinguen repetidas oleadas de magma intercaladas con depósitos de regolito. La roca fundida, todavía retenida bajo la corteza, encontró su salida a través de grandes fisuras e inundó enormes extensiones; son los actuales

BUSCANDO AGUA EN EL DESIERTO LUNAR

Como es sabido, el eje de rotación de la Tierra está inclinado 23 grados con respecto al plano de su órbita. Es la causa de la sucesión de las estaciones y sus correspondientes cambios en la duración del día.

Por el contrario, el eje de la Luna es casi perpendicular a su trayectoria. Allí no existe verano, ni invierno, ni cambios estacionales en la iluminación. Eso permite que en las regiones polares existan algunos cráteres tan profundos que su fondo nunca recibe la luz, calor y radiación del Sol. Allí, la temperatura nunca supera los 170 °C bajo cero. Es en ellos donde se sospecha la existencia de grandes reservas de hielo de agua.

Uno de los cráteres más prometedores es Shackleton, junto al polo sur lunar. Varios de los próximos robots que se envíen irán dirigidos hacia esa zona en particular. Y también se está considerando como posible lugar de alunizaje para las futuras naves tripuladas del programa Artemis, sucesor del Apollo.

Shackleton es el cráter en primer término cuyo fondo aparece en sombra en esta imagen transmitida por la sonda japonesa Kaguya (c): JAXA/NHK.

mares lunares. Las estribaciones de Imbrium fueron el objetivo de los astronautas del Apollo 15. Algunos prominentes cráteres como Eratosthenes se formaron al final de este período.

Una vez el bombardeo de meteoritos terminó, las lavas se endurecieron y enfriaron formando grandes llanuras. Desde hace 1.000 millones de años solo ocasionales impactos han creado más cráteres; entre ellos Copernicus o —el más reciente— Tycho.

Como suele suceder, el Programa Apollo ayudó a responder algunas preguntas, al precio de plantear muchas otras nuevas. Una, por ejemplo, se refiere al campo magnético lunar. Hoy es casi inexistente, pero el análisis de las rocas sugiere que en el pasado debió ser más intenso. Por eso los astronautas fotografiaban la posición exacta de determinadas muestras antes de recogerlas, solo así podría relacionarse la dirección del magnetismo fósil atrapado en ellas con su orientación dentro de un hipotético campo lunar.

¿Existen en la Luna recursos naturales de interés? El más abundante es también el más evidente: luz solar. Quince días de iluminación continua seguidos de otros tantos de oscuridad. Su aprovechamiento mediante placas fotovoltaicas probablemente será de vital importancia para futuras colonias.

El segundo elemento valioso no fue descubierto por los astronautas del Apollo: agua. Las muestras analizadas no mostraron ningún indicio, pero uno de los detectores del Apollo 14 sí detectó levísimas trazas de iones hidroxilo emitidos desde el suelo. En 1978 el análisis del regolito obtenido por la sonda soviética *Luna 24* confirmó un contenido en agua del orden del uno por mil

Sucesivos vehículos orbitales (*Clementine*, en 1996; y *Lunar Prospector*, en 1998) intentaron confirmar o desmentir la presencia de hielo de agua en la Luna, con preferencia en sus polos. La prueba definitiva tendría que esperar hasta 2008, cuando la sonda india *Chandrayaan-1* detectó trazas del radical -OH en algunas regiones. Posteriormente, otro instrumento en el mismo vehículo identificó al menos cuarenta cráteres polares a cuyo fondo nunca llega el Sol que podrían contener cantidades considerables de hielo. Algunos estudios sugerían la existencia de más de 500 millones de toneladas solo en la región del polo norte.

Es obvia la importancia que tendría el aprovechamiento de los depósitos de hielo lunar. No en su forma original, sino descomponiéndolo en hidrógeno y oxígeno. Permitirían atender a las necesidades de futuros exploradores y también emplearlos como combustible con el que repostar las cápsulas de aterrizaje.

Por supuesto, esta hipótesis abre una serie de incógnitas legales sobre quién sería el propietario de tales recursos. Algunos tratados internacionales han declarado la Luna como objeto no apropiable por ninguna nación, pero no hacen referencia a los productos extraídos de allí. Además, la mayoría de países con capacidad para volar a la Luna no han ratificado sus términos. Y ni siquiera está claro que su articulado obligue a empresas privadas.

Las muestras lunares

Los datos obtenidos durante el Programa Apollo han fructificado en miles de tesis doctorales y trabajos de investigación. Las muestras se custodian en un laboratorio especialmente equipado en las instalaciones de Hosuton, ahora rebautizadas como Centro Espacial Lyndon B. Johnson. Como medida de seguridad, alrededor de un 15 por ciento se han trasladado a una cámara acorazada en el polígono de White Sands, en Nuevo México. La mayoría todavía está en estado prístino, en atmósfera de nitrógeno para evitar contaminación, a la espera de que se desarrollen nuevas técnicas de análisis.

La NASA mantiene un catálogo de más de 100.000 muestras de procedencia lunar (junto con millares de meteoritos, polvo cósmico y muestras planetarias recogidas por otras sondas). Un par de veces al año abre la recepción de solicitudes para disponer de un ejemplar destinado a nuevos estudios. Por término medio cada año recibe alrededor de un centenar de visitas de investigadores y atiende un número cuatro o cinco veces mayor de encargos procedentes de universidades o científicos afiliados a otras instituciones. También de escuelas secundarias (para ellas disponen de unos ejemplares especiales embebidos en plástico transparente que les evite daños) y museos o centros de divulgación.

Por lo general, los estudios se centran en ejemplares ya analizados o, al menos, catalogados. Es muy poco frecuente que se libere una nueva muestra del *stock* de reserva. La última vez fue en noviembre de 2019 cuando se abrió el tubo 73.002, un núcleo estratigráfico recogido en las Tierras Altas de Descartes durante la misión del Apollo 16. La NASA repartió los 800 gramos de suelo entre nueve centros, cada uno interesado en estudiar distintos aspectos, desde su contenido en volátiles hasta vestigios de volcanismo.

Por supuesto, estos análisis tienen su coste, generalmente cubierto por becas o ayudas de la propia NASA. En el caso del tubo 73.002 fue de ocho millones de dólares.

Todas las muestras lunares son propiedad del Gobierno estadounidense. Forman parte de su tesoro nacional y no pueden ser objeto de comercialización. Una vez concluido el estudio deben volver a Houston, salvo las porciones destruidas en el curso del ensayo, aunque no siempre es así. Muchas se han extraviado, han sido robadas o sencillamente pasaron de mano en mano hasta perdérseles el rastro. Es célebre el caso de un investigador que mantuvo la suya en casa durante treinta y cinco años sin llegar a realizar ningún análisis sobre ella.

Por importante que haya sido su contribución a la selenología, el objetivo del Programa Apollo no fue «hacer ciencia». Toda la operación fue inspirada, financiada y realizada esencialmente por una sola motivación: prestigio nacional.

En su histórica propuesta ante las dos cámaras reunidas en el Capitolio de Estados Uidos en Washington D.C., John F. Kennedy tuvo cuidado de no referirse a la competición con la Unión Soviética. Planteó su proyecto como una lucha contra el tiempo: «Antes de que termine el decenio», pero en el ánimo de todos estaba que el verdadero objetivo era adelantarse a sus competidores.

En 2001 se hizo público un registro de audio que disiparía cualquier duda. En él, Kennedy se dirigía al entonces administrador de la NASA, James Webb, y otros colaboradores, en términos que no dejaban lugar a dudas: «Todo lo que hagamos debe estar condicionado a llegar a la Luna antes que los rusos. Hemos de tener muy claro que esta es la primera prioridad de la Agencia y también una de las primeras del Gobierno. De lo contrario, no deberíamos gastar esta cantidad de dinero porque yo no estoy tan interesado en el espacio...». Esta reveladora cinta forma parte de las colecciones de los Archivos Nacionales, en Washington.

Desde ese punto de vista, es innegable que el Apollo cumplió su objetivo. Quedó demostrada la capacidad tecnológica del país frente a su rival, al menos en lo que respecta a la exploración espacial. La URSS, por su parte, negaría haber estado nunca en la carrera hacia la Luna y reorientaría sus prioridades hacia el desarrollo de estaciones orbitales, una faceta en la que en poco tiempo conseguiría incuestionables éxitos. Su experiencia con los laboratorios Salyut y Mir resultaría esencial en el diseño y construcción de la Estación Espacial Internacional.

Quizás Apollo no fue una empresa puramente científica pero sí que sirvió de catalizador para una revolución tecnológica sin precedentes en tiempos de paz. A veces se ironiza atribuyéndole inventos tales como las sartenes antiadhesivas o los cierres de gancho y bucle. Dejando aparte el hecho de que tanto el teflón como el velcro son muy anteriores al inicio del programa lunar, lo cierto es que su influencia se dejó sentir en casi todas las ramas de la industria.

El Programa Apollo obligó a desarrollar un computador a una escala de miniaturización nunca antes imaginada. Más de la mitad de los circuitos integrados producidos en Estados Unidos durante su primera época se consumieron en la construcción de los ordenadores de navegación de las naves Apollo. En un momento en que había reticencias sobre su fiabilidad, la decisión de utilizarlos masivamente en una aplicación tan crítica sirvió para lanzar la industria de la microelectrónica. Fue el espaldarazo que consolidaría al circuito integrado como elemento clave en la revolución informática que llega hasta nuestros días.

Las técnicas de programación informática también se beneficiaron del reto del Apollo. Cuando Raytheon y el MIT recibieron el encargo de diseñar el ordenador de a bordo, la ingeniería de software ni quiera existía como especialidad. Muchas características hoy habituales en nuestras máquinas actuales (ejecución en tiempo real, gestión de interrupciones, programas concurrentes, tolerancia a fallos...) tuvieron su origen en el trabajo de H. Lanning, R. Batting, M. Hamilton y en los 1.700 ingenieros involucrados en el proyecto en sus momentos de máxima intensidad.

El Programa Apollo obligó a diseñar nuevos materiales para nuevos usos: aleaciones ligeras, depósitos resistentes a la corrosión, técnicas de manejo de líquidos ultrafríos o resinas capaces de soportar temperaturas como las que reinan en la superficie del Sol. Hubo que perfeccionar los procesos de conservación de alimentos al vacío o por liofilización, tejidos ininflamables, redes de comunicación globales, telemetría para monitorizar a distancia las constantes vitales de los pilotos, procedimientos de inspección y control de calidad con exigencias nunca imaginadas, sistemas fotográficos inmunes a la radiación y a los extremos térmicos...

Quizás una de las herencias más intangibles del Apollo fueran los sistemas de control y organización industrial. Coordinar las tareas de miles de subcontratistas y cientos de miles de técnicos en un esfuerzo común exigió inventar procedimientos de control sistematizados. En un momento en que coexistían docenas de proyectos (la construcción de las instalaciones de lanzamiento, los cohetes, las naves, los trajes espaciales, las estaciones de seguimiento, el centro de control, la selección y entrenamiento de pilotos...) solo una buena organización y las herramientas para implementarla eran la única protección contra el caos. La Unión Soviética nunca implementó un programa tan capaz, y esta fue una de las razones que le impidió culminar con éxito su programa lunar.

Para muchos, Apollo fue una anomalía histórica. Una empresa fuera de contexto, solo justificada por unas circunstancias difíciles de repetir, y muy probablemente adelantada a su tiempo. Según las encuestas de la época, nunca tuvo el soporte de más de la mitad de la población, y pasado el momento de euforia que acompañó al desembarco del Apollo 11 el público estadounidense perdió interés rápidamente. En unos años dominados por el conflicto en el Sudeste Asiático, la crisis económica, los problemas raciales o la incipiente preocupación por el medio ambiente, la exploración de la Luna suscitaba pocos apoyos.

La NASA tampoco supo capitalizar el éxito del primer alunizaje. Cumplido el objetivo político, la Agencia se encontró sin otra meta capaz de ilusionar a la opinión pública. El programa Skylab pasó casi desapercibido, incapaz de competir con la espectacularidad de los paseos lunares, el transbordador nunca llegó a cumplir su promesa de facilitar y abaratar el acceso al espacio, y el fin de la Guerra Fría y el desmembramiento de la URSS dejaron a Estados Unidos sin un competidor directo. Durante mucho tiempo la aventura espacial quedaría a cargo de unas pocas naves automáticas dirigidas hacia la Luna y de robots —la otra gran exploración de nuestro tiempo— que visitarían todos los planetas del Sistema Solar.

Sucesivas Administraciones plantearon la posibilidad de un retorno a la Luna. En 2004 George W. Bush anunció la puesta en marcha del Programa Constellation, dirigido a establecer una base de larga duración en nuestro satélite. En los cinco años que siguieron la NASA invirtió en esta 1.200 millones de dólares (diez veces más en términos actuales, ajustados según la inflación). Sin embargo, fue cancelado en 2009 a causa de los retrasos acumulados y, sobre todo, al comprobarse que su financiación aún resultaba insuficiente para los objetivos deseados.

En diciembre de 2017 surgió una nueva iniciativa, conocida como Proyecto Artemis. Su ambiciosísimo objetivo era enviar nuevos astronautas en el año 2024, presumiblemente dentro de un hipotético segundo mandato del presidente Trump, aunque con la nueva administración demócrata cabe esperar retrasos en esa fecha. Varios de sus componentes —incluído el gran cohete SLS, sucesor del Saturn V— están todavía en fase de diseño. Lo que sí es seguro es que la cápsula principal —el *Orión*— responde al modelo establecido un decenio atrás, durante el Programa Constellation que, a su vez, hunde sus raíces en el módulo de mando Apollo.

Entretanto, la NASA ha establecido contratos de colaboración con varias empresas aeroespaciales: Space X, Blue Origin, Boeing o Sierra Nevada Corp., entre otras. Algunas como Space X, del visionario Elon Musk, con planes de futuro que aspiran a llegar no solo a nuestro satélite, sino también a Marte, en un plazo relativamente breve. Se ha entrado así en una segunda fase de exploración, en la que la iniciativa ha pasado de los gobiernos a las compañías privadas.

Entretanto, la República Popular China mantiene un ambicioso programa espacial. Es uno de los pocos países que desarrolla cápsulas y cohetes propios. Sus actividades no se limitan a vuelos en órbita terrestre, también ha conseguido espectaculares logros en el envío de sondas automáticas a la Luna, en especial su serie *Chang'e*, portadores de pequeños vehículos autónomos de exploración. Uno de ellos fue el primer robot en posarse en la cara oculta de la Luna (2018) y otro consiguió regresar a la Tierra transportando unas muestras de roca (2020). Eran las primeras que se obtenían en más de cuarenta años.

A principios de 2020 la agencia espacial china anunció la prueba (no tripulada) de una cápsula capaz de llevar astronautas hacia la Luna. Sus próximas misiones robóticas, previstas para el 2023 y 2024, se dirigirán a obtener muestras —quizás hielo— en regiones próximas al polo sur lunar. Y es posible que en el decenio de 2030 intente un vuelo tripulado. Como sucediera con Estados Unidos hace más de medio siglo, para China el viaje a nuestro satélite vuelve a ser una cuestión de prestigio nacional.

Esta es la última fotografía tomada de un astronauta sobre la Luna. Muestra a Harrison Schmitt poco antes de terminar su tercera salida, contemplando el vuelo del martillo de geólogo que acaba de lanzar, a modo de despedida.

Bibliografía

Además de la bibliografía ofrecida en el libro *Un pequeño paso para [un] hombre* (Libros Cúpula, 2018), conviene señalar otras obras de divulgación centradas en distintos aspectos del Programa Apollo.

Compton, William D., *Where no man has gone before NASA*, History Division, ref: SP-4214.

Eyles, Don, *Sunburst and Luminary*, Fort Point Press, 2019.

García Lama, Eduardo, *Apollo 11*, Ed. Crítica, 2019.

Harland, David M., *Apollo 12: On the Ocean of Storms*, Springer-Praxis, 2011.

Harland, David M., *Exploring the Moon*, Springer-Praxis, 2006.

Kranz, Gene, *Failure is not an option*, Simon & Schuster, 2000.

Orloff, Richard W., *Apollo by the numbers NASA*, History Division, ref: SP-2000-4029.

Algunos sitios web:

https://apolloinrealtime.org/

https://historycollection.jsc.nasa.gov/JSCHistoryPortal/history/apollo.htm

https://curator.jsc.nasa.gov/lunar/index.cfm

https://www.flickr.com/photos/projectapolloarchive/albums/